低共熔溶剂在有机合成中的应用

APPLICATIONS OF DEEP EUTECTIC SOLVENTS IN ORGANIC SYNTHESIS

谢宗波　乐长高　著

化学工业出版社

·北京·

内容简介

本书聚焦低共熔溶剂在有机合成领域的应用，内容以绿色化学为切入点，先阐述了低共熔溶剂的基本特性与应用概况，进而围绕三类低共熔溶剂体系——氯化胆碱/氯化锌体系，氯化胆碱与草酸、酒石酸等有机物形成的体系，以及其他氯化锌类体系展开，详细呈现了各体系在喹啉、三芳基甲烷、香豆素衍生物、苯并噻唑等多种化合物合成中的具体应用，包含低共熔溶剂制备、反应条件优化、底物拓展、机理探究及低共熔溶剂循环使用等关键研究内容。

全书系统介绍了作者在低共熔溶剂应用领域多年的研究成果，可为从事绿色溶剂应用与有机合成研究的科研工作者提供参考，也可作为高等院校化学及相关专业师生的教学参考书。

图书在版编目（CIP）数据

低共熔溶剂在有机合成中的应用 / 谢宗波，乐长高著. -- 北京 : 化学工业出版社，2025. 12. -- ISBN 978-7-122-49596-9

Ⅰ. O621. 3

中国国家版本馆 CIP 数据核字第 2025P4V761 号

责任编辑：傅聪智　　文字编辑：王丽娜
责任校对：李雨晴　　装帧设计：王晓宇

出版发行：化学工业出版社
（北京市东城区青年湖南街 13 号　邮政编码 100011）
印　　装：北京建宏印刷有限公司
710mm×1000mm　1/16　印张 13　字数 206 千字
2025 年 12 月北京第 1 版第 1 次印刷

购书咨询：010-64518888　　售后服务：010-64518899
网　　址：http://www.cip.com.cn
凡购买本书，如有缺损质量问题，本社销售中心负责调换。

定　　价：98.00 元

前言

PREFACE

低共熔溶剂（deep eutectic solvent，DES）是由一定化学计量比的氢键受体和氢键供体组合而成的两组分或三组分低共熔混合物，具有制备简便、成本低廉、毒性较低、不易挥发、溶解性良好且可生物降解等优点，是传统有机溶剂的理想替代品。

在有机合成领域，低共熔溶剂展现出了非凡的潜力。它既可以作为反应介质，为各类有机反应提供独特的微环境，改变反应的动力学和热力学路径，从而提高反应速率、增强反应选择性；又能够充当催化剂，通过与反应物分子的特定相互作用，降低反应的活化能，促进反应的顺利进行。低共熔溶剂的结构和性质可以通过改变氢键受体和氢键供体的种类及比例进行调控，这为有机合成反应的精准控制提供了可能，使得化学家们能够根据不同的反应需求，设计并制备出具有特定功能的低共熔溶剂。

尽管低共熔溶剂在有机合成中的应用已取得了一定的成果，但仍然面临着诸多亟待解决的问题。本书旨在系统阐述低共熔溶剂在有机合成中的应用，涵盖从基础理论到实际应用的多个层面，通过对低共熔溶剂的组成、结构、性质及其合成方法的详细介绍，帮助读者深入理解这一新型绿色溶剂的本质。书中重点探讨了低共熔溶剂在各类有机合成反应中的应用实例，分析了低共熔溶剂对反应性能的影响规律，并结合最新的研究成果对低共熔溶剂在有机合成领域的发展趋势进行了展望。期望本书能够为从事有机合成、绿色化学以及相关领域的科研人员、工程师和研究生提供有价值的参考，激发更多关于低共熔溶剂在有机合成中应用的创新研究，推动该领域的不断发展，为实现有机合成过程的绿色化、高效化贡献一份力量。

本书是作者课题组近 10 年来关于低共熔溶剂相关工作的总结，在编写过程中也参考了大量国内外的文献资料，并得到了众多同行的支持与帮助；本书的出版得到了东华理工大学江西省一流学科（化学）和国家级一流专业建设点（应用化学）给予的经费支持，也得到了课题组其他老师和研究生的帮助，在此一并表示感谢。由于低共熔溶剂领域的研究进展迅速，加之作者水平有限，书中难免存在不足之处，恳请读者批评指正。

著者

2025 年 8 月

CONTENTS

目　录

第1章 绪论

1.1 绿色化学

1.1.1 绿色化学的内涵

20 世纪 40 年代以来，由于工业的快速增长，与之相关的资源枯竭和环境污染问题逐渐出现。面对日益严峻的资源枯竭和环境污染问题，许多公司以及化学研究者改变了传统生产方法和产品开发策略，通过对传统生产工艺的改进，以达到绿色和可持续的目标[1-3]。绿色化学也称为清洁化学、环境无害化学和环境友好化学，倡导使用化学技术手段实现对资源的节约利用和对污染物的消除治理（图 1-1）[4]。绿色化学的核心原则是原子经济性，即在合成方法和路线中最大限度地将所用原料转化为最终产品，使资源利用效率最高，同时有效减少废物产生[5]。

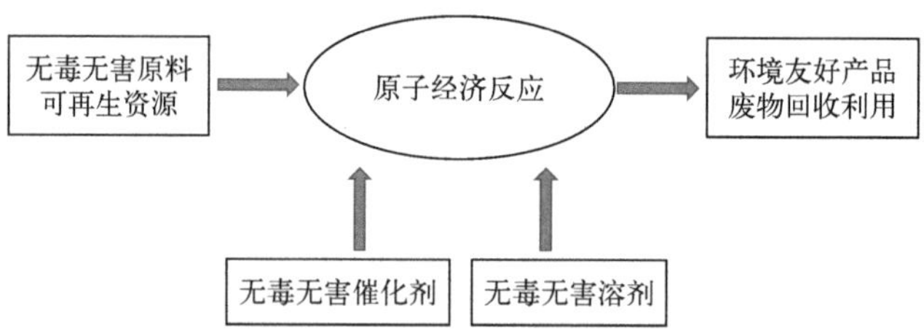

图 1-1　绿色化学的主要内容

1.1.2 绿色化学的基本原则

1998 年，美国化学家保罗·阿纳斯塔斯（Paul Anastas）和约翰·华纳（John Warner）围绕资源利用效率、人类健康和环境污染最小化，提出了绿色化学的 12 项基本原则[6,7]。该原则涉及工业生产的整个过程，包括原料的选用、工艺路线的选择与优化、毒害副产品的处理等。12 项基本原则包括以下内容。

① 防止废物产生：遵循防止废物产生要比在废物形成后再处理要好，即从源头防治污染。

② 原子经济性：合成方法及路线的设计要最大限度地将工艺中所用

的起始原料结合到最终产品中。

③ 更安全的化学合成：合成方法设计中应该尽可能地使用和产生对人体健康和环境毒性较小或没有毒性的物质。

④ 更安全的化学品设计：高度重视所设计化学品的毒性，使它们尽可能地在保持功效的同时具有较低的毒性。

⑤ 更安全的溶剂和添加剂：尽量避免使用辅助物质（如溶剂和催化剂等），如果不能避免，那么这些物质应该是无害的。

⑥ 能源需求对经济和环境的影响：充分考虑能源的使用，尽量使用清洁能源，合成在常温常压环境下进行。

⑦ 可再生原材料的使用：在满足经济技术条件下，应使用可再生的原材料，而不是不可再生的。

⑧ 减少衍生物：尽可能避免不必要的衍生化，因为它们需要额外使用试剂，会产生废物。

⑨ 催化剂：使用催化试剂比化学计量试剂更好。

⑩ 降解产品设计：化学品的设计应使其在功能结束时分解为无害的降解产物，不会在环境中持续存在。

⑪ 污染防治实时分析：生产过程中应实时监测分析，以避免形成有害物质。

⑫ 事故预防：在选择化学过程中的物质及其使用方式时，应考虑到尽可能减少潜在事故，如泄漏、爆炸和火灾，以提高职业和环境安全。

1.1.3 有机合成中的绿色化学

20世纪引入了“绿色化学”新概念，目的是在化学和化学技术领域开发新的合成程序和方法，以改进传统合成策略的不足，使其更加经济和环境友好。在有机合成领域，相比于传统的合成方法，更加经济友好的绿色合成方法逐渐受到化学家的青睐。对于一个有机合成反应来说，是否绿色涉及多个方面，例如是否使用更加绿色的原料、合成路线是否可以更加优化、催化剂及反应介质的经济性和环保性等[8-10]。下面从反应介质、催化剂、催化方式等方面介绍有机合成中的绿色策略。

1.1.3.1 绿色反应介质

在绿色合成中，反应介质的选择是十分重要的。绿色化学原理指导科学家构建对环境友好的合成策略，而溶剂作为各种工业过程中的反应介质、稀释剂以及后处理过程的萃取剂等，对环境有重大的影响[11]。许多溶剂由于其毒性会污染水、空气、土地和周围环境，即使已采取足够的预防措施来适当处置这些溶剂，也很难回收利用[12]。考虑到溶剂的生物学、物理学和化学特性，选择合适的溶剂对于产品分离、环境保护和经济成本而言都非常必要[13-17]。因此，寻找绿色环保且可重复利用的溶剂替代有毒溶剂，是开发绿色合成方法的重要策略之一。目前，水、离子液体、低共熔溶剂、超临界流体等绿色溶剂已被广泛应用于有机合成[18-22]。

1.1.3.2 绿色催化剂

催化在药物、高分子材料、纳米材料和其他有机材料的绿色合成转化中具有十分重要的作用，可实现绿色化学的目标[23]。合成策略绿色高效主要是因为催化剂能够降低反应所需活化能，从而使反应在低能耗或室温下进行，在温和的反应条件下获得优异的产率，同时能够减少副产物的生成。催化是绿色化学的核心，因此用于绿色有机合成的催化剂必须是安全、易处理、可重复使用、可生物降解和经济效益高的[24]。此外，还应具有高反应速率，可以在较短的时间内以高产率得到产品。目前，化学家们已经开发制备出了许多不同类型的绿色催化剂，如表 1-1 所示[25-30]。

表 1-1　常见的绿色催化剂

类型	举例
生物酶	酶促氧化还原催化剂，如脂肪酶、醛缩酶、转氨酶、羟基腈裂解酶和水解酶
杂多酸基催化剂（HPA）	HPA 可以在均相和多相系统中使用，如 PCPs-SO_3H、BC-SO_3H、CMK-3-SO_3H、Zn-Ca-Fe
天然材料	木灰生物催化剂、褐藻酸、硼酸、酒石酸、柠檬酸、果胶、草酸、糖精
纳米颗粒（NPs）	磁性纳米催化剂（磁性 Fe_3O_4、磁性锌铁氧体 $ZnFe_2O_4$）、氧化镁 NPs、氧化铈 NPs、金 NPs、二氧化硅钛氧化物 NPs、二氧化硅钒氧化物 NPs、氧化铱 NPs
离子液体	中性离子液体、碱性离子液体、酸性离子液体、氨基酸类离子液体
光催化剂	钌、铱、荧光素、曙红、MOFs 复合基光催化剂、TiO_2、卤化铅钙钛矿和石墨碳氮化物

续表

类型	举例
相转移催化剂	四丁基碘化铵（TBAI）、四丁基溴化铵（TBAB）、三乙基苄基氯化铵（TEBAC）

注：PCPs—多孔配位聚合物；BC—生物质碳材料；CMK-3—介孔碳材料；MOFs—金属有机框架材料。

1.1.3.3 绿色催化方式

除了对绿色介质和绿色催化剂的探索与开发外，严峻的环境问题和能源需求的增加也促使化学家不断开发新的合成方法，以满足绿色和可持续发展的要求。绿色有机合成方法具有许多优点，例如降低能耗、提高原子经济性、优化反应产率、使用替代能源、引入多组分反应（MCR）、在环境温度下进行等[31-34]。近年来开发的一些绿色合成方法主要包括：①超声辅助法；②微波辅助法；③MOFs材料催化法；④光催化法；⑤生物酶催化法；⑥电化学催化法等。这些绿色合成方法在某种程度上弥补了传统合成方法中存在的不足，其中光催化作为一种绿色催化方法，近年来在有机合成领域的应用尤其活跃。

（1）光催化概述

现代社会面临环境污染和能源危机两大难题，因此科学家们对开发绿色可持续的化学技术产生了极大兴趣。太阳光是自然界中最丰富的能源，因其取之不尽用之不竭，同时清洁无污染，成为绿色化学中最理想的能量来源。光合作用是将太阳能固定化和转化为化学资源，从而作为高等动物的食物。研究者正是受到光合作用的启发，希望可以通过人工手段（即光催化）来实现这一目标[35]。1972年，日本化学家藤岛和本田在实验中发现，使用TiO_2制成的阳极在紫外光下可通过水分解反应产生氧气和氢气，被称为藤岛-本田效应[36]。该研究表明，氧化还原反应可以通过太阳照射在半导体材料表面实现[37]，由此拉开了光催化研究的序幕。光催化是通过光激发半导体材料表面产生电子和空穴来参与氧化还原反应的一种方法（图1-2），被看作是解决资源枯竭和环境污染问题的有效手段。

经过半个世纪的发展，光催化的应用已经扩展至各个领域，包括CO_2和N_2固定、甲烷活化等[39-42]，而光催化剂作为光氧化还原反应的媒介，

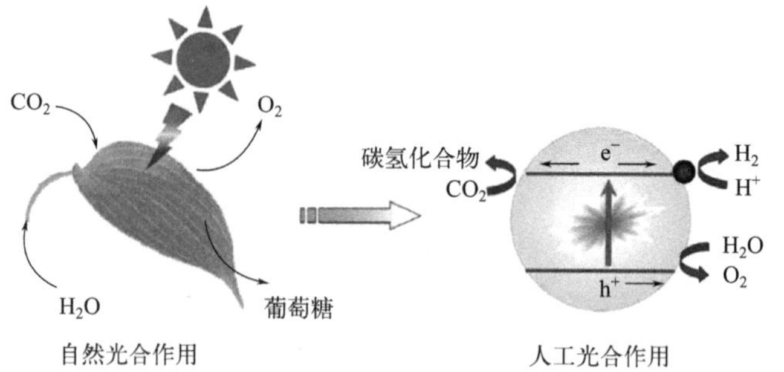

图 1-2　自然光合作用和人工光合作用[38]

已成为众多研究者的焦点。目前，科学家们已经研究制备出了多种不同类型的光催化剂（表 1-1），但这些新开发的光催化剂仍然受到性能问题的困扰，例如，受到转移、表面活性以及电荷分离等过程的影响[43]。

（2）光催化的应用

光催化作为一种解决环境污染和能源短缺问题的新技术，具有对环境友好、绿色可持续等优点。光催化在科学研究和工业生产中已经有许多应用，如光水解制氢[44]、CO_2 还原[45]、氮的固定[46]、水污染治理[47,48]以及光催化有机合成反应等。

在工业社会数百年的发展过程中，大量使用化石能源导致自然碳循环退化以及大气中 CO_2 浓度激增，温室效应对人类的影响已经越来越显著，节能减排迫在眉睫。近些年，有关 CO_2 固定和转化的研究较多，通过吸附、储存、还原和转化的方法可降低大气中 CO_2 浓度。同时，CO_2 作为一种潜在的碳资源，可以将其转化为燃料，以缓解能源枯竭问题。因此，科学家们开发了 CO_2 还原策略，包括电化学还原、光化学还原和生物还原等。其中，光化学还原因其独特的优势而成为最有前途的 CO_2 转化方法，它可将自然界几乎无限的太阳能转化为可用的化学能，实现二氧化碳的转化和利用，而不消耗化石能源。

随着人口剧增、全球工业化和城市化加速，人为的有机污染物排放加剧了水体污染，因此，水污染治理已成为当务之急。科学家们已经发展了许多废水处理方法，包括生物处理法和化学处理法等，然而对于一些难降解的有机污染物，这些方法仍存在局限性。而光催化由于其独特的优点，对去除水中有机污染物具有显著效果。例如，光催化能够降解各种染料（如甲基橙、亚甲基蓝）、酚类化合物（如双酚 A）、有机卤化物和抗生素等[47]。此外，光催化还能还原水中的重金属离子，以降低其毒性。

光氧化还原催化可以在温和条件下生成高能活性自由基中间体，从而实现传统催化方式无法完成的反应过程。作为催化领域最受关注的研究热点之一，光催化有机合成得到了迅速发展。由 Burkhard König[49] 所著的《合成科学：有机合成中的光催化》全面概述了光催化在有机合成中的应用。

1.2 低共熔溶剂及其应用

1.2.1 概述

在化工生产中，反应介质、分离过程和原料中都会大量使用有机溶剂，如石油醚、乙酸乙酯、苯、醇、酮、卤代烃等。大多数有机溶剂挥发性很强，容易造成空气污染，而且许多是易燃和有毒的。因此，溶剂绿色化是实现清洁生产的核心技术之一[50]。

目前备受关注的绿色溶剂有水（超临界或亚临界水）、低共熔溶剂、超临界流体、离子液体等。近年来，在一些科学领域中，使用对环境友好的溶剂（如水）和由生物基化合物构成的低共熔溶剂（deep eutectic solvent，DES）已得到了重要的发展。水作为地球上最常见的溶剂，具有很大的优势，如价廉易得，无毒无害，不燃不爆。而 DES 是较为新颖的绿色溶剂和催化剂[51]，具有蒸气压低、热稳定好、溶解性强、毒性小、制备方法简单、易于获得、可生物降解和不易燃等优点[52]，是有机溶剂的理想替代品。

近三十年来，离子液体（ionic liquids，ILs）引起了科学界的广泛关注。ILs 具有蒸气压低、沸点高的特点[53]，然而，一些报告指出了 ILs 具有许多危险毒性。作为新一代绿色溶剂，低共熔溶剂是由一定化学计量比的氢键受体（如季铵盐）和氢键供体（如酰胺、羧酸和多元醇等化合物）组合而成的两组分或三组分低共熔混合物，其熔点显著低于各个组分纯物质的熔点[54]。DES 与传统离子液体相似，是由晶格能较低的物质形成的液体，熔点较低。然而，DES 不是通过离子键形成的，而是由氢键供体（hydrogen bond donor，HBD）和氢键受体（hydrogen bond acceptor，HBA）组成的，它们通过氢键连接，利用氢键的作用，氢键供体上的质子与氢键受体上的卤化物等离子（如 Cl^-、Br^-）成键时发生电荷离域，从而导致熔点降低。一些典型的氢键供体和氢键受体如图 1-3 所示。

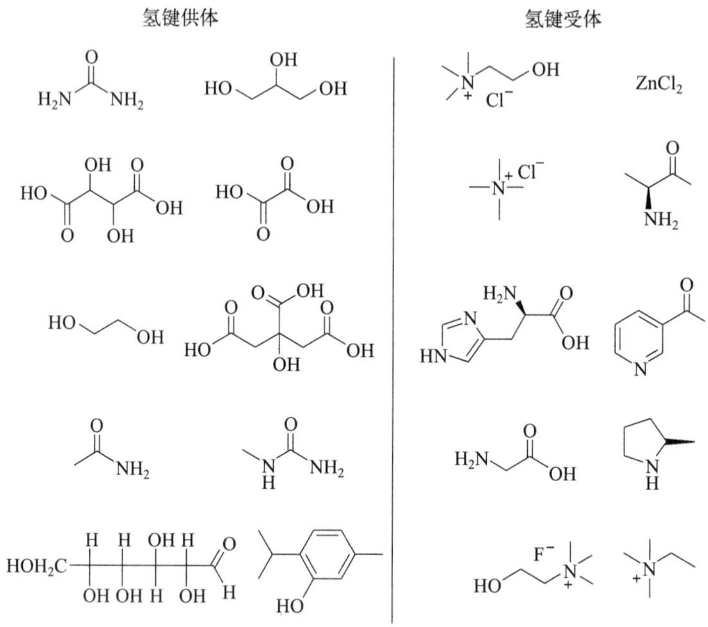

图 1-3 典型的氢键供体和氢键受体

1.2.2 低共熔溶剂的组成及分类

季铵盐与氢键供体（如胺类与羧酸类等）混合物是最早发现的低共熔溶剂，而有关低共熔现象最早的描述是在 2003 年由 Abbott 提出的[55]，以摩尔比 1∶2 混合的氯化胆碱（choline chloride，ChCl）和尿素为代表。氯化胆碱的熔点为 302℃，尿素的熔点为 133℃，而其共熔物的熔点却可低于 12℃。低共熔溶剂可分为如表 1-2 所示的四种类型：①类型Ⅰ，季铵盐和金属盐（$Cat^+X^- + zMCl_x$）；②类型Ⅱ，季铵盐、水和金属盐（$Cat^+X^- + zMCl_x \cdot yH_2O$）；③类型Ⅲ，季铵盐和有机分子（$Cat^+X^- + zRZ$）；④类型Ⅳ，金属盐和有机分子（$MCl_x+RZ$）。

表 1-2　低共熔溶剂分类的通用公式

种类	通式	项目
类型Ⅰ	$Cat^+X^-zMCl_x$	M=Zn,Sn,Fe,Al,Ga,In
类型Ⅱ	$Cat^+X^-zMCl_x\cdot yH_2O$	M=Cr,Co,Cu,Ni,Fe
类型Ⅲ	Cat^+X^-zRZ	$Z=CONH_2$,COOH,OH
类型Ⅳ	$2MCl_x+RZ=MCl_{x-1}^+\cdot RZ+MCl_{x+1}^-$	M=Zn,Al;$Z=CONH_2$,OH

近年来，为了使化学反应更加经济和绿色，各种以 DES 为催化剂或溶剂的有机合成反应被研究和报道。

1.2.3　低共熔溶剂的应用

1.2.3.1　在有机合成中的应用

自 2003 年 Abbott 使用季铵盐和尿素合成了 DES 以来，关于 DES 的研究和应用便成了化学研究者关注的热点，尤其是在有机合成方面的应用。因为 DES 具有可生物降解、可循环利用、蒸气压低的优点，因此被认为是传统有机溶剂的绿色替代品，在有机合成反应中的应用报道广泛。DES 在有机合成中可以起到：①催化剂作用；②惰性溶剂作用；③催化剂、溶剂与反应物的作用。DES 作为一种可循环使用的催化剂，广泛应用于多种有机反应中，如 Biginelli 反应[56]、Mannich 反应[57]、Diels-Alder 反应[58]、Kabachnik-Fields 反应[59]、Fischer 吲哚合成[60]、傅克烷基化反应[61]、傅克酰基化反应[62]、酯化反应[63]、芳香胺合成[64]等反应。

2012 年，Azizi 等[65]报道了使用低共熔溶剂合成具有抗菌、抗肿瘤和抗炎特性的二氢嘧啶酮的方法，弥补了传统合成方法中反应条件苛刻、时间长、产率低等不足。该报道以苯甲醛、尿素和乙酰乙酸乙酯为模型反应底物，在氯化胆碱/氯化亚锡 DES 中反应 30min，得到了最高产率 95%的目标产物。该方法不仅底物适用性广、反应时间短，而且没有副产物，目标产物纯度高。

酯化反应是最重要的有机反应之一，其产物主要应用于化妆品与制药领域。传统的酯化反应用液体无机酸作为催化剂，反应条件苛刻、腐蚀性强，催化剂不能重复使用。2016 年，Cao 等[66]研究了多种路易斯酸型低共熔溶剂对酯化反应的影响，在甲酸或乙酸与醇的酯化反应中，选用 $ChCl/CrCl_3 \cdot 6H_2O$（1∶2）为低共熔溶剂时，产率可高达 93%。该方法具有操作简单、成本低、反应条件温和及 DES 可重复使用等优点。

DES 作为一种惰性溶剂，在一些过渡金属催化的有机反应中优势明显。向亲电试剂中加入有机锂试剂或格氏试剂是构建 C—C 键常用的方法，然而往往必须在低温、无水无氧条件下进行，反应条件相对苛刻。若在 ChCl/甘油（1∶2）低共熔溶剂中，即使是在室温条件且与空气接触的情况下，向反应物酮或者亚胺中添加有机锂试剂也可以得到偶联产物，反应产率高且没有副产物。事实上，有机锂试剂在 DES 中可以稳定存在 15s，当其在 DES 中搅拌 60s 之后，再加入亚胺也可以较高产率得到相应的胺[67,68]。在 DES 中，钯催化的 C—C 键偶联也有很多，如 Stille 偶联[69]、Sonogashira 偶联[70]、Suzuki[71]偶联等。另外，DES 中金催化的炔基酰胺化[72]、铑催化的加氢甲酰化[73]、异构化[74]等反应也有报道。

在有机反应中，DES 还可以同时具有催化剂、溶剂与反应物的作用。例如，在酒石酸/二甲基脲（3∶7）低共熔溶剂中，可以合成乙内酰脲[75]、二氢嘧啶酮[76]（图 1-4）和嘧啶二酮[77]；在 D-葡萄糖/尿素/氯化铵（3∶7∶1）低共熔溶剂中，可以合成 β-D-糖基脲[78]等。

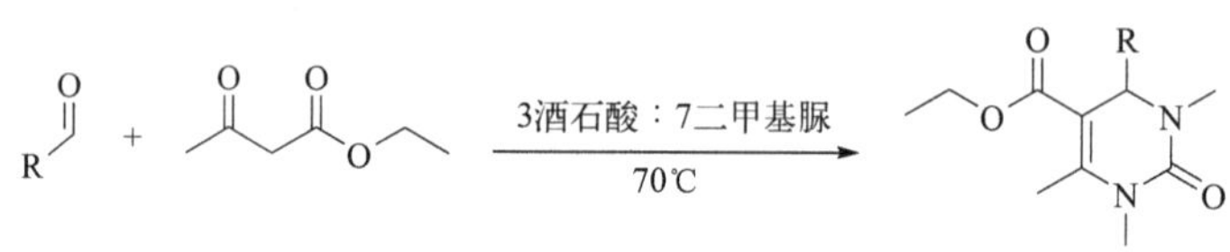

图 1-4　在酒石酸/二甲基脲低共熔溶剂中醛、二羰基化合物的成环反应

2011 年，Zhu 等[79]发现了 4-硝基苯胺与醇发生亲核取代反应的便利方法，利用 $ChCl/ZnCl_2$ 充当溶剂和催化剂，可获得 95%的优异产率。其中胆碱阳离子的羟基可以诱导形成特殊的微结构，稳定体系中的碳正离子，提高了反应活性和选择性（图 1-5）。

2012 年，Azizi 等[80]考察了不同种类的 DES 作为绿色且可重复使用的催化剂，用于吲哚衍生物与各种醛之间的亲电取代反应合成双（吲哚

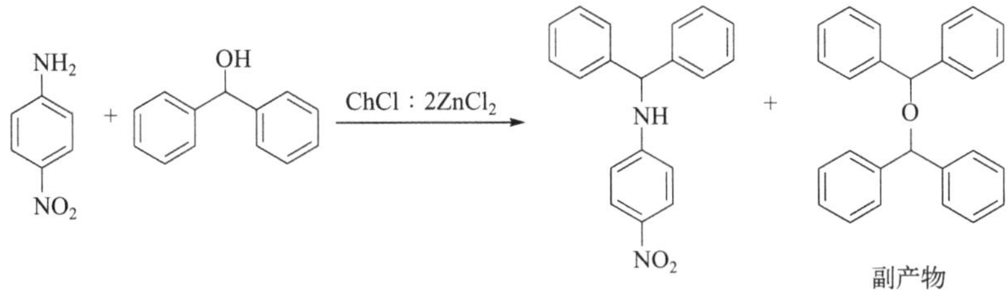

图 1-5 在 $ChCl/ZnCl_2$ 中醇与 4-硝基苯胺的亲核取代反应

基）甲烷。结果表明，在聚乙二醇（PE）存在下，在 $ChCl/SnCl_2$ 低共熔溶剂中取得了 97%的产率（图 1-6）。与以往的报道相比，该绿色便捷的方法在催化剂、溶剂、反应时间和环境友好性等方面均具有明显优势。

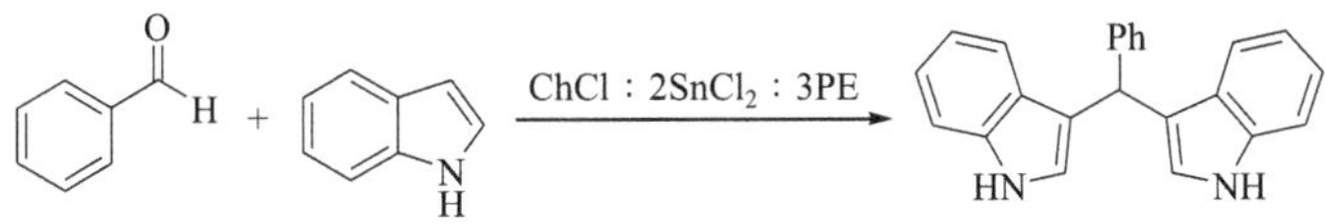

图 1-6 在 $ChCl/SnCl_2/PE$ 中合成双（吲哚基）甲烷

2014 年，Pednekar 等[81]发现 1,3-环己二酮、芳香醛和乙酰乙酸乙酯在 NH_4OAc 和 ChCl/尿素中，于 60℃下反应 20min，即可以高产率得到相应的 7,8-二氢喹啉类产物（图 1-7）。

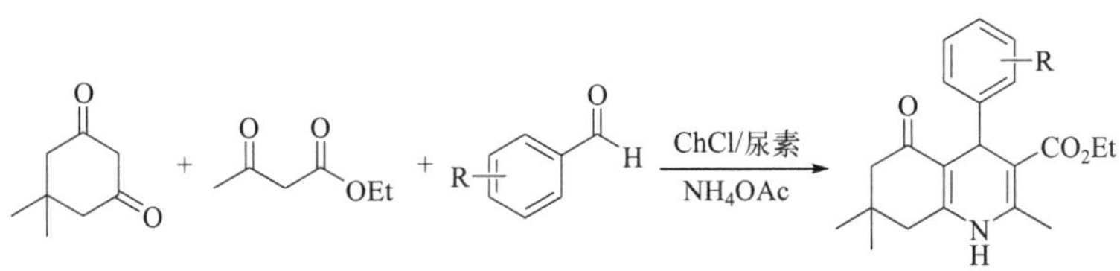

图 1-7 ChCl/尿素催化合成二氢喹啉类化合物

2016 年，Shahaibi 等[82]使用 $ChCl/SnCl_2$ 低共熔溶剂作为绿色催化剂和溶剂，通过一锅法合成了各种喹啉类衍生物。在 DES 存在下，将苯胺、芳香醛和可烯醇化的醛混合，在 60℃下反应 2～3h，即可以 54%～97%的产率得到喹啉类衍生物（图 1-8）。DES 重复使用 4 次，反应效果无明显下降。

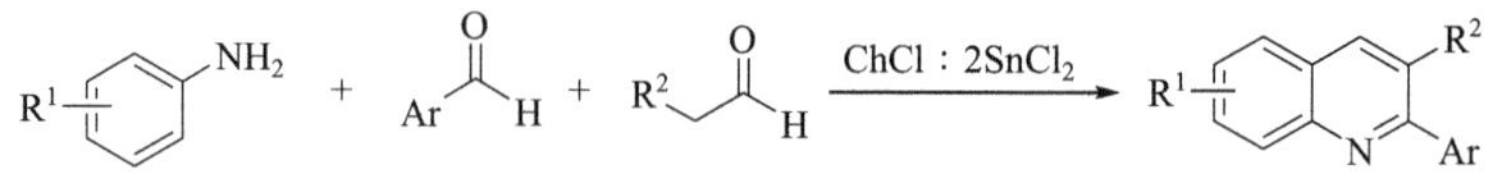

图 1-8 ChCl/$SnCl_2$ 中一锅法合成喹啉衍生物

2016 年，Cao 等[66]在室温下采用 ChCl/$CrCl_3$ · $6H_2O$ 低共熔溶剂作为催化剂，发展了一种甲酸或乙酸与醇酯化的高效方法（图 1-9）。高催化活性的 DES 易于回收和重复使用。

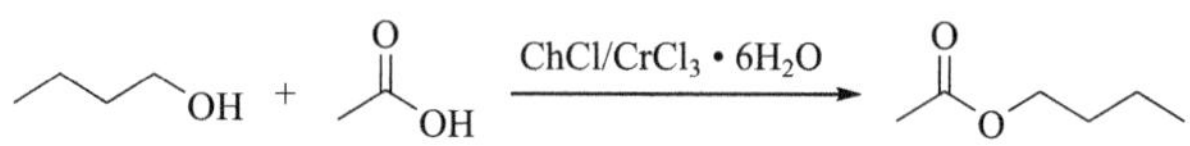

图 1-9 ChCl/$CrCl_3$ · $6H_2O$ 中乙酸与醇的酯化反应

2018 年，Bhosle 等[83]以 ChCl/尿素（1 ∶ 2）低共熔溶剂为反应介质，通过芳香醛、巴比妥酸、水合肼和乙酰乙酸乙酯的缩合反应合成了吡唑并吡喃并嘧啶类化合物。该方法具有广泛的底物普适性，于 80℃ 下反应 1h 即可获得较高的产率（图 1-10）。

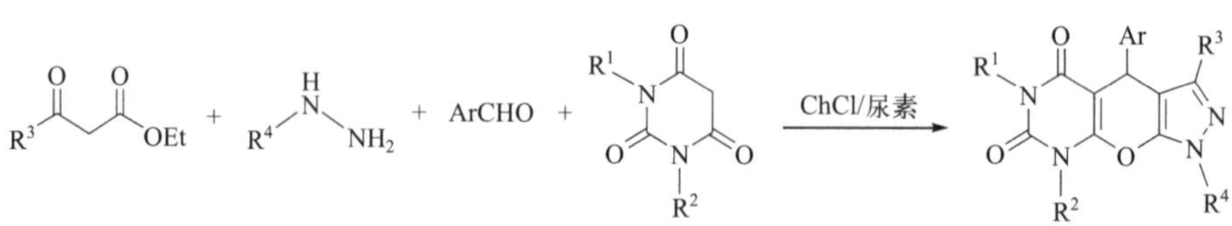

图 1-10 在 ChCl/尿素中合成吡唑并吡喃并嘧啶类化合物

2018 年，Capriati 等[84]开发了一种在 ChCl/甘油低共熔溶剂中用钯催化芳基卤化物与苯基三氟硼酸钾偶联制备联苯的合成方法。此方法以 $Pd(OAc)_2$ 作为催化剂，Na_2CO_3 作为添加剂，高效合成了一系列联苯（图 1-11）。

2018 年，Tran 等[85]利用 $ZnCl_2$/乙二醇（EG）低共熔溶剂催化苯并噁唑与芳香醛的芳基化反应，在 4～6h 即可获得良好至优异的产率。该方

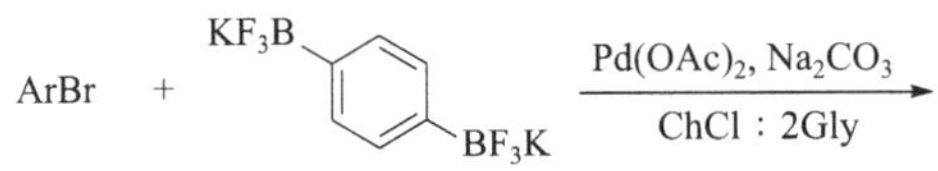

图 1-11　在 ChCl/甘油中芳基卤化物与苯基三氟硼酸钾的偶联反应

法中，DES 兼作溶剂和催化剂，DES 回收并重复使用 5 次，催化活性无显著降低（图 1-12）。

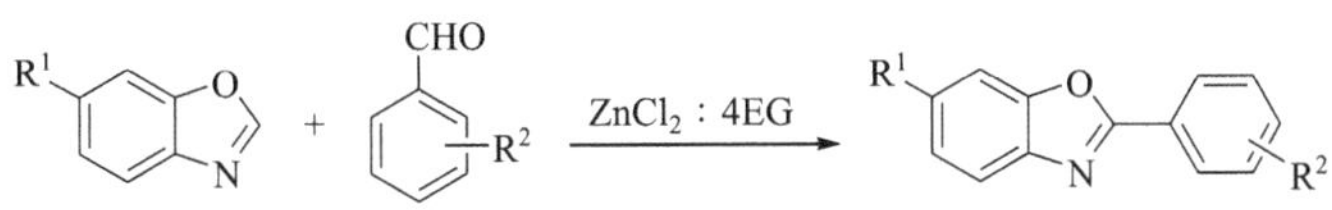

图 1-12　$ZnCl_2$/EG 催化苯并噁唑与芳香醛的芳基化反应

2018 年，Shaibuna 等[86]通过将 $ZrOCl_2 \cdot 8H_2O$ 与尿素、乙二醇或甘油混合，合成了三种 DES。其中 $ZrOCl_2 \cdot 8H_2O$/尿素低共熔溶剂的密度和黏度最低，酸度和热稳定性最高，被用作 Paal-Knorr 反应的催化剂，在室温下，较短的反应时间内即可获得良好的产率（图 1-13）。

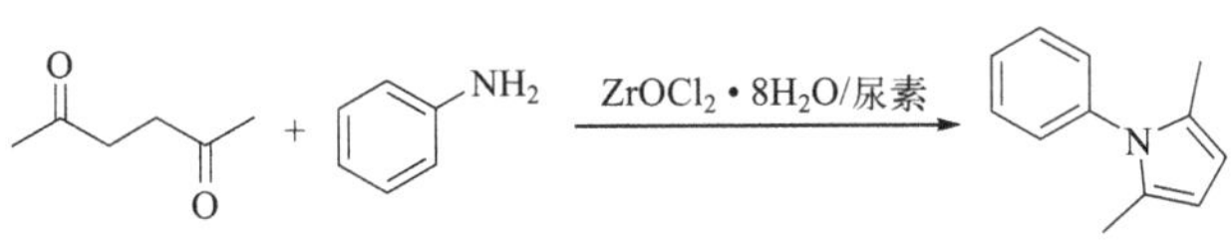

图 1-13　$ZrOCl_2 \cdot 8H_2O$/尿素高效催化 Paal-Knorr 反应

1.2.3.2　在生物催化中的应用

在生物催化过程中，水是最常见的溶剂。水作溶剂的主要缺点是极性高，与目标产物的疏水性质相反，从而导致产物溶解度极低。因此，过去的几十年间，人们开发了许多在非水性质的反应体系中（有机溶剂、离子液体、超临界流体）进行酶催化有机反应的方法。然而这些方法依然存在一定的缺点，例如成本高、生物降解性差、生物相容性差和可持续性差等。2008 年，Kazlauskas 等[87]证明了在低共熔溶剂中可以实现酶促反应。之后，越来越多的酶促反应在低共熔溶剂中实现，例如酯化与水解反应[88,89]、酯交换反应[90]、Aldol 反应[91]、Henry 反应[92]、氧化反应[93]等。

2014 年，Yang 课题组[94]首次研究了 DES 对辣根过氧化物酶（horseradish peroxidase）的性能与结构的影响，考查了 24 种 DES 对酶的影响，发现 DES 可以通过影响酶的蛋白结构而影响酶的活性。此外，DES 的组成与配比对酶的活性也有不同程度的影响。

2015 年，Marina[95]在氯化胆碱与甘油、乙二醇和尿素组成的三种 DES 中，以水为添加剂，以乙酸酐和 1-丁醇为原料，用固定化南极假丝酵母脂肪酶 B（*Candida antarctica* lipase B，CALB）催化合成了乙酸丁酯，产率可以达到 80%（图 1-14）。

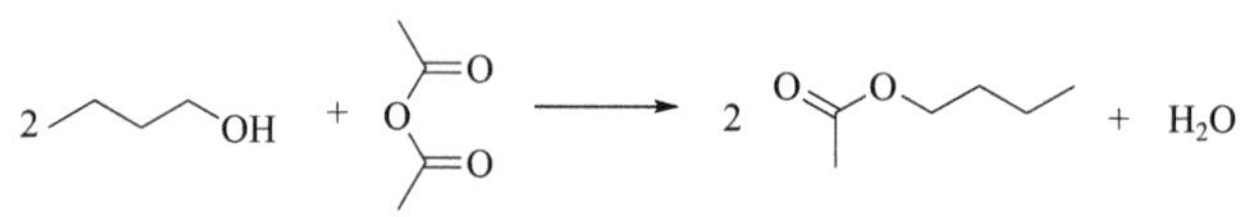

图 1-14　酶促酯化反应

2016 年，Daniel 小组[96]首次把 DES 应用在酶催化的 Aldol 反应中，他们以取代苯甲醛与脂肪族酮为原料，在 ChCl/甘油低共熔溶剂中使用猪胰腺脂肪酶（porcine pancreatic lipase）催化反应，以较高产率得到了目标产物（图 1-15）。

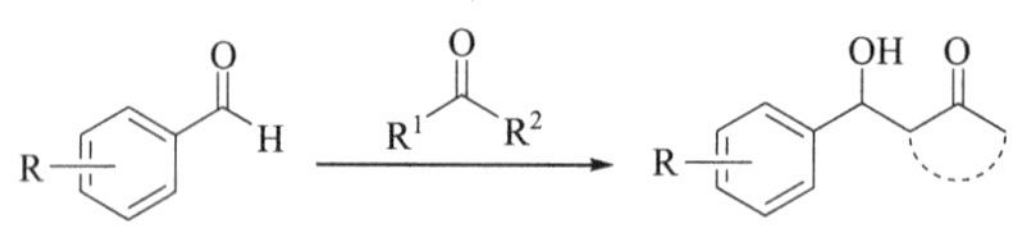

图 1-15　酶促 Aldol 反应

2016 年，Zhang 等[97]在 DES 中以 CALB 为催化剂，通过微波辐射的方式，以最高 95%的转化率，使黄角种子油经酯交换反应生成了生物柴油。

2016 年，Tian[92]首次以 DES 作为反应介质，成功实现了脂肪酶催化的 Henry 反应。黑曲霉脂肪酶（*Aspergillus niger* lipase）在 ChCl/甘油（1∶2）低共熔溶剂中显示出良好的催化活性，在最佳反应条件下，以芳香醛和硝基甲烷为原料，仅用 4h 即可以最高 92.2%的产率得到目标产物（图 1-16）。

2016 年，Haralambos[98]也研究了 DES 对辣根过氧化物酶（horserad-

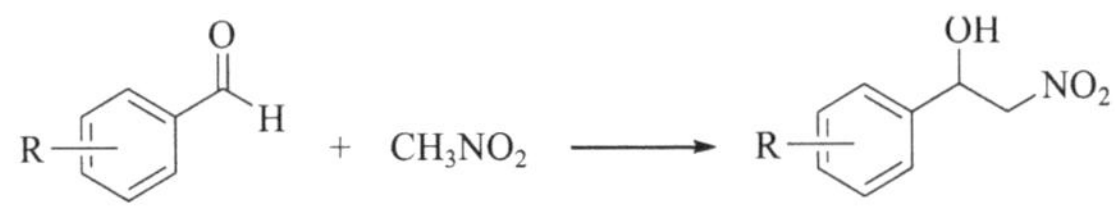

图 1-16 酶促 Henry 反应

ish peroxidase）和亚铁血红蛋白的影响，发现除了 DES 的种类与构成外，溶剂中 DES 的浓度也会影响酶的结构、活性。

2017 年，Juneidi 等[99]在研究洋葱伯克霍尔德菌脂肪酶（*Burkholderia cepacia* lipase）水解对硝基苯棕榈酸酯的反应中发现，在 ChCl/EG 低共熔溶剂中添加磷酸缓冲溶液或水可以提高酶的活性，最高活性比在甲醇中高 14 倍。

2017 年，Cao 等[100]以 DES 和二甲基亚砜（DMSO）为混合溶剂，使用黑曲霉脂肪酶（*Aspergillus niger* lipase）成功完成了对二氢杨梅素的酯交换反应。该反应以 ChCl/甘油/DMSO（3∶1，体积比）为最佳反应溶剂，最高转化率可达到 91.6%。

2019 年，Holtmann[91]以 4-硝基苯甲醛和丙酮为原料，研究了牛血清白蛋白和猪胰腺脂肪酶（porcine pancreatic lipase）在 Aldol 反应中的催化活性。

1.2.3.3 在萃取分离中的应用

2015 年，van Osch 等[101]首次提出了疏水性低共熔溶剂的概念，并成功将其用于水环境中萃取挥发性脂肪酸，如乙酸、丙酸、丁酸等；研究还发现其萃取效率随着烷基碳链长度的增加而增加。2019 年，Mahmood 等[102]采用 DES 从微藻类生物中提取多酚类物质，实验共探索了 12 种氯化胆碱类 DES 的萃取能力，并与传统萃取溶剂（乙酸乙酯/水）作了对比。2018 年，Fernández 等[103]在 40℃和超声波条件下，使用 DES 成功地从洋葱、番茄、梨等农副产品中萃取出了多酚类化合物；实验结果表明，DES 的萃取能力优于传统溶剂。2018 年，Tomáš 等[104]在提取植物大麻素时发现，相比于甲醇、乙醇等传统溶剂，基于薄荷醇的 DES 提取能力更高。DES 也可用于萃取水中的金属离子，如 In^{3+}[105]、Co^{3+}[106]等。

1.2.3.4 在其他方面的应用

低共熔溶剂除了以上所述应用外，因其独特的物理化学性质（黏度、密度、极性、离子电导率、酸碱度、表面张力），在纳米材料[107]、电化学[108]、分析化学[109]、色谱分析[110]、食品分析[111]等方面也都有着广泛应用。

参考文献

[1] Draye M，Chatel G，Duwald R. Ultrasound for drug synthesis：A green approach[J]. Pharmaceuticals，2020，13(2)：23.

[2] Sheldon R A. Green chemistry and resource efficiency：Towards a green economy[J]. Green Chem，2016，18(11)：3180-3183.

[3] Lozano P，García-Verdugo E. From green to circular chemistry paved by biocatalysis[J]. Green Chem，2023，25(18)：7041-7057.

[4] Sheldon R A，Bode M L，Akakios S G. Metrics of green chemistry：Waste minimization [J]. Curr Opin Green Sustain Chem，2022，33：100569.

[5] Kar S，Sanderson H，Roy K，et al. Green chemistry in the synthesis of pharmaceuticals [J]. Chem Rev，2021，122(3)：3637-3710.

[6] Shi M Y，Zheng X Y，Zhang N，et al. Overview of sixteen green analytical chemistry metrics for evaluation of the greenness of analytical methods[J]. TrAC Trends Anal Chem，2023，166：117211.

[7] de Marco B A，Rechelo B S，Tótoli E G，et al. Evolution of green chemistry and its multidimensional impacts：A review[J]. Saudi Pharm J，2019，27(1)：1-8.

[8] Cioc R C，Ruijter E，Orru R V. Multicomponent reactions：Advanced tools for sustainable organic synthesis[J]. Green Chem，2014，16(6)：2958-2975.

[9] Vaccaro L. Green shades in organic synthesis[J]. Eur J Org Chem，2020，2020(28)：4273-4283.

[10] He W M，Cui X L. Green organic synthesis[J]. Chin Chem Lett，2021，32：1589-1590.

[11] Cvjetko Bubalo M，Vidović S，Radojčić Redovniković I，et al. Green solvents for green technologies[J]. J Chem Technol Biotechnol，2015，90(9)：1631-1639.

[12] Sperry J，García-Álvarez J. Special issue："Organic reactions in green solvents"[J]. Molecules，2016，21(11)：1527.

[13] Calvo-Flores F G，Monteagudo-Arrebola M J，Dobado J A，et al. Green and bio-based solvents[J]. Topics Curr Chem，2018，376(3)：18.

[14] Cao J，Su E. Hydrophobic deep eutectic solvents：The new generation of green solvents for diversified and colorful applications in green chemistry[J]. J Clean Prod，2021，314：127965.

[15] Perna F M, Vitale P, Capriati V. Deep eutectic solvents and their applications as green solvents[J]. Curr Opin Green Sust, 2020, 21: 27-33.
[16] Shah P, Parikh S, Shah M, et al. A holistic review on application of green solvents and replacement study for conventional solvents[J]. Biomass Convers Bior, 2022, 12(5): 1985-1999.
[17] Okoro O V, Romano L, Karimi K, et al. The technical, economic, and environmental assessment of solvothermal liquefaction processes: An experimental and simulation study on the influence of solvent reichardt parameter[J]. Chem Eng Res Des, 2024, 208: 380-390.
[18] Zhou F, Hearne Z, Li C J. Water—the greenest solvent overall[J]. Curr Opin Green Sust, 2019, 18: 118-123.
[19] Abou-Shehada S, Clark J H, Paggiola G, et al. Tunable solvents: Shades of green[J]. Chem Eng Process, 2016, 99: 88-96.
[20] Hussain S M S, Adewunmi A A, Alade O S, et al. A review of ionic liquids: Recent synthetic advances and oilfield applications[J]. J Taiwan Inst Chem E, 2023, 153: 105195.
[21] Baraldi P T. Green techniques for organic synthesis and medicinal chemistry[J]. Green Process Synth, 2012, 1(5): 493-494.
[22] Ren S H, Mu T C, Wu W Z. Advances in deep eutectic solvents: New green solvents [J]. Processes, 2023, 11(7): 1920.
[23] Antenucci A, Dughera S, Renzi P. Green chemistry meets asymmetric organocatalysis: A critical overview on catalysts synthesis[J]. ChemSusChem, 2021, 14(14): 2785-2853.
[24] Rubab L, Anum A, Al-Hussain S A, et al. Green chemistry in organic synthesis: Recent update on green catalytic approaches in synthesis of 1, 2, 4-thiadiazoles[J]. Catalysts, 2022, 12(11): 1329.
[25] Anastas P T, Kirchhoff M M, Williamson T C. Catalysis as a foundational pillar of green chemistry[J]. Appl Catal A-Gen, 2001, 221(1-2): 3-13.
[26] Delidovich I, Palkovits R. Catalytic versus stoichiometric reagents as a key concept for Green Chemistry[J]. Green Chem, 2016, 18(3): 590-593.
[27] Kharissova O V, Kharisov B I, Oliva González C M, et al. Greener synthesis of chemical compounds and materials[J]. Roy Soc Open Sci, 2019, 6(11): 191378.
[28] Liu Y Y, Liu J, Lu L Q, et al. Organocatalysis combined with photocatalysis[J]. Top Curr Chem, 2019, 377(6): 37.
[29] Ahmad Ruslan N A A, Kan S Y, Hamzah A S, et al. Natural food additives as green catalysts in organic synthesis: A review[J]. Environ Chem Lett, 2021, 19(4): 3359-3380.
[30] Wang H, Qin M Y, Wu Q M, et al. Zeolite catalysts for green production of caprolactam [J]. Ind Eng Chem Res, 2022, 62(5): 2217-2224.

[31] Ganem B. Strategies for innovation in multicomponent reaction design[J]. Acc Chem Res, 2009, 42(3): 463-472.

[32] Brahmachari G. Practice of green chemistry strategies in synthetic organic chemistry: A glimpse of our sincere efforts in green chemistry research[J]. Chem Commun, 2024, 60(63): 8153-8169.

[33] Dai S, Tissot A, Serre C. Metal-organic frameworks: From ambient green synthesis to applications[J]. B Chem Soc Jpn, 2021, 94(11): 2623-2636.

[34] Baniardalan M, Nematollahi D. Introducing a new michael type acceptor: A green strategy for the synthesis of organic compounds[J]. J Electrochem Soc, 2020, 167(12): 125501.

[35] Lewis N S, Nocera D G. Powering the planet: Chemical challenges in solar energy utilization[J]. Proc Natl Acad Sci USA, 2006, 103(43): 15729-15735.

[36] Fujishima A, Honda K. Electrochemical photolysis of water at a semiconductor electrode[J]. Nature, 1972, 238(5358): 37-38.

[37] Schneider J, Matsuoka M, Takeuchi M, et al. Understanding TiO_2 photocatalysis: Mechanisms and materials[J]. Chem Rev, 2014, 114(19): 9919-9986.

[38] Yun Z, Pan Z M, Wang X C. Advances in photocatalysis in China[J]. Chinese J Catal, 2013, 34(3): 524-535.

[39] Tian Y D, Piao L Y, Chen X B. Research progress on the photocatalytic activation of methane to methanol[J]. Green Chem, 2021, 23(10): 3526-3541.

[40] He M, Fang Z, Wang P, et al. Recent progress in photocatalytic chemical fixation of carbon dioxide[J]. ACS Sustainable Chem Eng, 2023, 11(33): 12194-12217.

[41] Rizzo L, Silva A M. Environmental applications of photocatalytic processes [J]. Catalysts, 2020, 10(11): 1264.

[42] Xu Y Y, Li S, Chen M, et al. Carbon-based nanostructures for emerging photocatalysis: CO_2 reduction, N_2 fixation, and organic conversion[J]. Trends Chem, 2022, 4(11): 984-1004.

[43] Fang Y X, Zheng Y, Fang T, et al. Photocatalysis: An overview of recent developments and technological advancements[J]. Sci China Chem, 2020, 63: 149-181.

[44] Escobedo S, de Lasa H. Synthesis and performance of photocatalysts for photocatalytic hydrogen production: Future perspectives[J]. Catalysts, 2021, 11(12): 1505.

[45] Cheng X, Chen R, Zhu X, et al. Optofluidic membrane microreactor for photocatalytic reduction of CO_2[J]. Int J Hydrogen Energ, 2016, 41(4): 2457-2465.

[46] Cheng M, Xiao C, Xie Y. Photocatalytic nitrogen fixation: The role of defects in photocatalysts[J]. J Mater Chem A, 2019, 7(34): 19616-19633.

[47] Al-Nuaim M A, Alwasiti A A, Shnain Z Y. The photocatalytic process in the treatment of polluted water[J]. Chem Pap, 2023, 77(2): 677-701.

[48] Patel M, Kumar R, Kishor K, et al. Pharmaceuticals of emerging concern in aquatic systems: Chemistry, occurrence, effects, and removal methods[J]. Chem Rev, 2019,

119(6): 3510-3673.
[49] König B. Photocatalysis in organic synthesis—past, present, and future[J]. Eur J Org Chem, 2017, 2017(15): 1979-1981.
[50] Sheldon R A. The greening of solvents: Towards sustainable organic synthesis[J]. Curr Opin Green Sust, 2019, 18: 13-19.
[51] Guo X S, Zhu H X, Si Y X, et al. Conversion of glucose to 5-hydroxymethylfurfural in deep eutectic solvent of choline chloride-chromium chloride[J]. Ind Eng Chem Res, 2022, 61(21): 7216-7224.
[52] Prabhune A, Dey R. Green and sustainable solvents of the future: Deep eutectic solvents[J]. J Mol Liq, 2023, 379: 121676.
[53] Kaur G, Kumar H, Singla M. Diverse applications of ionic liquids: A comprehensive review[J]. J Mol Liq, 2022, 351: 118556.
[54] Zhang Q H, Vigier K D O, Royer S, et al. Deep eutectic solvents: Syntheses, properties and applications[J]. Chem Soc Rev, 2012, 41(21): 7108-7146.
[55] Abbott A P, Capper G, Davies D L, et al. Novel solvent properties of choline chloride/urea mixtures[J]. Chem Commun, 2003(1): 70-71.
[56] Zhu A L, Li Q Q, Li L J, et al. One-pot synthesis of 3, 4-dihydro-2(*H*)-pyrimidinones catalyzed by reusable acidic choline-based ionic liquids[J]. Catal Lett, 2013, 143: 463-468.
[57] Keshavarzipour F, Tavakol H. Deep eutectic solvent as a recyclable catalyst for three-component synthesis of β-amino carbonyls[J]. Catal Lett, 2015, 145: 1062-1066.
[58] Peñaranda Gómez A, Rodríguez Bejarano O, Kouznetsov V V, et al. One-pot diastereoselective synthesis of tetrahydroquinolines from star anise oil in a choline chloride/zinc chloride eutectic mixture[J]. ACS Sustainable Chem Eng, 2019, 7(22): 18630-18639.
[59] Disale S T, Kale S R, Kahandal S S, et al. Choline chloride · $2ZnCl_2$ ionic liquid: An efficient and reusable catalyst for the solvent free Kabachnik-Fields reaction [J]. Tetrahedron Lett, 2012, 53(18): 2277-2279.
[60] Morales R C, Tambyrajah V, Jenkins P R, et al. The regiospecific Fischer indole reaction in choline chloride · $2ZnCl_2$ with product isolation by direct sublimation from the ionic liquid[J]. Chem Commun, 2004(2): 158-159.
[61] Wang A L, Xing P F, Zheng X L, et al. Deep eutectic solvent catalyzed Friedel-Crafts alkylation of electron-rich arenes with aldehydes[J]. RSC Adv, 2015, 5(73): 59022-59026.
[62] Tran P H, Nguyen H T, Hansen P E, et al. An efficient and green method for regio- and chemo-selective Friedel-Crafts acylations using a deep eutectic solvent([CholineCl][$ZnCl_2$]$_3$)[J]. RSC Adv, 2016, 6(43): 37031-37038.
[63] Sunitha S, Kanjilal S, Reddy P S, et al. Liquid-liquid biphasic synthesis of long chain wax esters using the Lewis acidic ionic liquid choline chloride · $2ZnCl_2$[J]. Tetrahedron

Lett, 2007, 48(39): 6962-6965.

[64] Patil U B, Singh A S, Nagarkar J M. Choline chloride based eutectic solvent: An efficient and reusable solvent system for the synthesis of primary amides from aldehydes and from nitriles[J]. RSC Adv, 2014, 4(3): 1102-1106.

[65] Azizi N, Dezfuli S, Hahsemi M M. Eutectic salt catalyzed environmentally benign and highly efficient Biginelli reaction[J]. The Scientific World J, 2012, 2012(1): 908702.

[66] Cao J, Qi B, Liu J, et al. Deep eutectic solvent choline chloride • $2CrCl_3$ • $6H_2O$: An efficient catalyst for esterification of formic and acetic acid at room temperature[J]. RSC Adv, 2016, 6(26): 21612-21616.

[67] Vidal C, García-Álvarez J, Hernán-Gómez A, et al. Introducing deep eutectic solvents to polar organometallic chemistry: Chemoselective addition of organolithium and grignard reagents to ketones in air[J]. Angew Chem Int Ed, 2014, 126(23): 6079-6083.

[68] Vidal C, García-Álvarez J, Hernán-Gómez A, et al. Exploiting deep eutectic solvents and organolithium reagent partnerships: Chemoselective ultrafast addition to imines and quinolines under aerobic ambient temperature conditions[J]. Angew Chem Int Ed, 2016, 55(52): 16145-16148.

[69] Imperato G, Vasold R, König B. Stille reactions with tetraalkylstannanes and phenyltrialkylstannanes in low melting sugar-urea-salt mixtures[J]. Adv Synth Catal, 2006, 348(15): 2243-2247.

[70] Ilgen F, König B. Organic reactions in low melting mixtures based on carbohydrates and L-carnitine—a comparison[J]. Green Chem, 2009, 11(6): 848-854.

[71] Imperato G, Höger S, Lenoir D, et al. Low melting sugar-urea-salt mixtures as solvents for organic reactions—estimation of polarity and use in catalysis[J]. Green Chem, 2006, 8(12): 1051-1055.

[72] Rodríguez-Álvarez M J, Vidal C, Schumacher S, et al. AuI iminophosphorane complexes as efficient catalysts for the cycloisomerization of alkynyl amides under air, at room temperature, and in aqueous or eutectic-mixture solutions[J]. Chem-Eur J, 2017, 23(14): 3425-3431.

[73] Ferreira M, Jérôme F, Bricout H, et al. Rhodium catalyzed hydroformylation of 1-decene in low melting mixtures based on various cyclodextrins and N,N'-dimethylurea[J]. Catal Commun, 2015, 63: 62-65.

[74] Rodríguez-Álvarez M J, Vidal C, Díez J, et al. Introducing deep eutectic solvents as biorenewable media for Au(Ⅰ)-catalysed cycloisomerisation of γ-alkynoic acids: An unprecedented catalytic system[J]. Chem Commun, 2014, 50(85): 12927-12929.

[75] Gore S, Chinthapally K, Baskaran S, et al. Synthesis of substituted hydantoins in low melting mixtures[J]. Chem Commun, 2013, 49(44): 5052-5054.

[76] Gore S, Baskaran S, Koenig B. Efficient synthesis of 3, 4-dihydropyrimidin-2-ones in low melting tartaric acid-urea mixtures[J]. Green Chem, 2011, 13(4): 1009-1013.

[77] Gore S, Baskaran S, Koenig B. Synthesis of pyrimidopyrimidinediones in a deep eutectic reaction mixture[J]. Adv Synth Catal, 2012, 354(13): 2368-2372.

[78] Ruß C, Ilgen F, Reil C, et al. Efficient preparation of β-D-glucosyl and β-D-mannosyl ureas and other *N*-glucosides in carbohydrate melts[J]. Green Chem, 2011, 13(1): 156-161.

[79] Zhu A L, Li L J, Wang J J, et al. Direct nucleophilic substitution reaction of alcohols mediated by a zinc-based ionic liquid[J]. Green Chem, 2011, 13(5): 1244-1250.

[80] Azizi N, Manocheri Z. Eutectic salts promote green synthesis of bis(indolyl) methanes [J]. Res Chem Intermediat, 2012, 38: 1495-1500.

[81] Pednekar S, Bhalerao R, Ghadge N. One-pot multi-component synthesis of 1,4-dihydropyridine derivatives in biocompatible deep eutectic solvents[J]. J Mater Sci, 2013, 125: 615-621.

[82] Shahabi D, Tavakol H. One-pot synthesis of quinoline derivatives using choline chloride/tin(Ⅱ) chloride deep eutectic solvent as a green catalyst[J]. J Mol Liq, 2016, 220: 324-328.

[83] Tipale M R, Khillare L D, Deshmukh A R, et al. An efficient four component domino synthesis of pyrazolopyranopyrimidines using recyclable choline chloride: Urea deep eutectic solvent[J]. J Heterocyclic Chem, 2018, 55(3): 716-728.

[84] Dilauro G, García S M, Tagarelli D, et al. Ligand-free bioinspired Suzuki-Miyaura coupling reactions using aryltrifluoroborates as effective partners in deep eutectic solvents[J]. ChemSusChem, 2018, 11(19): 3495-3501.

[85] Tran P H, Hang A-H T. Deep eutectic solvent-catalyzed arylation of benzoxazoles with aromatic aldehydes[J]. RSC Adv, 2018, 8(20): 11127-11133.

[86] Shaibuna M, Theresa L V, Sreekumar K. A new green and efficient brønsted: Lewis acidic DES for pyrrole synthesis[J]. Catal Lett, 2018, 148: 2359-2372.

[87] Gorke J T, Srienc F, Kazlauskas R J. Hydrolase-catalyzed biotransformations in deep eutectic solvents[J]. Chem Commun, 2008(10): 1235-1237.

[88] Durand E, Lecomte J, Baréa B, et al. Evaluation of deep eutectic solvents as new media for *Candida antarctica* B lipase catalyzed reactions[J]. Process Biochem, 2012, 47 (12): 2081-2089.

[89] Zeng C X, Qi S J, Xin R P, et al. Enzymatic selective synthesis of 1, 3-DAG based on deep eutectic solvent acting as substrate and solvent[J]. Biopro Biosyst Eng, 2015, 38: 2053-2061.

[90] Durand E, Lecomte J, Baréa B, et al. Towards a better understanding of how to improve lipase-catalyzed reactions using deep eutectic solvents based on choline chloride [J]. Eur J Lipid Sci Tech, 2014, 116(1): 16-23.

[91] Milker S, Pätzold M, Bloh J, et al. Comparison of deep eutectic solvents and solvent-free reaction conditions for aldol production[J]. Mol Catal, 2019, 466: 70-74.

[92] Tian X, Zhang S, Zheng L. Enzyme-catalyzed Henry reaction in choline chloride-based

deep eutectic solvents[J]. J Microbiol Biotechn, 2016, 26(1): 80-88.

[93] Sánchez-Leija R, Torres-Lubián J, Reséndiz-Rubio A, et al. Enzyme-mediated free radical polymerization of acrylamide in deep eutectic solvents[J]. RSC Adv, 2016, 6(16): 13072-13079.

[94] Wu B P, Wen Q, Xu H, et al. Insights into the impact of deep eutectic solvents on horseradish peroxidase: Activity, stability and structure[J]. J Mol Catal B-Enzym, 2014, 101: 101-107.

[95] Bubalo M C, Tušek A J, Vinković M, et al. Cholinium-based deep eutectic solvents and ionic liquids for lipase-catalyzed synthesis of butyl acetate[J]. J Mol Catal B: Enzym, 2015, 122: 188-198.

[96] González-Martínez D, Gotor V, Gotor-Fernández V. Application of deep eutectic solvents in promiscuous lipase-catalysed aldol reactions[J]. Eur J Org Chem, 2016, 2016(8): 1513-1519.

[97] Zhang Y H, Xia X X, Duan M H, et al. Green deep eutectic solvent assisted enzymatic preparation of biodiesel from yellow horn seed oil with microwave irradiation[J]. J Mol Catal B-Enzym, 2016, 123: 35-40.

[98] Papadopoulou A A, Efstathiadou E, Patila M, et al. Deep eutectic solvents as media for peroxidation reactions catalyzed by heme-dependent biocatalysts[J]. Ind Eng Chem Res, 2016, 55(18): 5145-5151.

[99] Juneidi I, Hayyan M, Hashim M A, et al. Pure and aqueous deep eutectic solvents for a lipase-catalysed hydrolysis reaction[J]. Biochem Eng J, 2017, 117: 129-138.

[100] Cao S L, Deng X, Xu P, et al. Highly efficient enzymatic acylation of dihydromyricetin by the immobilized lipase with deep eutectic solvents as cosolvent [J]. J Agric Food Chem, 2017, 65(10): 2084-2088.

[101] van Osch D J, Zubeir L F, Van Den Bruinhorst A, et al. Hydrophobic deep eutectic solvents as water-immiscible extractants[J]. Green Chem, 2015, 17(9): 4518-4521.

[102] Wan Mahmood W M A, Lorwirachsutee A, Theodoropoulos C, et al. Polyol-based deep eutectic solvents for extraction of natural polyphenolic antioxidants from *Chlorella vulgaris*[J]. ACS Sustainable Chem Eng, 2019, 7(5): 5018-5026.

[103] de los Ángeles Fernández M, Espino M, Gomez F J, et al. Novel approaches mediated by tailor-made green solvents for the extraction of phenolic compounds from agro-food industrial by-products[J]. Food Chem, 2018, 239: 671-678.

[104] Křížek T, Bursová M, Horsley R, et al. Menthol-based hydrophobic deep eutectic solvents: Towards greener and efficient extraction of phytocannabinoids[J]. J Clean Prod, 2018, 193: 391-396.

[105] Tereshatov E, Boltoeva M Y, Folden C. First evidence of metal transfer into hydrophobic deep eutectic and low-transition-temperature mixtures: Indium extraction from hydrochloric and oxalic acids[J]. Green Chem, 2016, 18(17): 4616-4622.

[106] van Osch D J, Parmentier D, Dietz C H, et al. Removal of alkali and transition metal

ions from water with hydrophobic deep eutectic solvents[J]. Chem Commun, 2016, 52(80): 11987-11990.

[107] Sugiarto S, Weerasinghe U A, Muiruri J K, et al. Nanomaterial synthesis in deep eutectic solvents[J]. Chem Eng J, 2024: 156177.

[108] Taylor S, Handy S T. Electrochemical allylations in a deep eutectic solvent[J]. Beilstein J Org Chem, 2024, 20(1): 2217-2224.

[109] Santana-Mayor Á, D'Orazio G, Fanali S, et al. Combination of natural deep eutectic solvents and nano-liquid chromatography towards white analytical chemistry: A practical application[J]. Separations, 2024, 11(4): 119.

[110] Fan B, Wei J, Yang J, et al. Microextraction techniques with deep eutectic solvents for gas chromatographic analysis: A minireview[J]. Anal Methods, 2024, 16(38): 6460-6473.

[111] Ortega-Zamora C, González-Sálamo J, Hernández-Borges J. Deep eutectic solvents application in food analysis[J]. Molecules, 2021, 26(22): 6846.

第2章 氯化胆碱/氯化锌低共熔溶剂的应用

2.1 概述

氯化胆碱/氯化锌低共熔溶剂属于季铵盐和金属盐类 DES，即由季铵盐与金属卤化物混合形成。Abbott 等[1]于 2001 年发表的由季铵盐与氯化锌混合加热制成的新颖离子液体研究结果是 DES 的首次报道。之后，该类 DES 在有机合成[2-8]、材料制备[9,10]、天然物质提取[11]、CO_2[12]分离等方面均有应用。

2013 年，Wang 等[13]合成了 6 种 DES 用于富电子芳烃与醛的 Friedel-Crafts 烷基化反应（图 2-1）。$ChCl/ZnCl_2$ 低共熔溶剂是最有效的催化剂，能重复使用 5 次，产率保持在 89%～94%。该方法反应条件温和、避免了大量酸性废液的使用。

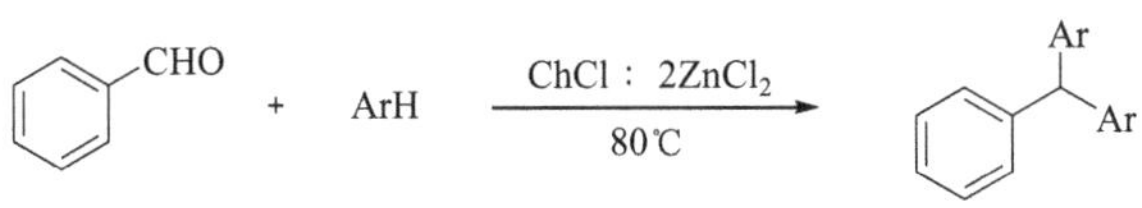

图 2-1　富电子芳烃与醛的 Friedel-Crafts 烷基化反应

2022 年，Cao 等[14]使用 $ChCl/ZnCl_2$ 低共熔溶剂体系实现了糠醇的聚合反应，得到了聚糠醇（图 2-2）。

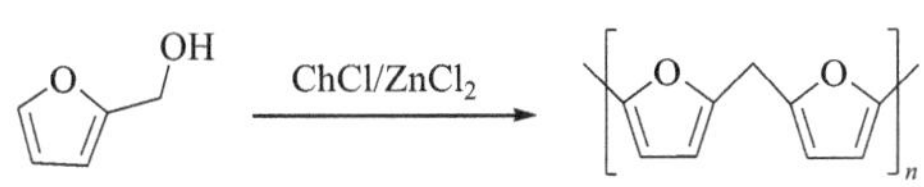

图 2-2　糠醇的聚合反应

2023 年，Kouznetsov 等[15]在 $ChCl/ZnCl_2$ 低共熔溶剂中，以苯胺、烯烃（反式茴香脑、甲基丁子香酚、茚）和 2-甲酰基苯甲酸为原料，通过一锅多组分 Povarov 反应合成了一系列二氢异吲哚并[2,1-*a*]喹啉-11-酮（图 2-3）。

2024 年，Sardarian 等[16]发现 $ChCl/ZnCl_2$ 低共熔溶剂可催化苯胺与甲酰胺或乙酸反应，生成甲酰苯胺或乙酰苯胺。此外，在该 DES 中，异氰酸苯酯还可以与一系列胺反应，合成了多种不对称脲衍生物（图 2-4）。

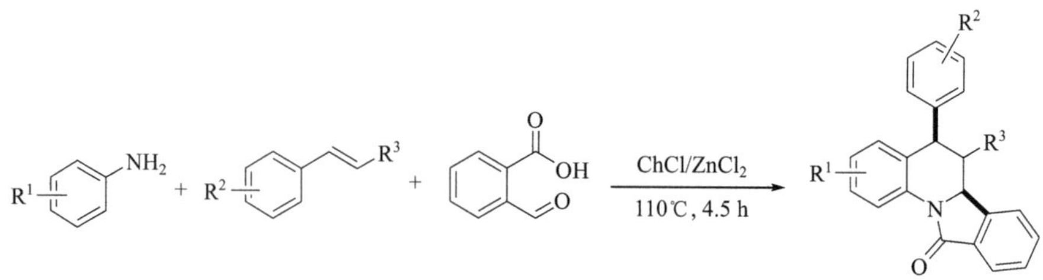

图 2-3　ChCl/ZnCl$_2$ 低共熔溶剂催化合成二氢异吲哚并[2,1-*a*]喹啉-11-酮

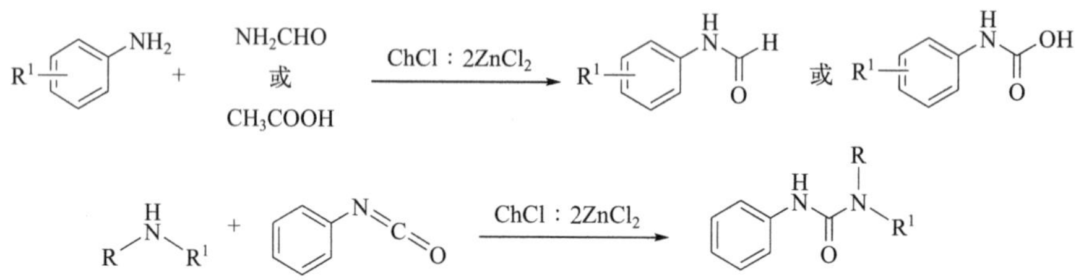

图 2-4　氯化胆碱/氯化锌低共熔溶剂催化胺类化合物的酰化/氨酰化反应

本章将介绍 4 种基于 ChCl/ZnCl$_2$ 低共熔溶剂催化的有机合成反应，分别为以邻氨基芳香酮和芳香炔烃为原料，合成 2,4-二取代喹啉类化合物；以 2-吡咯烷苯甲醛和 α-溴代苯乙酮为反应物，合成 1-(4-羟基丁基)-2-苯甲酰基吲哚类化合物；通过醛与富电子芳烃的 Baeyer-Villiger 反应合成三芳基甲烷类化合物；通过 Henry/Friedel-Crafts 烷基化串联反应合成二芳基甲烷类化合物。

2.2　氯化胆碱/氯化锌低共熔溶剂中合成 2,4-二取代喹啉类化合物

喹啉结构单元[17]广泛存在于抗肿瘤、抗疟疾、抗真菌、镇痛等活性药物中[18]，因此，如何高效地构建喹啉环是人们研究的热点。从喹啉环的构成逆合成分析，主要合成方法分三种：第一种方法是以单取代苯胺和三碳化合物为原料[19,20]；第二种方法是以邻取代苯胺和二碳化合物为原料[21,22]；第三种方法是以苯胺与二碳化合物以及单碳化合物为原料[23,24]。其中 Friedländer 合成法利用邻氨基苯甲醛（酮）与另一分子醛/酮发生环化反应来合成喹啉环，此法是最简单、最直接、改进最多的方案[25]。然

而，Friedländer 合成法尚存在需酸或碱催化、反应条件苛刻（一般情况反应需在高温下进行）、底物适用性有限等缺点。因此，探索、开发绿色、高效合成喹啉衍生物的方法，仍具有十分重要的意义。本节在 ChCl/$ZnCl_2$ 低共熔溶剂中，以邻氨基芳香酮和芳香炔烃为原料，在无其他添加剂的情况下，绿色、高效地合成了一系列 2,4-二取代喹啉衍生物（图 2-5）。

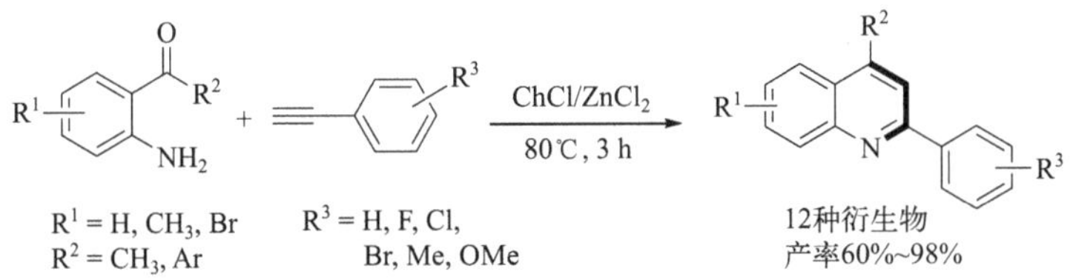

图 2-5　邻氨基芳香酮与芳香炔烃的成环反应

2.2.1　DES 制备

在带有磁子的 10mL 具塞试管中加入一定摩尔比的氯化胆碱和氢键供体（尿素、草酸、氯化锌等），混合均匀后，在 80℃油浴中搅拌加热至形成均一、透明液体（一般需 30min 左右），即得所需 DES，保存备用。

2.2.2　2,4-二取代喹啉类化合物合成

模板反应：向带有磁子的 10mL 具塞试管中加入 0.30mmol 2-氨基苯乙酮、0.60mmol 苯乙炔、1mL DES[n(ChCl)∶n($ZnCl_2$)＝1.0∶2.0]，在 80℃油浴中反应 3h。反应完成后，反应混合物用乙酸乙酯萃取 5 次，合并有机相，经减压蒸馏浓缩得到粗产物，再经柱色谱分离（$V_{石油醚}$∶$V_{乙酸乙酯}$＝5∶1），得到纯产品。

2.2.3　反应条件优化

（1）DES 组成对反应产率的影响

选择 2-氨基苯乙酮（**2-2 A-1**）和苯乙炔（**2-2 B-1**）为模板反应底物（图 2-6），探究了几类 DES 对模板反应产率的影响，结果如表 2-1 所示。在 n(氯化胆碱)∶n(氯化锌)＝1.0∶2.0 组成的 DES 中，反应 3.0h 即可得到 85％的产率；在 n(氯化胆碱)∶n(草酸)＝1.0∶1.0 组成的 DES

中，没有检测到产物；而在其他的低共熔溶剂中，虽有产物生成，但产率较低。因此，选择了 *n*(氯化胆碱)∶*n*(氯化锌)＝1.0∶2.0 的 DES 为最佳反应介质。

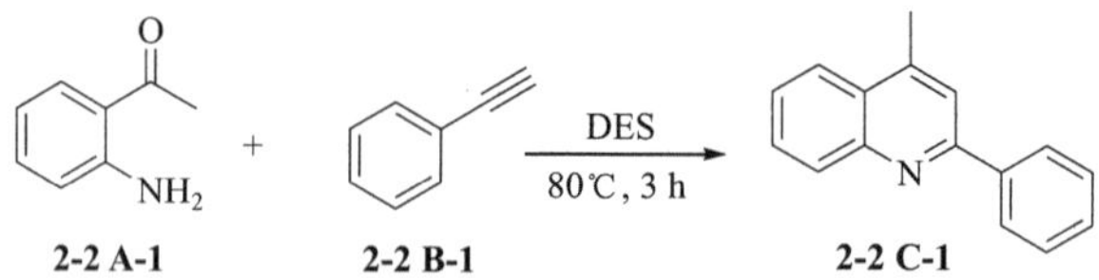

图 2-6　2-氨基苯乙酮与苯乙炔的模板反应

表 2-1　模板反应在不同 DES 中的产率

序号	低共熔溶剂组成	产率/%
1	*n*(氯化胆碱)∶*n*(尿素)＝1.0∶3.5	10
2	*n*(氯化胆碱)∶*n*(柠檬酸)＝1.0∶1.0	16
3	*n*(氯化胆碱)∶*n*(草酸)＝1.0∶1.0	痕量
4	*n*(氯化胆碱)∶*n*(对甲基苯磺酸)＝1.0∶1.0	15
5	*n*(氯化胆碱)∶*n*(氯化锌)＝1.0∶2.0	85
6	*n*(氯化胆碱)∶*n*(葡萄糖)＝1.0∶1.0	10

(2) 底物摩尔比对反应产率的影响

对照实验表明，苯乙炔在氯化胆碱/氯化锌所组成的 DES 中会发生自身反应，从而导致 2-氨基苯乙酮反应不完全。因此，对反应物的摩尔比进行了调整，结果如表 2-2 所示。当 2-氨基苯乙酮的物质的量大于苯乙炔时，产率最高为 79%；当苯乙炔的物质的量大于 2-氨基苯乙酮时，产率明显上升，而当两者的比例达到 1.0∶2.0 时，产率可达 92%；继续增加苯乙炔的物质的量，产率基本不变（93%）。因此，选择比例 1.0∶2.0 为最佳底物摩尔比。

表 2-2　底物摩尔比对反应产率的影响

序号	底物摩尔比($n_{\text{2-2 A-1}}$∶$n_{\text{2-2 B-1}}$)	产率/%
1	3.0∶1.0	78
2	2.0∶1.0	79

续表

序号	底物摩尔比($n_{2\text{-}2\ A\text{-}1}$: $n_{2\text{-}2\ B\text{-}1}$)	产率/%
3	1.0∶1.0	66
4	1.0∶1.5	85
5	1.0∶2.0	92
6	1.0∶3.0	93

(3) DES 中添加其他溶剂对反应产率的影响

以氯化胆碱/氯化锌组成的 DES 为反应介质时黏度较大，向其中添加一些其他溶剂可以降低体系的黏度，但加入的溶剂可能会破坏 DES 自身的氢键网络体系，从而影响其物理化学性质，降低反应活性。因此，研究者尝试向 DES 中加入不同溶剂（1mL)，考察对反应产率的影响，结果如表 2-3 所示。不加溶剂时产率为 90%，而添加有机溶剂会显著降低反应活性，抑制反应的进行；而加入水时，没有检测到目标产物。因此，以不添加任何溶剂的 DES 为反应介质。

表 2-3 添加溶剂对反应产率的影响

序号	溶剂(1mL)	产率/%
1	丙酮	19
2	乙腈	33
3	乙醇	46
4	水	痕量
5	二氯甲烷	30
6	—	90

(4) 温度及时间对反应产率的影响

接着对反应温度和时间对反应产率的影响进行了考察（表 2-4)。在本实验中，温度不仅会影响反应速率，也会影响 DES 的黏度（温度越高，黏度越低)。由表 2-4 中数据可知，随着反应温度的升高，产率随之增加；当反应温度达到 80℃时，继续升高温度，产率下降。因此，选择 80℃为最佳反应温度。接着，对反应时间进行了优化。结果显示，当反应时间少于 3.0h 时，产率随时间延长明显增加；当反应时间超过 3.0h 后，继续延长反应时间，产率并无明显变化。因此，选择 3.0h 为模板反应的最佳时间。

表 2-4　反应温度和时间对反应产率的影响

序号	温度/℃	时间/h	产率/%
1	50	3.0	50
2	60		69
3	70		80
4	80		92
5	90		91
6	100		70
7	80	1.0	76
8		2.0	82
9		3.0	91
10		4.0	92

2.2.4　反应底物拓展

在确定了最佳反应条件后，又选用了一系列带有取代基的 2-氨基苯乙酮及 2-氨基二苯甲酮与苯乙炔反应，以考察该方法的底物适用性。由图 2-7 可知，该反应体系对喹啉类化合物的合成具有较好的底物适用性。连有给电子基团（*m*-Me、*p*-OMe、*m*-OMe）的炔烃与 2-氨基苯乙酮反应时，产率较高，产物 **2-2 C-5**、**2-2 C-6**、**2-2 C-7** 的产率分别为 95%、98%、94%。当炔烃连有含氟基团时，空间位阻对反应的影响较大，对位取代底物的产率明显高于邻位和间位的，产物 **2-2 C-2**、**2-2 C-8**、**2-2 C-9** 的产率分别为 91%、63%、63%。连有氟、氯、溴三种不同卤素的炔烃，随着卤素电负性的降低，产率逐渐下降，产物 **2-2 C-2**、**2-2 C-3**、**2-2 C-4** 的产率分别为 91%、88%、77%。而 2-氨基二苯甲酮及含有取代基的 2-氨基苯乙酮与苯乙炔反应时，产率相近，表明取代基类型及位置对反应产率影响不大，产物 **2-2 C-10**、**2-2 C-11**、**2-2 C-12** 的产率分别为 89%、90%、85%。

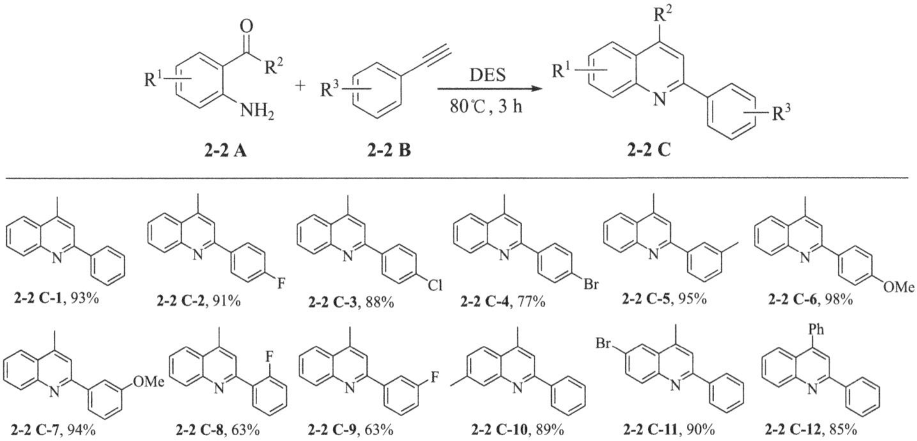

图 2-7 在 DES 中合成 2,4-二取代喹啉类化合物的底物普适性

2.2.5 DES 循环实验

最后，对 DES 的可重复使用性进行了研究，结果如图 2-8 所示。反应结束后，反应液用水/乙酸乙酯（2×5mL）萃取 5 次，合并有机相，经减压蒸馏浓缩得到粗产物，再经柱色谱分离得到纯产品。而水相经 80℃ 真空干燥 3.0h 后，即可重新使用。随着 DES 重复使用次数的增加产率略有下降，但使用第 4 次时产率仍有 76%。

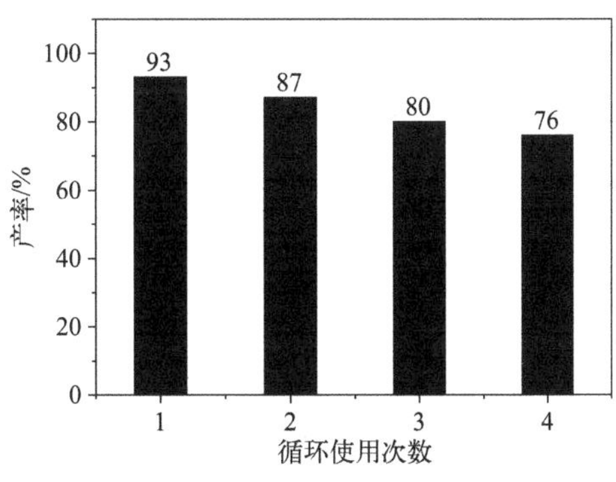

图 2-8 DES 的循环使用情况

2.3 氯化胆碱/氯化锌低共熔溶剂中合成 1-（4-羟基丁基）-2-苯甲酰基吲哚类化合物

吲哚骨架是天然产物中最常见的结构之一，也是多种药用活性分子的重要结构单元[26]，因此，开发合成吲哚类化合物的方法具有重要意义。除了费歇尔吲哚合成反应之外[27]，还有许多使用过渡金属催化剂的合成方法。其中以卤代苯胺衍生物作为初始反应原料的方法受限于原料来源和经济成本[28]。氧化型 Heck 反应，也称为 Fujiwara-Moritani 反应[29]，在有机合成中应用广泛。在芳香底物或杂芳基底物上引入易转换和易离去的导向基团，能够使其邻位烯基化，之后在金属催化剂的作用下，通过自身环化可得到吲哚类化合物。然而，氧化型 Heck 反应和转换形成吲哚的整个过程中需要多种金属催化剂的参与，包括钌和铑等；且氧化剂被还原消除后形成的金属-H 必须借助外部氧化剂，才能被重新氧化使用。近年来，虽然使用分子氧[30]减少了铜盐和银盐[31]等金属添加剂的用量，但仍然需要使用大量的氧化剂。

基于对绿色合成方法学的持续关注，本节以廉价易合成、反应活性较高且易衍生化的原料为底物，在 DES 中实现了吲哚骨架的构建，同时又实现了五元氮杂环的开环取代反应。以 2-吡咯烷苯甲醛和 α-溴代苯乙酮为反应物，$ChCl/ZnCl_2$ 低共熔溶剂为催化剂和反应介质，快速高效地合成了一系列 1-(4-羟基丁基)-2-苯甲酰基吲哚类化合物（图 2-9）。

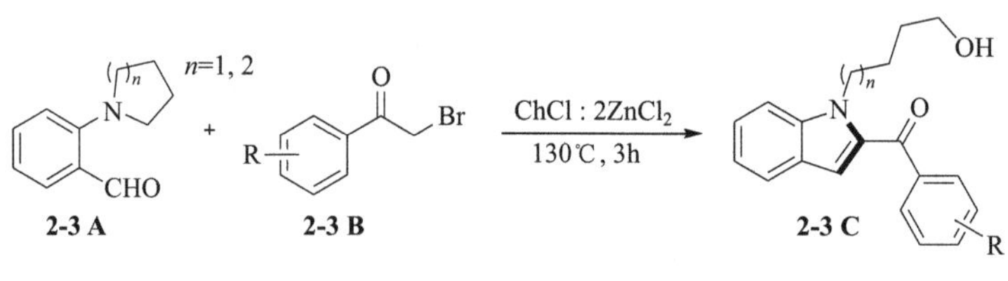

图 2-9 在 DES 中合成 1-(4-羟基丁基)-2-苯甲酰基吲哚类化合物

2.3.1 DES 制备

在带有磁子的 10mL 具塞试管中加入氯化胆碱和氯化锌（摩尔比为 1.0∶2.0），混合均匀，然后在 100℃油浴中搅拌加热至形成均一、透明液体（一般需 10～20min），冷却保存备用。其他低共熔溶剂的合成方法类似。

2.3.2 1-(4 羟基丁基)-2-苯甲酰基吲哚类化合物合成

向盛有 DES 的 10mL 具塞试管中加入 2-吡咯烷苯甲醛（0.3mmol）、α-溴代苯乙酮（0.2mmol），于 130℃加热反应 3h。通过薄层色谱（TLC，$V_{石油醚}:V_{乙酸乙酯}=2:1$）监测反应进程。反应完成后，加入 1mL 甲醇淬灭反应，反应液用乙酸乙酯萃取 4 次，合并有机相，经减压蒸馏浓缩得到粗产物，再经柱色谱法纯化（$V_{石油醚}:V_{乙酸乙酯}=2:1$），得到纯产物。或者，反应淬灭后直接进行薄层色谱或柱色谱分离。

2.3.3 反应条件优化

(1) DES 组成对反应产率的影响

选择 2-吡咯烷苯甲醛和 α-溴代苯乙酮作为模板反应底物，在没有任何添加剂的情况下，考察了在不同 DES 中模板反应的产率，结果如表 2-5 所示。结果表明，只有在氯化胆碱/氯化锌中获得了产率为 45%的产物，而在其他含氯化胆碱组分的 DES 中反应结果较差。在熔融氯化锌中的反应效果不佳，且选择性差。因此，选择氯化胆碱/氯化锌低共熔溶剂作为反应介质进行后续研究。

表 2-5 模板反应在不同 DES 中的产率

序号	低共熔溶剂组成	产率/%
1	n(氯化胆碱)∶n(氯化锌)=1∶2	45
2	n(氯化胆碱)∶n(氯化锡)=1∶2	微量
3	n(氯化胆碱)∶n(乙二醇)=1∶2	微量
4	n(氯化胆碱)∶n(甘油)=1∶2	微量
5	n(氯化胆碱)∶n(尿素)=1∶2	微量
6	n(氯化胆碱)∶n(乙酰胺)=1∶2	微量
7	n(氯化锌)∶n(乙酰胺)=1∶4	微量
8	氯化锌	33
9	氯化胆碱	微量

（2）底物摩尔比对反应产率的影响

在确定了最佳DES后，对底物摩尔比进行了考察。由表2-6可知，底物摩尔比对反应产率影响不大。因此从经济角度考虑，选择1.5∶1为最佳底物摩尔比。

表 2-6　底物摩尔比对反应产率的影响

序号	底物摩尔比（$n_{2\text{-}3A}$ ∶ $n_{2\text{-}3B}$）	产率/%
1	4∶1	52
2	3∶1	51
3	2.5∶1	51
4	2∶1	50
5	1.5∶1	49
6	1∶1	45
7	1∶2	48

（3）DES 中添加其他溶剂对反应产率的影响

为了降低反应介质的黏度，在最佳摩尔比的基础上，又考察了其他添加溶剂对反应产率的影响。由表2-7可知，不加其他溶剂时产率可达49%；而添加等体积的水、环己酮、二甲苯和异辛烷后，基本无产物生成；添加等体积的正丁醇、DMSO和*N*,*N*-二甲基甲酰胺（DMF）等大极性有机溶剂后，产率也会大幅度降低。说明加入其他溶剂后，可能会破坏DES自身的氢键体系，从而影响了催化性能。

表 2-7　添加溶剂对反应产率的影响

序号	溶剂	产率/%
1	无	49
2	水	微量
3	正丁醇	24
4	环己酮	微量
5	二甲基亚砜	21
7	*N*,*N*-二甲基甲酰胺	31
8	二甲苯	微量
9	异辛烷	微量

（4）温度对反应产率的影响

接下来，考察了温度对反应产率的影响，结果如表 2-8 所示。在 90～140℃范围内升高温度时，DES 黏度降低，产率随之提高；而从 130℃升到 140℃时，产率变化不大。因此，选择 130℃为最佳反应温度。

表 2-8　反应温度对反应产率的影响

序号	温度/℃	产率/%
1	90	49
2	100	54
3	110	65
4	120	72
5	130	75
6	140	76

（5）时间对反应产率的影响

最后，考察了时间对反应产率的影响，结果如表 2-9 所示。反应 3h 产率可达 78%，继续延长反应时间，产率无明显提升；同时还观察到，随着反应时间延长，反应体系黏度会增大。因此，最终选择 3h 为最佳反应时间。

表 2-9　时间对反应产率的影响

序号	时间/h	产率/%
1	0.5	29
2	1.0	41
3	2.0	76
4	3.0	78
5	4.0	77
6	5.0	78
7	6.0	78

2.3.4 反应底物拓展

在最佳反应条件下，选择 2-吡咯烷苯甲醛与不同的 α-溴代苯乙酮反应，以考察该方法的底物普适性，结果如图 2-10 所示。连有给电子取代基溴代苯乙酮的反应产率普遍高于连有吸电子取代基的；邻对位甲氧基取代的溴化苯乙酮的反应产率高于间位取代的（**2-3 C-11，2-3 C-12，2-3 C-13**）。对于含卤素取代基的溴代苯乙酮，随着卤素极性的减弱相应产物产率减少。

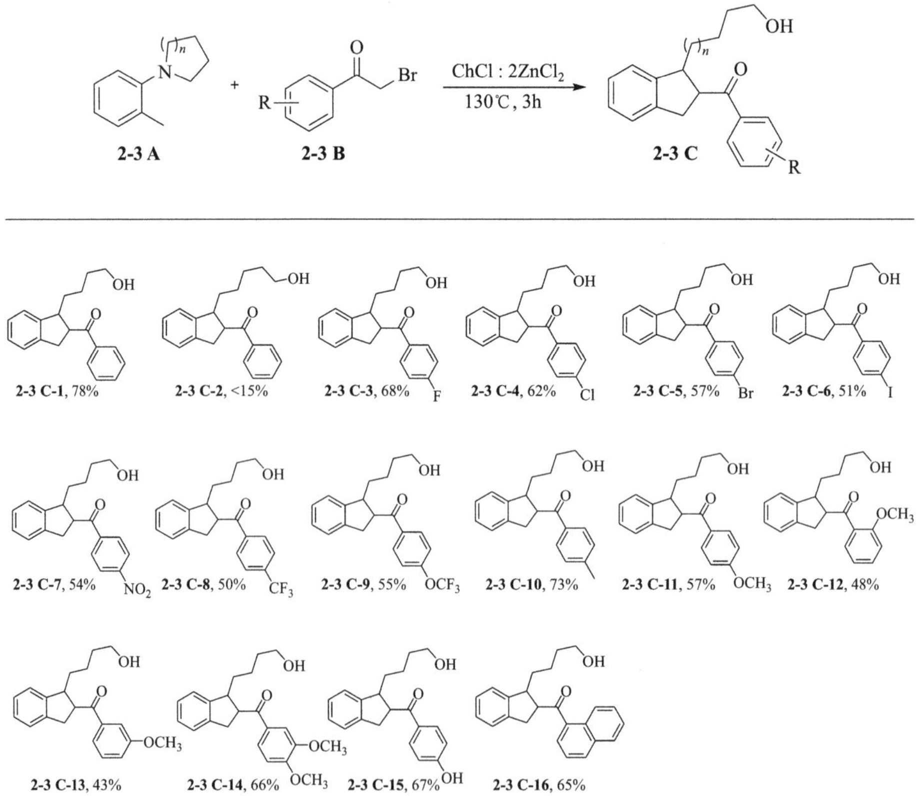

图 2-10　在 DES 中合成 1-(4-羟基丁基)-2-苯甲酰基吲哚类化合物的底物适用性

综上所述，不同底物参与该反应基本都可获得中等以上产率，表明在无催化剂的条件下，利用2-吡咯烷苯甲醛跟不同的α-溴代苯乙酮在低共熔溶剂中合成1-(4-羟基丁基)-2-苯甲酰基吲哚类化合物的方法有较好的底物适用性。

2.3.5 反应机理探究

基于实验结果，提出了可能的反应机理（图2-11）。首先α-溴代苯乙酮在低共熔溶剂氢键的活化下与2-吡咯烷苯甲醛形成溴代季铵盐，该季铵盐在低共熔溶剂和空气中水的条件下被羟基化，并去掉一分子HBr。随后由于季铵碱不稳定，加热条件下开环并脱去一分子水，生成末端烯烃。在酸性条件下，末端烯烃通过加成反应得到末端醇。最后，结构中的叔胺和羰基之间的亚甲基上的氢受到ChCl/$ZnCl_2$的活化，与醛基关环生成了取代吲哚类化合物。

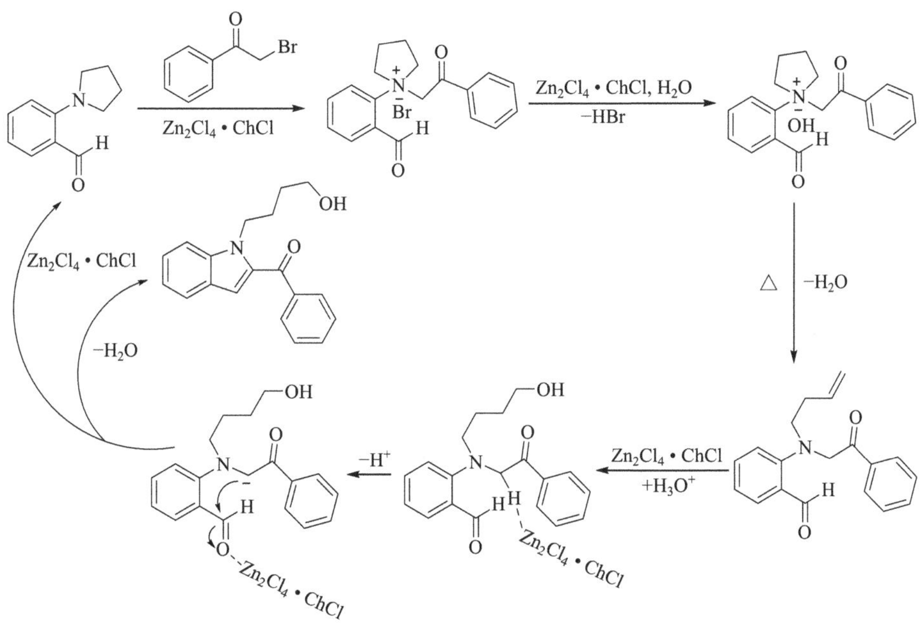

图2-11 在DES中合成1-(4-羟基丁基)-2-苯甲酰基吲哚类化合物的反应机理

2.4 氯化胆碱/氯化锌低共熔溶剂中通过 Baeyer-Villiger 缩合反应合成三芳基甲烷类化合物

三芳基甲烷类化合物在工业、生物和分析方面有着广泛应用：在传统工业方面，可用于羊毛、尼龙、丝绸、皮革、棉花和聚丙烯腈纤维的染色，或塑料、清漆、蜡烛、油的着色[32]；在高新科技方面，可用于无色复写纸、热敏材料、光敏纸、超声波记录纸、电热热敏记录纸、墨水、蜡笔、打字色带和光成像系统等领域[33]。同时，这类化合物也可用作纳米复合制剂[34]、光响应性聚合物、热诱导剂（引发-转移-终止剂）[35]、低剂量的剂量计[36]、化学放射铬剂量计[37]以及光导的敏化剂[38]等。

基于三芳基甲烷类化合物的重要应用，关于其合成的报道较多，但开发绿色、高效的合成方法仍然具有重要意义。Baeyer-Villiger 缩合反应是合成三芳基甲烷类化合物的主要方法之一，本节将介绍一种在 ChCl/$ZnCl_2$ 低共熔溶剂中通过 Baeyer-Villiger 反应，以醛和富电子芳烃为原料合成一系列三芳基甲烷类化合物的方法。

2.4.1 DES 制备

在带有磁子的 10mL 具塞试管中加入一定摩尔比的氯化胆碱（2mmol，0.2792g）和氢键供体（氯化锌、葡萄糖、甘油、尿素、柠檬酸），混合均匀后，在 100℃油浴中搅拌加热至形成均一、透明液体，即得所需 DES，保存备用。

2.4.2 三芳基甲烷类化合物合成

向制备好的 DES 中加入醛（0.4mmol）和富电子芳烃（0.4mmol），在 130℃的恒温油浴中搅拌反应 4h；待反应液冷却至室温后，加入相当体积的饱和氯化钠溶液，再用乙酸乙酯萃取产物，有机相用柱色谱法分离，即可得到产物。

2.4.3 反应条件优化

选择苯甲醛（0.2mmol）和 *N*,*N*-二甲基苯胺（0.4mmol）作为模板反应底物进行反应条件优化（图 2-12）。由表 2-10 可知，水、有机溶剂和部分 DES 中均无产物生成（第 1～9 项）而在［ChCl］［$ZnCl_2$］低共熔溶剂中得到了 25%的产物（第 11 项）。确定了［ChCl］［$ZnCl_2$］为该反应的最佳反应介质后，做了对照实验来考察 ChCl 和 $ZnCl_2$ 单独存在时的反应情况（第 13～14 项）。结果表明，ChCl 无催化效果，而 $ZnCl_2$ 单独存在时可以得到 15%的产物。

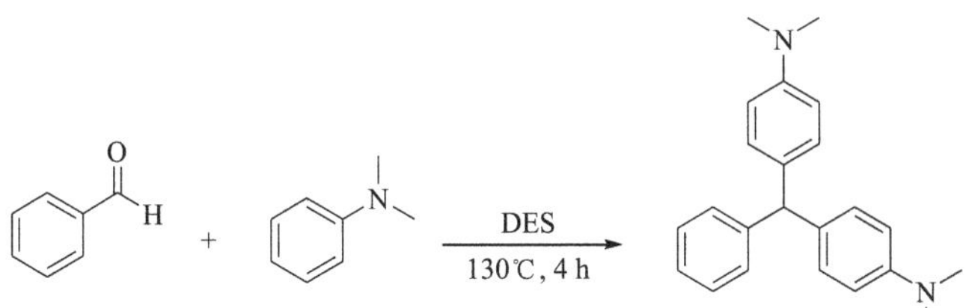

2-4 A-1　　2-4 B-1　　2-4 C-1

图 2-12　苯甲醛和 *N*,*N*-二甲基苯胺为底物的模板反应

接着考察了 ChCl 与 $ZnCl_2$ 配比对反应产率的影响，结果显示增加 $ZnCl_2$ 的用量，反应产率降低（第 12 项）。而对反应温度的考察结果显示，在 60～130℃范围内，随着反应温度的升高，产率不断提升，130℃时产率可达 55%；之后继续升高温度，产率变化不大（第 15～19 项）。因此，选择 130℃为最佳反应温度进行后续研究。

最后，考察了反应时间（第 19～23 项）和底物加入量（第 24～26 项）对反应产率的影响。经研究，最终确定最佳反应时间为 4h，最佳底物加入量为苯甲醛（0.4mmol）和 *N*,*N*-二甲基苯胺（0.4mmol）。

表 2-10　反应条件优化

序号	溶剂	催化剂	温度/℃	时间/h	产率/%
1	水	无	80	4	0
2	乙醇				0
3	甲醇				0
4	乙腈				0
5	DMF				0

续表

<table>
<tr><th>序号</th><th>溶剂</th><th>催化剂</th><th>温度/℃</th><th>时间/h</th><th>产率/%</th></tr>
<tr><td>6</td><td>DMSO</td><td rowspan="7">无</td><td rowspan="7">80</td><td rowspan="7">4</td><td>0</td></tr>
<tr><td>7</td><td>[ChCl][尿素]$_2$</td><td>0</td></tr>
<tr><td>8</td><td>[ChCl][葡萄糖]</td><td>0</td></tr>
<tr><td>9</td><td>[ChCl][甘油]</td><td>0</td></tr>
<tr><td>10</td><td>[ChCl][柠檬酸]</td><td>13</td></tr>
<tr><td>11</td><td>[ChCl][$ZnCl_2$]</td><td>25</td></tr>
<tr><td>12</td><td>[ChCl][$ZnCl_2$]$_2$</td><td>10</td></tr>
<tr><td>13</td><td>—</td><td>ChCl(30mol%)</td><td rowspan="2">80</td><td rowspan="2">4</td><td>微量</td></tr>
<tr><td>14</td><td>—</td><td>$ZnCl_2$(30mol%)</td><td>15</td></tr>
<tr><td>15</td><td rowspan="5">[ChCl][$ZnCl_2$]</td><td rowspan="5">无</td><td>60</td><td rowspan="5">4</td><td><1</td></tr>
<tr><td>16</td><td>100</td><td>30</td></tr>
<tr><td>17</td><td>110</td><td>34</td></tr>
<tr><td>18</td><td>120</td><td>49</td></tr>
<tr><td>19</td><td>130</td><td>55</td></tr>
<tr><td>20</td><td rowspan="4">[ChCl][$ZnCl_2$]</td><td rowspan="4">无</td><td rowspan="4">130</td><td>1</td><td>37</td></tr>
<tr><td>21</td><td>2</td><td>43</td></tr>
<tr><td>22</td><td>6</td><td>56</td></tr>
<tr><td>23</td><td>8</td><td>55</td></tr>
<tr><td>24①</td><td>[ChCl][$ZnCl_2$]</td><td rowspan="3">无</td><td rowspan="3">130</td><td rowspan="3">4</td><td>54</td></tr>
<tr><td>25②</td><td>[ChCl][$ZnCl_2$]</td><td>70</td></tr>
<tr><td>25③</td><td>[ChCl][$ZnCl_2$]</td><td>80</td></tr>
</table>

① 苯甲醛（0.3mmol）和 *N*,*N*-二甲基苯胺（0.4mmol）。

② 苯甲醛（0.2mmol）和 *N*,*N*-二甲基苯胺（0.5mmol）。

③ 苯甲醛（0.4mmol）和 *N*,*N*-二甲基苯胺（0.4mmol）。

2.4.4 反应底物拓展

确定了最佳反应条件后，选择一系列取代苯甲醛和 *N*,*N*-二甲基苯胺进行反应以考察该方法的底物普适性。由图 2-13 可知，一系列在苯环 4 号位具有取代基的苯甲醛与 *N*,*N*-二甲基苯胺反应时，均能得到中等至较好的产率（**2-4 C-2～2-4 C-7**）。而在苯环不同位置有取代基时，空间效应影响明显，对溴苯甲醛的反应产率明显高于间溴和邻溴苯甲醛的（**2-4 C-5，2-4 C-8，2-4 C-9**）。同时，该反应体系也适用于各种杂环芳醛，如糠醛和噻吩 2-甲醛的反应产率分别为 48%（**2-4 C-11**）和 68%（**2-4 C-10**）；但脂肪醛的反应产率相对较低（**2-4 C-12**）。而苯胺的 N 上连有不同取代基时，对反应产率影响不明显（**2-4 C-13，2-4 C-14**）。

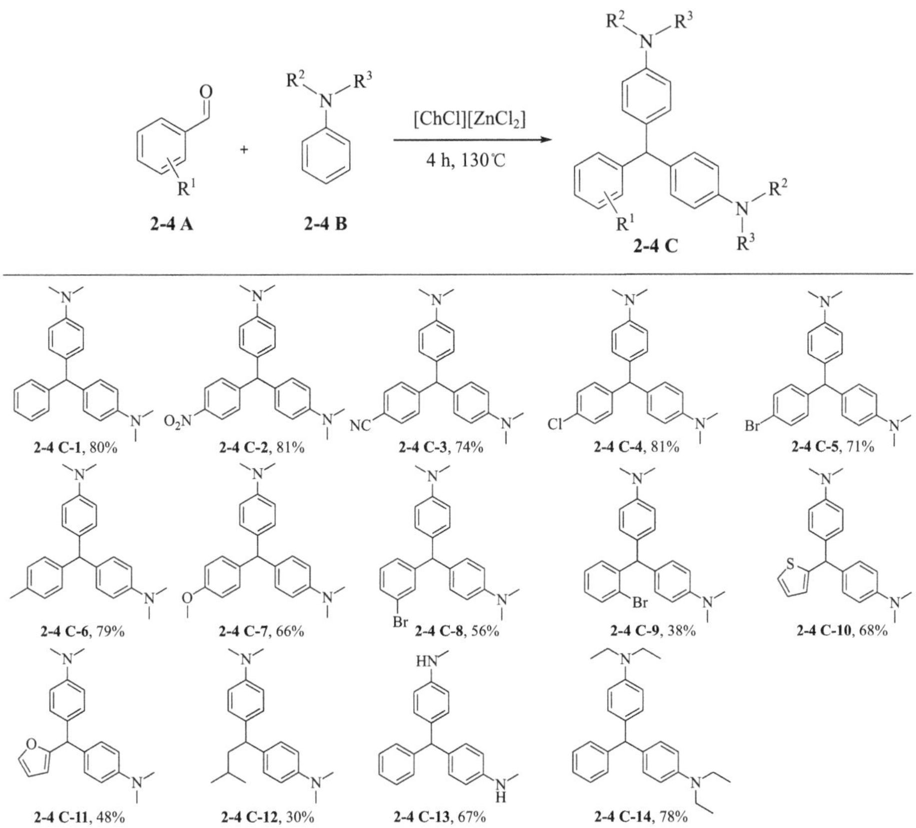

图 2-13　在 DES 中合成三芳基甲烷类化合物的底物普适性

2.4.5　反应机理探究

基于上述实验结果及相关文献[39]报道，提出了如图 2-14 所示的反应机理。首先，在DES中，苯甲醛上的羰基与DES中的金属盐配位，得到中间体Ⅰ。该中间体羰基上的C原子被活化，有利于被具有富电子的结构攻击。然后N,N-二甲基苯胺进攻被活化的羰基得到中间体Ⅱ，再经过质子重排后得到产物Ⅲ，其与DES进行配位后被活化，再次产生了新的亲电受体Ⅳ。随后，N,N-二甲基苯胺进攻这个已经被活化的配合物，OH^-阴离子被脱去形成了中间体Ⅴ。有学者已经证明，在$ChCl/ZnCl_2$低共熔溶剂中产生了一些如$[ZnCl_3]^-$、$[ZnCl_5]^-$以及$[ZnCl_7]^-$等游离的阴离子。这些阴离子无疑是一种很好的路易斯碱，它们很大程度上可以促进质子氢的离去，最后，得到产物Ⅵ(三芳基甲烷类化合物)，这对这个反应最后一步的转化起到了加速的作用。

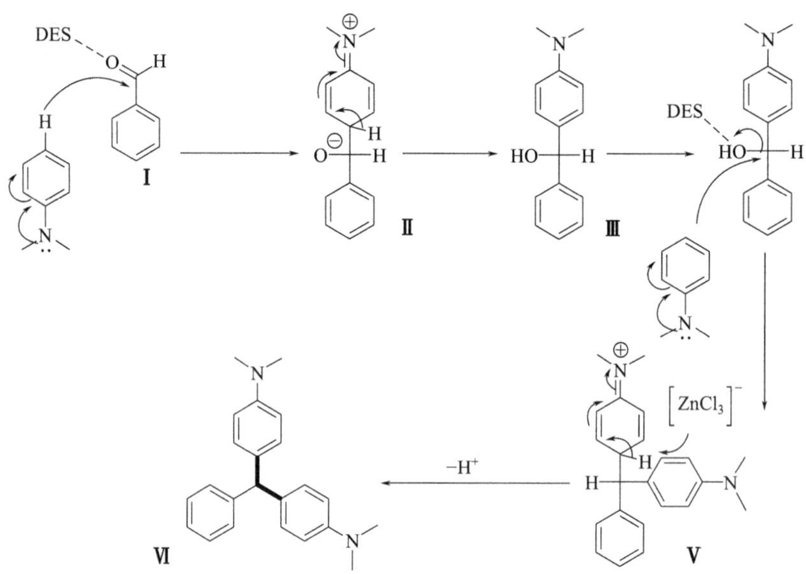

图 2-14 在DES中合成三芳基甲烷类化合物的反应机理

2.4.6 DES循环实验

为探究低共熔溶剂［ChCl］［$ZnCl_2$］的可回收性，进行了循环实验(图2-15)。在最佳反应条件下，以苯甲醛（0.4mmol）和N,N-二甲基苯胺（0.4mmol）作为反应底物，考察了低共熔溶剂［ChCl］［$ZnCl_2$］的重复使用性能，每次使用前，未对DES做任何纯化处理。具体操作如下：

反应结束后，向反应液中加入 15mL 饱和食盐水，用 5mL 乙酸乙酯萃取产物，分离有机相和水相，重复萃取 3 次。水相经减压蒸馏后，得到干燥的 DES，进行重复利用。如图 2-15 所示，DES 在重复使用了 5 次后，依然可催化该反应顺利进行。

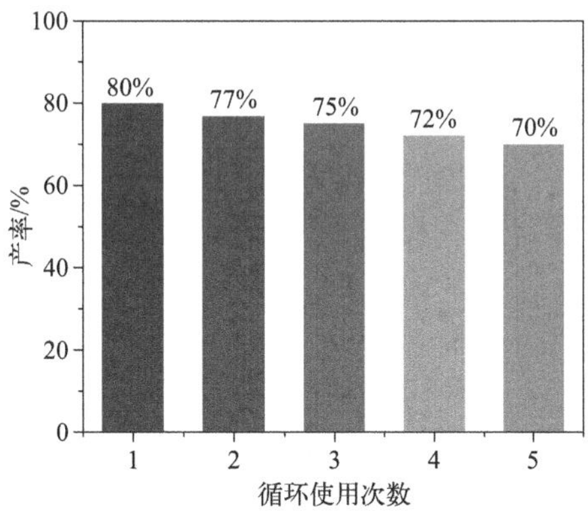

图 2-15 DES 的循环次数实验

2.5 氯化胆碱/氯化锌低共熔溶剂中通过 Henry/Friedel-Crafts 烷基化串联反应合成二芳基甲烷类化合物

近年来硝基烯烃作为亲电试剂引起了人们的兴趣。硝基的活化作用以及可以转化为其他官能团的特性，使具有硝基结构的化合物成了合成许多有价值药物分子的重要原料[40]，即硝基烷烃可以转化为多种活性物种，如 α-取代酮[41]、蛋白激酶 B（PKB）抑制剂以及 Telcagepant[42,43] 等。Friedel-Crafts 反应是有机化学中碳碳键形成的重要方法之一[44-46]。而芳烃类衍生物如取代苯胺类、酚类、萘酚类以及杂芳烃类衍生物（如吲哚类、二氢吲哚类和吡咯烷类化合物），已成功地作为亲核试剂应用于 Friedel-Crafts 反应。然而，这一领域的大多数报道集中在相对更活泼的吲哚或吡咯衍生物上，关于 N,N-二甲基苯胺类衍生物与不饱和羰基化合物的 Friedel-Crafts 反应的报道很少。如 2018 年，Tanaka 等报道了 N,N-二烷基苯胺衍生物与硝基苯乙烯的两组分 Friedel-Crafts 烷基化反应[47]。因此，通过 Friedel-Crafts 反应开发一种具有硝基官能团的产物具有重要的研究意义。

多组分反应（MCR）在制备生物活性化合物方面具有自动化、原子经济性、探索性高和化学废物少等优点，深深地吸引着广大科研工作者[48]。由于 MCR 与传统的多步合成法相比具有诸多优点，其在开发具有复杂结构的药物分子中发挥着重要作用，特别是通过构建 C—C 键形成新的化合物[49-51]。但据调研发现，关于在 DES 中的 MCR 鲜有报道。为了继续探索 DES 在合成中的应用，笔者报道了一个 Henry/Friedel-Crafts 烷基化串联反应（图 2-16），并在此基础上优化了反应条件，扩展了底物。然后进行了 DES 的回收实验，取得了良好的效果。

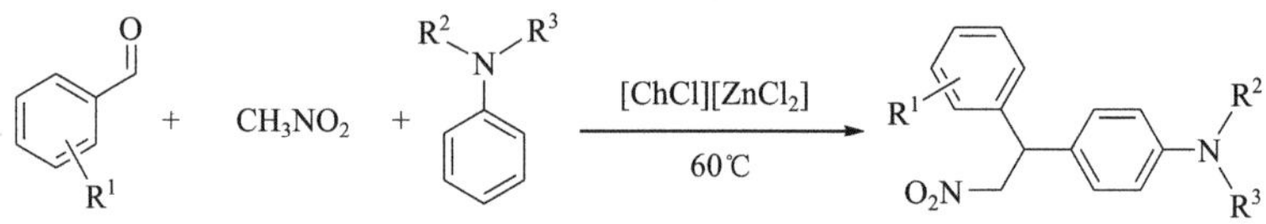

图 2-16　二芳基甲烷类化合物的制备

2.5.1　DES 制备

在带有磁子的 10mL 具塞试管中加入一定摩尔比的氯化胆碱（2mmol，0.2792g）和氢键供体（氯化锌、葡萄糖、甘油、尿素、柠檬酸），混合均匀后，在 100℃油浴中搅拌加热至形成均一、透明液体，即得所需 DES，保存在试管中备用。

2.5.2　二芳基甲烷类化合物合成

将芳香醛（0.2mmol）、硝基甲烷（0.2mmol）和富电子芳烃（0.2mmol）加到制备好的 DES 中，在 60℃的油浴中搅拌反应 12h；通过 TLC 跟踪反应，反应结束后，冷却至室温，加入 30mL 饱和食盐水，混匀后，用乙酸乙酯萃取，有机相经柱色谱分离即得产物。

2.5.3　反应条件优化

选择苯甲醛（**2-5 A-1**）、硝基甲烷（**2-5 B-1**）与 *N*,*N*-二甲基苯胺

（**2-5 C-1**）作为模板反应底物进行反应条件优化，结果如表 2-11 所示。首先，在不添加催化剂和添加剂的情况下，在不同溶剂中进行了实验研究。如表 2-11 所示，无论是以乙醇、乙腈或者 DMSO 作为溶剂，均无二芳基化合物（**2-5 D-1**）产生（第 2～4 项）；当以水为溶剂，在 80℃下反应 8h，可观察到有 6%的产物生成（第 1 项）。因此尝试使用 DES 作为反应介质进行探索，当以［ChCl］［尿素］$_2$、［ChCl］［葡萄糖］、［ChCl］［甘油］和［ChCl］［柠檬酸］等 DES 作为反应介质时，没有得到产物（第 5～8 项）；当以［ChCl］［$ZnCl_2$］为反应介质时，以 61%的产率得到了产物（第 9 项）。而改变氯化锌与氯化胆碱的组成比例构成 DES 时，未能得到更高的产率（第 10～11 项）。因此，选择［ChCl］［$ZnCl_2$］作为模板反应的最佳介质进行后续研究。

接下来，对反应温度、反应时间和底物摩尔比等条件进行了优化。发现降低反应温度时，产率升高，当温度降至 60℃时，反应产率可增至 75%（第 12～13 项）；而继续降低反应温度，DES 的黏度太大，不利于反应和操作。延长反应时间至 12h，产率可增加到 80%（第 14 项）；而继续延长反应时间，产率无明显提升。调整底物摩尔比为 1∶3∶1 时，产率略有提高，可达到 82%（第 14 项），但考虑到经济效益，仍选择 1∶1∶1 为最佳底物摩尔比。

最后，又以不同量的氯化胆碱或氯化锌为催化剂，在水介质中进行了几组对照实验。结果显示，产率很低或无产物生成（第 15～18 项），从而排除了氯化胆碱或氯化锌单独催化的可能性。因此，最佳反应条件为：苯甲醛（0.2mmol）、硝基甲烷（0.2mmol）和 *N*,*N*-二甲基苯胺（0.2mmol），以 2mmol 氯化锌和 2mmol 氯化胆碱制备的 DES 为反应介质，无添加剂和催化剂，80℃加热反应 12h。

表 2-11　反应条件优化[①]

序号	溶剂	催化剂	温度/℃	时间/h	产率[②]/%
1	水	无	80	8	6
2	乙醇				0
3	乙腈				微量

续表

序号	溶剂	催化剂	温度/℃	时间/h	产率②/%
4	DMSO	无	80	8	0
5	[ChCl][尿素]$_2$				0
6	[ChCl][葡萄糖]				0
7	[ChCl][甘油]				0
8	[ChCl][柠檬酸]				0
9	[ChCl][$ZnCl_2$]	无	80	8	61
10	[ChCl][$ZnCl_2$]$_2$				41
11	[ChCl][$ZnCl_2$]$_3$				20
12	[ChCl][$ZnCl_2$]	无	70	8	72
13	[ChCl][$ZnCl_2$]		60		75
14	[ChCl][$ZnCl_2$]	无	60	12	80(80)③(82)④
15	水	ChCl(30mol%)	60	12	微量
16		$ZnCl_2$(30mol%)			10
17		ChCl(2mmol)			微量
18		$ZnCl_2$(2mmol)			17
19	无	ChCl(30mol%)	60	12	0
20		$ZnCl_2$(30mol%)			19
21		ChCl(2mmol)			0
22		$ZnCl_2$(2mmol)			8

① 若无特别说明，反应条件为：苯甲醛（0.2mmol）、硝基甲烷（0.2mmol）和 N,N-二甲基苯胺（0.2mmol），1mL 反应介质。

② 硅胶柱色谱产率。

③ 反应条件：苯甲醛（0.2mmol）、硝基甲烷（0.3mmol）和 N,N-二甲基苯胺（0.2mmol）。

④ 反应条件：苯甲醛（0.2mmol）、硝基甲烷（0.6mmol）和 N,N-二甲基苯胺（0.2mmol）。

2.5.4 反应底物拓展

在最佳反应条件下，拓展了一系列底物以考察该反应的底物普适性，结果如图 2-17 所示。一方面，选用带有不同取代基的苯甲醛进行了探索。研究发现，在苯环 4 号位具有吸电子基团和供电子基团的苯甲醛，都能得到很高产率的对应产物，即 **2-5 D-2～2-5 D-7** 的产率可达 77%～83%。随

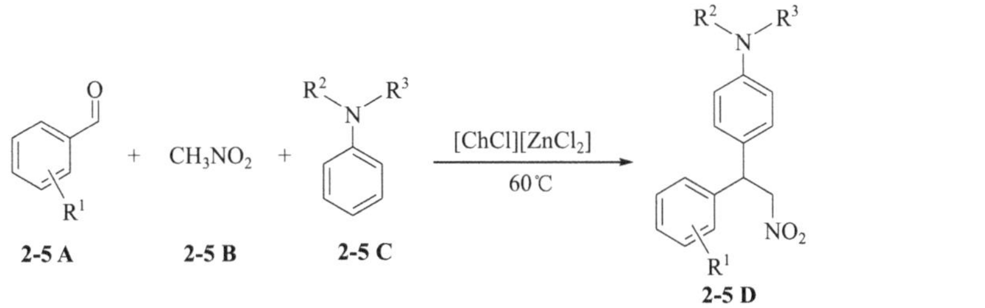

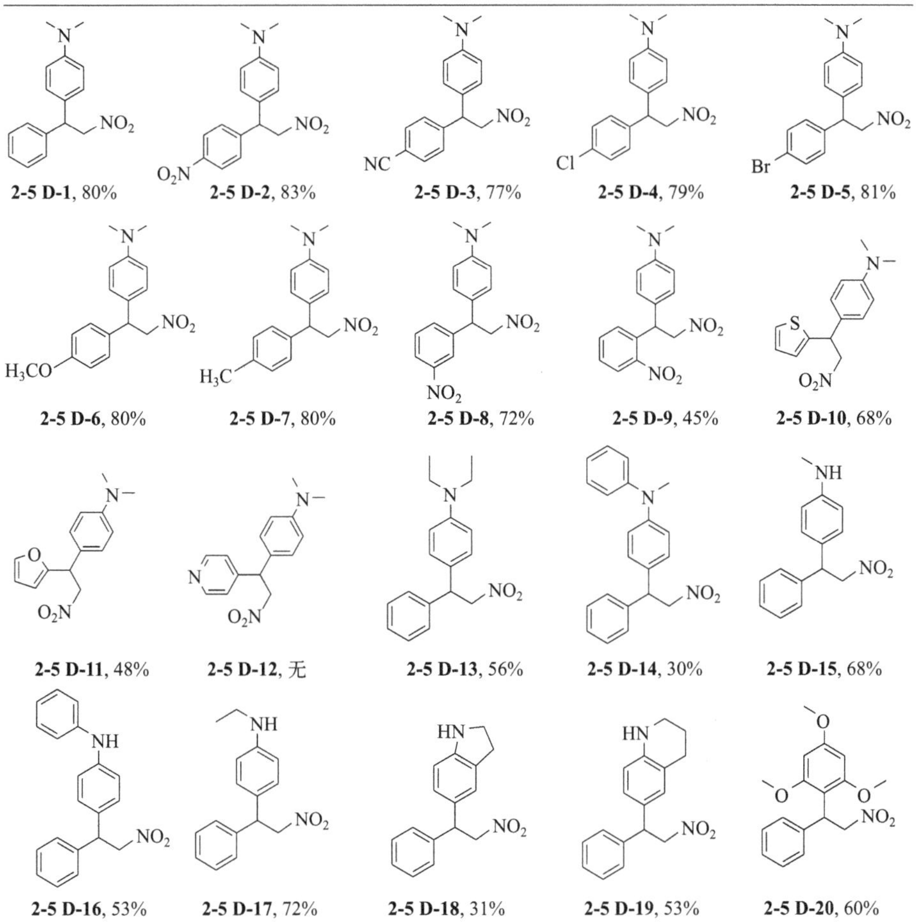

图 2-17 在 DES 中合成二芳基甲烷的底物普适性

后，继续研究苯甲醛上不同位置的取代基对反应产率的影响，当苯甲醛苯环上的 3 号位和 2 号位被硝基取代时，3-硝基苯甲醛和 2-硝基苯甲醛均能得到目标产物。但是，产物的产率会受到基团空间位阻的影响，**2-5 D-8**

(72%) 和 **2-5 D-9** (45%) 的产率均下降。值得注意的是，反应同样适用于各种杂环醛体系，如噻吩-2-甲醛和糠醛，所产生的产物 **2-5 D-10** 和 **2-5 D-11** 分别能得到 68%以及 48%的产率。遗憾的是，在相同条件下没有观察到产物 **2-5 D-12** 的产生，可能是因为吡啶环上的电子云密度较低。

另一方面，对于 *N*-取代苯胺这一侧的底物同样进行了研究。实验发现，其他叔苯胺，如 *N*,*N*-二乙基苯胺和 *N*-甲基-*N*-苯基苯胺能产生区域选择性良好的对烷基化产物 **2-5 D-13** 和 **2-5 D-14**，产率分别为 56%和 30%。与此同时，还测试了苯甲醛与仲苯胺的反应，其结果是得到了 31%～72%产率的 **2-5 D-15～2-5 D-19**。此外，富电子芳烃 1,3,5-三甲氧基苯与苯甲醛、硝基甲烷反应也能得到相应的二芳基甲烷产物 **2-5 D-20**，产率能达到 60%。

2.5.5 反应机理探究

为研究反应机理，进行了对照实验（图 2-18）。苯甲醛和硝基甲烷在 [ChCl][$ZnCl_2$] 低共熔溶剂及 60℃的条件下反应 6h，仅得到苯甲醛和硝基甲烷的亨利加成产物Ⅰ。苯甲醛和 *N*,*N*-二甲基苯胺在相同的反应条件下，能生成很少量的新物质Ⅱ。最后，在 [ChCl][$ZnCl_2$] 低共熔溶剂中

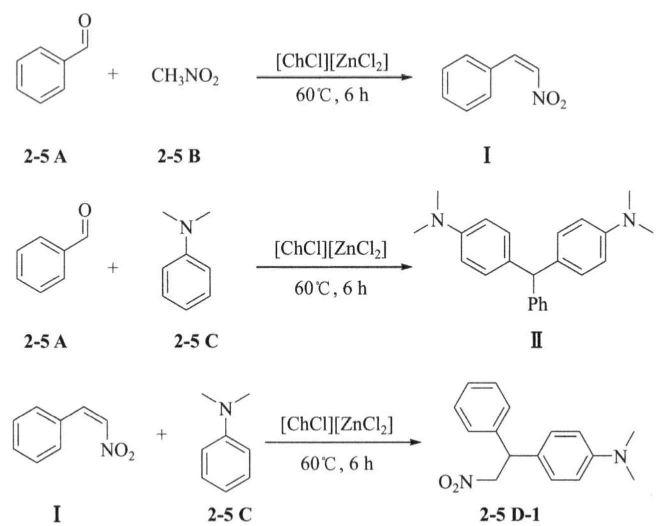

图 2-18 对照实验

的对照实验发现，N,N-二甲基苯胺与 Henry 加成产物Ⅰ在 60℃下反应 6h 能得到带有硝基官能团的二芳基甲烷产物 **2-5 D-1**，且产率为 63%。

基于上述实验结果和相关文献[52]报道，提出了如图 2-19 所示的反应机理。首先，该反应是通过 DES 所形成 $[ZnCl_3]^-$ 的作用，使醛和硝基甲烷进行配位，以此来激活底物继续反应。然后，在路易斯酸（$ZnCl_2$）的存在下，2-硝基-1-苯乙醇发生消除反应得到 β-亚硝基苯乙烯。反应介质中的 $[ZnCl_3]^-$ 激活硝基，然后带正电荷的硝基烯烃进攻 N,N-二甲基苯胺生成中间产物。最后，生成的中间体经过 H 转移，得到产物 **2-5 D-1**。

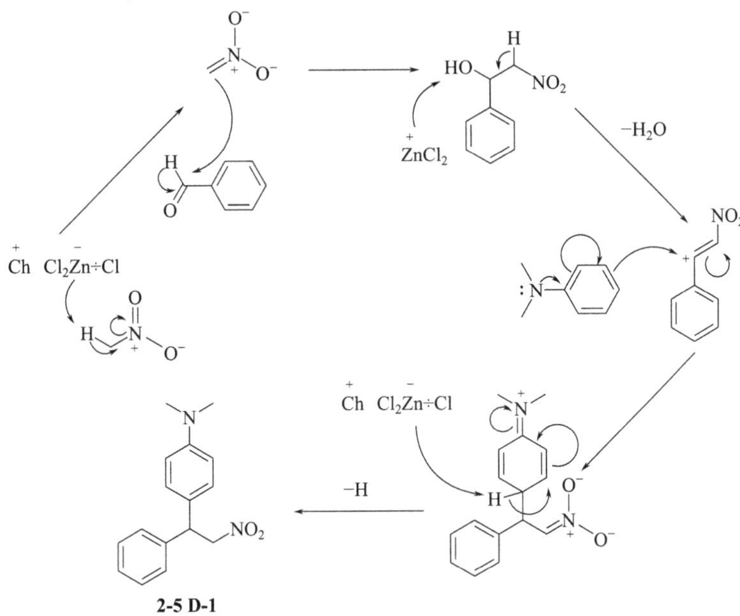

图 2-19 在 DES 中合成二芳基甲烷类化合物的反应机理

2.5.6 DES 循环实验

接着对 [ChCl][$ZnCl_2$] 低共熔溶剂的可回收性进行探究，即使用 [ChCl][$ZnCl_2$] 低共熔溶剂作为反应介质，在最佳条件下进行反应，对苯甲醛（0.2mmol）、硝基甲烷（0.2mmol）和 N,N-二甲基苯胺（0.2mmol）合成二芳基甲烷进行了回收实验研究。具体操作如下：反应结束后，冷却至室温，用蒸馏水溶解反应液，置于分液漏斗中，用乙酸乙酯萃取 3 次，合并有机相和水相，计算有机相中目标产物的产率；之后利用旋转蒸发仪将水相中的水除去，再次得到之前的［ChCl］［$ZnCl_2$］低共熔溶剂介质，再次在得到的 DES 中进行该反应。图 2-20 中显示的数据表明，［ChCl］［$ZnCl_2$］低共熔溶剂重复使用 5 次后，尽管反应后产物的产率都会略有下降，但产率依然良好。

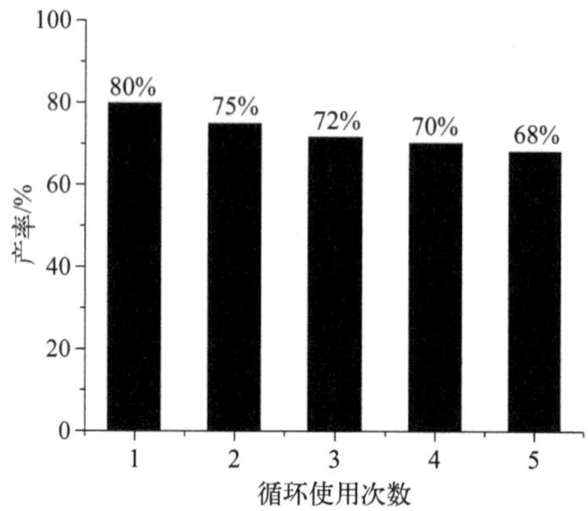

图 2-20　DES 的循环反应实验

参考文献

［1］Abbott A P，Capper G，Davies D L，et al. Preparation of novel，moisture-stable，Lewis-acidic ionic liquids containing quaternary ammonium salts with functional side chains［J］. Chem Commun，2001(19)2010-2011.

［2］Azizi N，Dezfooli S，Hashemi M M. Chemoselective synthesis of xanthenes and tetraketones in a choline chloride-based deep eutectic solvent［J］. Comptes Rendus Chimie，2013，16：997-1001.

［3］Wang A L，Xing P F，Zheng X L，et al. Deep eutectic solvent catalyzed Friedel-Crafts alkylation of electron-rich arenes with aldehydes［J］. Rsc Advances，2015，5：59022-59026.

［4］Nguyen H T，Chau D K N，Tran P H. A green and efficient method for the synthesis of pyrroles using a deep eutectic solvent(［CholineCl］［$ZnCl_2$］$_3$) under solvent-free sonication［J］. New Journal of Chemistry，2017，41：12481-12489.

［5］Sagandira C R，Nguyen R，Liu Q，et al. Green and efficient deep eutectic solvent mediated one-step synthesis of Suxamethonium Chloride as Active Pharmaceutical Ingredient. Sustainable Chemistry and Pharmacy，2024，39：101617.

［6］Azarkar F，Behmadi H，Es-haghi A. One-pot synthesis and antibacterial evaluation of

2-[4-(14*H*-Dibenzo [*a*,*j*] xanthen-14-yl)phenyl]-4,5-diaryl-1*H*-imidazoles using choline chloride:2 $ZnCl_2$ as catalyst[J]. Indian Journal of Heterocyclic Chemistry, 2022, 32: 151-157.

[7] To L N, Nguyen T H, Nguyen T P, et al. Efficient conversion of monosaccharides into 5-hydroxymethylfurfural using acidic deep eutectic solvents[J]. Catalysts, 2023, 13(8): 1216.

[8] Rather I A, Ali R. A facile deep eutectic solvent(DES) mediated green approach for the synthesis of fluorescein and phenolphthalein dyes[J]. Chemistryselect, 2023, 8(12): e202300749.

[9] Hong S, Yuan Y, Yang Q R, et al. Choline chloride-zinc chloride deep eutectic solvent mediated preparation of partial *O*-acetylation of chitin nanocrystal in one step reaction[J]. Carbohydrate Polymers, 2019, 220: 211-218.

[10] Zahmatkeshani F, Tohidi M. Synthesis of SnO_2, Zn-doped SnO_2 and Zn_2SnO_4 nanostructure-based hierarchical architectures by using deep eutectic precursors and their photocatalytic application[J]. Crystengcomm, 2019, 21: 6758-6771.

[11] Zhang Y H, Wang S Z, Fang Z Q, et al. Molecular design and experimental study of deep eutectic solvent extraction of keratin derived from feathers [J]. International Journal of Biological Macromolecules, 2023, 241: 124512.

[12] Ma J L, Xu C, Zhang X F, et al. Viscosity-mediated entrapment of ChCl/$ZnCl_2$ deep eutectic solvent in supported liquid membranes enables efficient CO_2 separation [J]. Journal of Membrane Science, 2025, 733: 124331.

[13] Wang A L, Xing P F, Zheng X L, et al. Deep eutectic solvent catalyzed Friedel-Crafts alkylation of electron-rich arenes with aldehydes[J]. RSC Adv, 2015, 5(73): 59022-59026.

[14] Cao T P, Hang C N, Vu-Quang H, et al. Catalyst-free synthesis of poly(furfuryl alcohol) using deep eutectic solvents[J]. New J Chem, 2022, 46(8): 3786-3793.

[15] Sanabria-Sánchez C M, Kouznetsov V V, Ochoa-Puentes C. Diastereoselective multicomponent synthesis of dihydroisoindolo [2, 1-*a*] quinolin-11-ones mediated by eutectic solvents[J]. RSC Adv, 2023, 13(37): 26189-26195.

[16] Abbasi F, Sardarian A R. Direct additive-free *N*-formylation and *N*-acylation of anilines and synthesis of urea derivatives using green, efficient, and reusable deep eutectic solvent([ChCl][$ZnCl_2$]$_2$)[J]. Sci Rep, 2024, 14(1): 7206.

[17] Sherborne G J, Kemmitt P, Prentice C, et al. Visible light-mediated cyclisation reaction for the synthesis of highly-substituted tetrahydroquinolines and quinolines[J]. Angew Chem Int Ed, 2023, 62(2): e202207829.

[18] Ilakiyalakshmi M, Napoleon A A. Review on recent development of quinoline for anticancer activities[J]. Arab J Chem, 2022, 15(11): 104168.

[19] Xu H, Wang G W. Solvent-free mechanosynthesis of polysubstituted 1,2-dihydroquinolines from anilines and alkyne esters[J]. J Org Chem, 2022, 87(13): 8480-8491.

[20] Xu J X, Sun J, Zhao J W, et al. Palladium-catalyzed synthesis of quinolines from allyl alcohols and anilines[J]. RSC Adv, 2017, 7(58): 36242-36245.

[21] Mitrofanov A Y, Murashkina A V, Lyssenko K A, et al. Switchable selectivity in the annulation of *o*-trifluoroacetylanilines and activated terminal alkynes based on transition metal and phosphine catalysis[J]. Chem Eur J, 2023, 29(64): e202302357.

[22] Zhang Z, Deng J T, Feng J Y, et al. Palladium catalyzed annulation of o-iodo-anilines with propargyl alcohols: Synthesis of substituted quinolines[J]. J Org Chem, 2023, 88(16): 12054-12063.

[23] Huang L Z, Yang L, Wan J P, et al. Metal-free three-component assemblies of anilines, α-keto acids and alkyl lactates for quinoline synthesis and their anti-inflammatory activity[J]. Org Biomol Chem, 2022, 20(21): 4385-4390.

[24] Jiang T S, Wang X, Zhang X L. Synthesis of quinolines from anilines, acetophenones and DMSO under air[J]. Tetrahedron Lett, 2018, 59(31): 2979-2982.

[25] Chandrasekaran I, Sarveswari S. Different catalytic approaches of Friedländer synthesis of quinolines[J]. Heliyon, 2025, 11(2): e41709.

[26] Fernández S, Arnáiz V, Rufo D, et al. Current status of indole-derived marine natural products: Synthetic approaches and therapeutic applications[J]. Mar Drugs, 2024, 22(3): 126.

[27] Haag B A, Zhang Z G, Li J S, et al. Fischer indole synthesis with organozinc reagents[J]. Angew Chem Int Ed, 2010, 49(49): 9513-9516.

[28] Moghaddam F M, Tavakoli G, Saeednia B, et al. Palladium-catalyzed carbamate-directed regioselective halogenation: A route to halogenated anilines[J]. J Org Chem, 2016, 81(9): 3868-3876.

[29] Fichez J, Lapuh M I, Truong L, et al. Selectivity switch in non-directed palladium-catalyzed C—H olefination of chlorobenzene derivatives[J]. Adv Synth Catal, 2024, 366(12): 2811-2822.

[30] Gao D, Jiao L. Construction of indoline/indolenine ring systems by a palladium-catalyzed intramolecular dearomative Heck reaction and the subsequent aza-semipinacol rearrangement[J]. J Org Chem, 2021, 86(8): 5727-5743.

[31] Zhou L W, Jing P, Deng W B, et al. Palladium-catalyzed dearomative Heck/[4+3] decarboxylative cyclization of indoles with α-oxocarboxylic acids via C—H activation[J]. Org Chem Front, 2025, 90(37): 13233-13242.

[32] Liu X, Wu X M, Zhang L, et al. Recent advances in triarylmethane synthesis[J]. Synthesis, 2020, 52(16): 2311-2329.

[33] Bhadra K H, Yadav G D. Solventless triarylmethane synthesis via hydroxyalkylation of anisole with benzaldehyde by modified heteropoly acid on mesocellular foam silica(MCF)[J]. Mol Catal, 2018, 455: 150-158.

[34] Irie M, Kungwatchakun D. Photoresponsive polymers. Mechanochemistry of polyacrylamide gels having triphenylmethane leuco derivatives[J]. Makromolekulare Chemie, Rapid

Communications, 1984, 5(12): 829-832.

[35] Mai H H, Solomon H, Taguchi M, et al. Polyvinyl butyral films containing leucomalachite green as low-dose dosimeters[J]. Radiat Phys Chem, 2008, 77(4): 457-462.

[36] Xu Y Q, Lu J M, Li N J, et al. Pseudo-living radical polymerization using triarylmethane as the thermal iniferter[J]. Eur Polym J, 2008, 44(7): 2404-2411.

[37] Farahani M, Liang J H, McLaughlin W L. Radiochromic solutions for reference dosimetry[J]. International Journal of Radiation Applications and Instrumentation. Part A. Applied Radiation and Isotopes, 1990, 41(1): 5-11.

[38] Chen B K, Chiu T M, Tsay S Y. Synthesis and characterization of polyimide/silica hybrid nanocomposites[J]. J Appl Polym Sci, 2004, 94(1): 382-393.

[39] Nicolaou K C, Chen J S, Edmonds D J, et al. Recent advances in the chemistry and biology of naturally occurring antibiotics[J]. Angew Chem Int Ed, 2009, 48(4): 660-719.

[40] Halimehjani A Z, Farvardin M V, Zanussi H P, et al. Friedel-Crafts alkylation of *N*,*N*-dialkylanilines with nitroalkenes catalyzed by heteropolyphosphotungstic acid in water[J]. J Mol Catal A: Chem, 2014, 381: 21-25.

[41] Hayashi T, Senda T, Ogasawara M. Rhodium-catalyzed asymmetric conjugate addition of organoboronic acids to nitroalkenes[J]. J Am Chem Soc, 2000, 122(43): 10716-10717.

[42] Aiswarya M R, Chatterjee R, Dandela R. Comparative study of catalysis strategies: Friedel-Crafts alkylation Vs. Michael's addition of indoles to nitroalkenes[J]. Curr Org Chem, 2025, 29(9): 730-748.

[43] Saxty G, Woodhead S J, Berdini V, et al. Identification of inhibitors of protein kinase B using fragment-based lead discovery[J]. J Med Chem, 2007, 50(10): 2293-2296.

[44] Egorov I N, Santra S, Kopchuk D S, et al. Direct asymmetric arylation of imines[J]. Adv Synth Catal, 2020, 362(20): 4293-4324.

[45] Henche S, Nestl B M, Hauer B. Enzymatic Friedel-Crafts alkylation using squalene-hopene cyclases[J]. ChemCatChem, 2021, 13(15): 3405-3409.

[46] Naredla R R, Klumpp D A. Contemporary carbocation chemistry: Applications in organic synthesis[J]. Chem Rev, 2013, 113(9): 6905-6948.

[47] Tanaka K, Sakuragi K, Ozaki H, et al. Highly enantioselective Friedel-Crafts alkylation of *N*,*N*-dialkylanilines with *trans*-β-nitrostyrene catalyzed by a homochiral metal-organic framework[J]. Chem Commun, 2018, 54(49): 6328-6331.

[48] Meier M A, Hu R, Tang B Z. Multicomponent reactions in polymer science[J]. Macromol Rapid Commun, 2021, 42(6): 1-4.

[49] Nicolaou K, Chen J S. The art of total synthesis through cascade reactions[J]. Chem Soc Rev, 2009, 38(11): 2993-3009.

[50] Toure B B, Hall D G. Natural product synthesis using multicomponent reaction strategies [J]. Chem Rev, 2009, 109(9): 4439-4486.

[51] Yadav D K, Patel R, Srivastava V P, et al. Bromodimethylsulfonium bromide(BDMS)-catalyzed multicomponent synthesis of 3-aminoalkylated indoles[J]. Tetrahedron Lett, 2010, 51(43): 5701-5703.

[52] Singh B S, Lobo H R, Shankarling G S. Choline chloride based eutectic solvents: Magical catalytic system for carbon-carbon bond formation in the rapid synthesis of β-hydroxy functionalized derivatives[J]. Catal Commun, 2012, 24: 70-74.

第3章 氯化胆碱/有机物低共熔溶剂的应用

3.1 概述

3.2 氯化胆碱/草酸低共熔溶剂中合成喹啉类化合物

3.3 氯化胆碱/酒石酸低共熔溶剂中合成 3-芳基喹喔啉酮类化合物

3.4 氯化胆碱/柠檬酸低共熔溶剂中 2-甲基氮杂芳烃苄位 C(sp^3)—H 键官能化反应

3.5 氯化胆碱/乙酰胺低共熔溶剂中合成 2-芳基苯并噻唑类化合物

3.6 氯化胆碱/乙酰胺低共熔溶剂中合成芳基砜类化合物

3.7 氯化胆碱/乙醇低共熔溶剂协同光催化合成喹唑啉酮类衍生物

3.8 氯化胆碱/葡萄糖低共熔溶剂中合成 2-氨基-4*H*-色烯类化合物

3.9 氯化胆碱/甘油低共熔溶剂合成 2-羟甲基-2-苯基-2,3-二氢-4（1*H*）-喹唑啉酮类化合物

3.1 概述

氯化胆碱/有机物低共熔溶剂因其低成本、低毒性和可调控性，在生物质处理、气体吸收、绿色化学等领域得到广泛应用[1]。氯化胆碱独特的分子结构和强氢键相互作用使其能够与多种含羟基、氨基或羧基等官能团的有机物形成低共熔溶剂。作为氢键受体，氯化胆碱中的季铵阳离子和氯离子可与氢键供体（如尿素中的氨基或甘油中的羟基）发生强烈的氢键缔合，破坏原有晶体结构的周期性排列，显著降低混合体系的熔点，甚至形成室温液态的低共熔混合物。此外，氯化胆碱的季铵阳离子可通过电荷离域效应进一步稳定氢键网络，而氢键供体（如尿素、乙二醇）的分子柔性则增强了体系的动态无序性，共同促成低共熔现象。这种协同作用不仅赋予了低共熔溶剂宽泛的液态范围，还可通过调节氢键供体类型和摩尔比实现其理化性质（如极性、酸碱性）的精准调控，从而适配多样化的应用需求。

在生物质处理领域，氯化胆碱/有机物低共熔溶剂展现出显著优势，近年来的研究证实氯化胆碱与有机酸组合能高效实现组分分离和活性物提取。2019 年，Kersten 课题组[2]的研究表明，氯化胆碱/乳酸组合是去除木质素纤维的有效低共熔溶剂，其中氯阴离子在基于 DES 的脱木质素过程中对木质素的快速脱除起到了关键作用。2021 年，Rathod 课题组[3]使用摩尔比为 1∶1 的氯化胆碱/乳酸低共熔溶剂成功提取出了光果甘草中的甘草酸，该方法提供了更高的产量并更好地保持了甘草酸的体外抗炎活性。2022 年，Tan 课题组[4]研究发现，采用氯化胆碱/甘油低共熔溶剂结合超声辅助技术，可高效地从马齿苋中提取多巴胺。该方法对植物源生物碱的分离具有显著优势，其作用机理在于 DES 体系能够诱导植物细胞内形成空腔结构，通过破坏细胞完整性来显著增强溶剂与生物活性成分的相互作用效率。2023 年，Maimulyanti 课题组[5]报道了将氯化胆碱与脯氨酸混合制备成低共熔溶剂，用其从咖啡壳废料中提取酚类化合物，提取物可安全应用于医药和食品领域。

在气体吸收领域，氯化胆碱/有机物低共熔溶剂展现出多方面应用价值，尤其在酸性气体捕集方面具有独特优势。2021 年，Aboshatta 课题组[6]开发了一种环境友好型 CO_2 捕集技术，采用氯化胆碱/乙酰丙酸低共熔溶剂体系吸收 CO_2，解决了传统胺吸收法高能耗、高污染的问题，实现了高效、可再生的二氧化碳捕集。2023 年，Tao 课题组[7]开发了氯化胆碱/甘油低共熔溶剂新型非水吸收体系，通过优化摩尔配比实现了对工业尾气中氯化氢的高效捕集与吸收体系的循环再生，利用氢键作用机制解决了传统 HCl 回收工艺可逆性差的技术难题。2023 年，Shao 课题组[8]开发了氯化胆碱/二亚乙基三胺/水三元低共熔溶剂新型吸收体系，结合转子-定子反应器强化传质技术，实现了对 CO_2 的高效捕集。

在绿色化学领域，氯化胆碱/有机物低共熔溶剂也得到广泛应用。2015 年，Zhang 课题组[9]将 ChCl/衣康酸低共熔溶剂同时作为催化剂和反应介质，通过 2-羟基萘-1,4-二酮与不同醛的缩合反应合成 13-芳基-5*H*-二苯并[*b*,*i*]呫吨-5,7,12,14(13*H*)-四酮，反应时间为 1.5～3h，产率最高为 92%。该方法无需金属参与、反应高效、操作简单，且避免了有毒有机溶剂和额外 Lewis 酸催化剂的使用（图 3-1）。

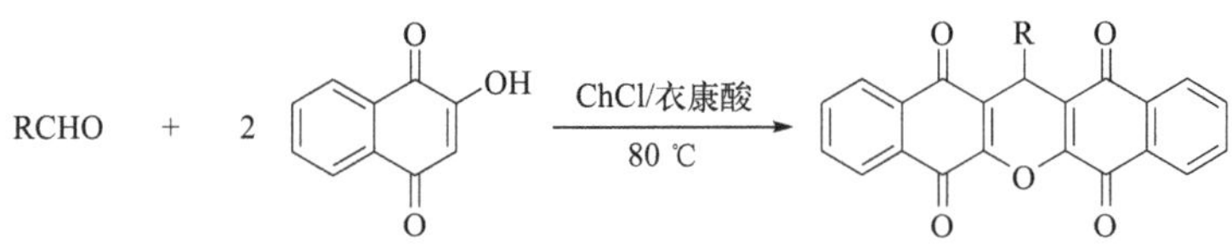

图 3-1 在 ChCl/衣康酸低共熔溶剂中合成 13-芳基-5*H*-二苯并[*b*,*i*]呫吨-5,7,12,14-(13*H*)-四酮

2018 年，Vaezzadeh 课题组[10]利用 ChCl/一氯乙酸低共熔溶剂将乙酰乙酸乙酯、醛和尿素经一锅多组分反应合成二氢嘧啶酮。结果表明，该 DES 可成功地应用于多种醛类化合物，产率高（70%～95%），反应时间短。DES 在该反应中既作溶剂，又作催化剂（图 3-2）。

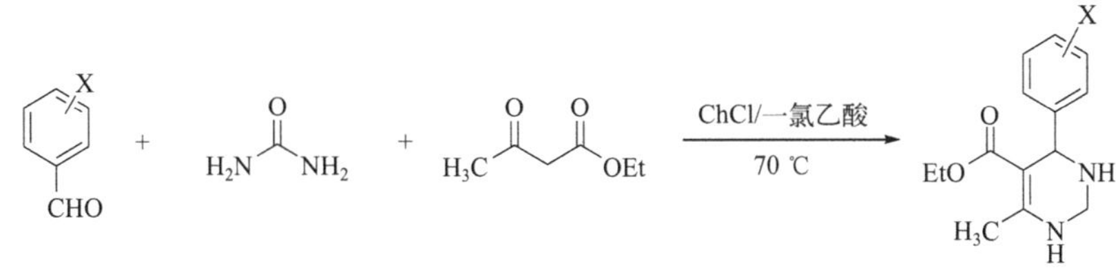

图 3-2 在 ChCl/一氯乙酸低共熔溶剂中一锅法合成二氢嘧啶酮

2020 年，Nikpassand 课题组[11]发现在 ChCl/草酸低共熔溶剂存在下，可由芳香醛、6-氨基-1,3-二甲基尿嘧啶和二甲酮或 1,3-环己二酮经三组分反应合成偶氮吡啶并[4,5-*b*]喹啉衍生物，反应时间为 45～60min，产物产率很高。该方法具有高效、分离提纯简单的优点（图 3-3）。

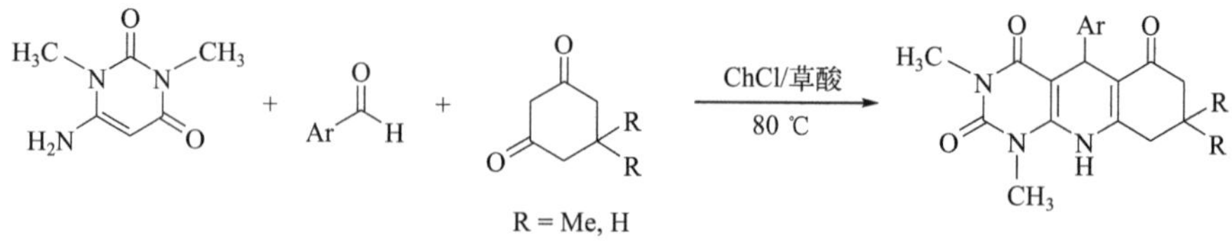

图 3-3　在 ChCl/草酸低共熔溶剂中合成偶氮吡啶并[4,5-*b*]喹啉衍生物

本章主要介绍氯化胆碱/有机物低共熔溶剂在构建杂环化合物中的应用研究进展。作为一种绿色反应介质和高效催化剂，DES 在杂环合成领域展现出独特优势。多项研究表明，氯化胆碱基 DES 体系能够显著提高杂环化合物的合成效率，同时能够避免传统有机溶剂和金属催化剂带来的环境污染问题。

3.2　氯化胆碱/草酸低共熔溶剂中合成喹啉类化合物

在有机合成领域，离子液体作为一类绿色反应介质，虽然在一定程度上避免了有机溶剂的使用[12-14]，但其合成过程不够经济环保且生物降解性差[15-16]，特别是高价离子液体通常需要使用大量的盐和溶剂进行完全阴离子交换，严重限制了其在化学工业中的广泛应用[17]。低共熔溶剂的出现，在一定程度上弥补了传统离子液体的高成本和毒性等[18]缺点。

DES 可通过简单混合两个或多个组分制备。其中，氯化胆碱是最常用的组分之一，它是一种从生物质中提取的可生物降解且无毒的季铵盐[19]，与安全的氢键供体如尿素、可再生羧酸（如草酸、柠檬酸、琥珀酸和氨基酸）或可再生多元醇（如甘油、碳水化合物）结合，可迅速形成熔点更低的共熔混合物[20]。与传统离子液体相比，DES 具有诸多优势[21-24]，例如，合成过程简单、经济；原料廉价易得，无需进一步纯化；对水呈化学惰性，容易储存；具有可再生和生物可降解性，避免了离子液体所面临的净化和废物处理问题。这些都体现了 DES 的绿色可利用性。近年来，这一新兴绿色溶剂在有机合成中的应用案例[25-27]也日益增多。

为拓展低共熔溶剂在有机合成中的应用范围，本节探究了在 DES 中通过 Friedländer 缩合反应合成喹啉类化合物的过程，并在最佳条件下对反应底物进行了拓展。

3.2.1 DES 制备

首先，将氯化胆碱和草酸以摩尔比 1：1 于圆底烧瓶中混合，然后，加热至 100℃并不断搅拌，直到混合物为澄清液体，停止加热，待自然冷却后封存备用。

3.2.2 喹啉类化合物合成

向 10mL 具塞试管中加入 0.3mmol 2-氨基芳基酮、0.36mmol α-亚甲基酮和 0.5mL DES，在 80℃油浴中磁力搅拌反应 1h。利用薄层色谱法跟踪反应过程，待反应完成后，加 1mL 水于混合物中，用石油醚（5mL×3 次）萃取产物，合并有机相，减压浓缩得到粗产物，再经柱色谱分离[V(石油醚)：V(乙酸乙酯)＝10：1]，得到纯目标产物。

3.2.3 DES 组成对反应产率的影响

首先，考察了不同 DES 对模板反应的影响。考虑到 DES 具有一定的黏度，预先加入 1mL 甲醇作为稀释剂。结果如表 3-1 所示，多数 DES 中均可获得一定产率的目标产物，其中，在 DES 氯化胆碱/草酸（1：1）（表 3-1，序号 5）和氯化胆碱/柠檬酸（1：1）（表 3-1，序号 4）中，目标产物获得了较高的产率，在氯化胆碱/草酸（1：1）（表 3-1，序号 5）中的效果最好，反应 5h 可获得 81％的产率。而在其他类 DES 中，虽取得了一定的效果，但相对来说产率较低。空白对照实验（表 3-1，序号 10）显示，无 DES 存在时，5h 内未检测到产物的生成。因此，选择（氯化胆碱/草酸＝1：1）为最佳 DES 用于后续反应。

表 3-1 不同 DES 对喹啉类化合物产率的影响①

序号	DES 组成	产率②/%
1	n(氯化锌)∶n(尿素)=2∶1	32
2	n(氯化锌)∶n(尿素)=1∶2	70
3	n(氯化胆碱)∶n(尿素)=1∶2	30
4	n(氯化胆碱)∶n(柠檬酸)=1∶1	76
5	n(氯化胆碱)∶n(草酸)=1∶1	81
6	n(氯化胆碱)∶n(对甲基苯磺酸)=1∶1	73
7	n(氯化胆碱)∶n(甘油)=1∶2	13
8	n(氯化胆碱)∶n(氯化锌)=1∶2	25
9	n(氯化胆碱)∶n(葡萄糖)=1∶1	5
10	空白对照	0

① 反应条件：邻氨基苯乙酮（0.3mmol），乙酰乙酸乙酯（0.36mmol），DES（0.5mL），甲醇（1mL），50℃下油浴搅拌反应 5h。

② 产率为经柱色谱分离的产率（后简称为柱色谱产率）。

3.2.4 溶剂对反应产率的影响

考虑到 DES 具有一定的黏度，添加溶剂可能会对反应产率产生影响，因此，在 DES 中加入不同溶剂以探究溶剂对反应产率的影响。实验结果如图 3-4 所示，添加溶剂并未促进反应，反而在一定程度上阻碍了反应进行。相反，在不加其他溶剂条件下，反应效果最佳，产率达 94%。这表明 DES 在此反应中兼具反应介质和催化剂作用。此外，加入四氢呋喃和非极性溶剂（甲苯）时，5h 内未检测到产物。因此，确定在无外加溶剂条件下，使用 DES［氯化胆碱/草酸（1∶1）］进行后续反应。

3.2.5 温度和时间对反应产率的影响

为进一步优化反应条件，考察了温度和时间对模板反应的影响，结果如图 3-5 所示。随着反应温度升高，目标产物产率不断提高，当反应产率达到 94%时，所需反应时间不断减少。当温度达到 80℃时，仅需 1h 就可以获得 94%的产率，这与 60℃微波（MW）条件下反应产率达 93%时所需时间相同。从节能角度考虑，确定 80℃为后续反应温度。

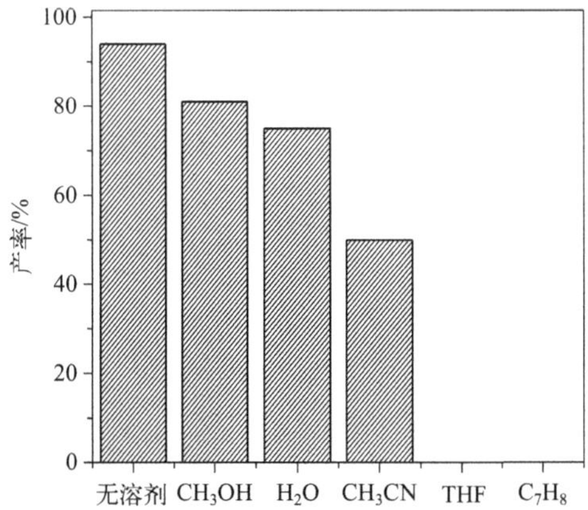

图 3-4 溶剂对反应产率的影响

反应条件：0.3mmol 邻氨基苯乙酮，0.36mmol 乙酰乙酸乙酯，1mL 不同溶剂，0.5mL DES，50℃下油浴搅拌反应 5h；产率为柱色谱产率

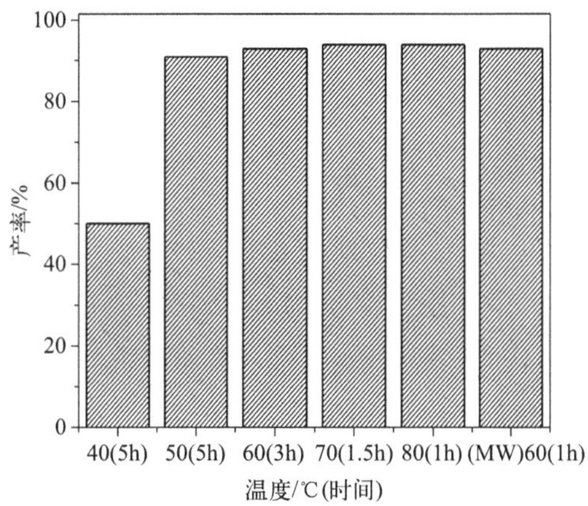

图 3-5 温度和时间对反应产率的影响

反应条件：0.3mmol 邻氨基苯乙酮，0.36mmol 乙酰乙酸乙酯，0.5mL DES，在不同温度下油浴搅拌反应一定时间；产率为柱色谱产率

3.2.6 DES 循环实验

最佳反应条件确定后，考察了 DES 的循环利用情况，结果如图 3-6 所示。随着循环次数（1～3）增加，目标产物产率仅有轻微下降，表明

DES仍旧保持其原有催化活性。总体来说，DES循环利用次数可达3次以上，且每次使用前未经任何纯化处理。

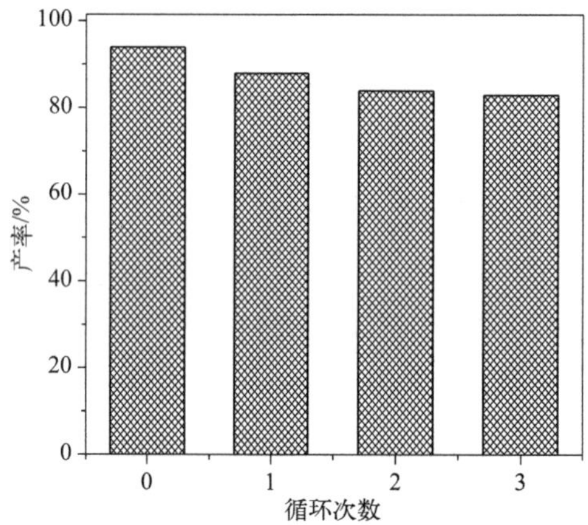

图3-6 DES的循环实验

反应条件：0.3mmol邻氨基苯乙酮，0.36mmol乙酰乙酸乙酯，0.5mL DES，80℃下油浴搅拌反应1h；产率为柱色谱产率

3.2.7 反应底物拓展

在最优条件下，考察了该反应在DES中的底物适用性。在DES（氯化胆碱/草酸=1∶1）中，反应温度为80℃时，使用两种2-氨基芳基酮和一系列α-亚甲基酮为反应底物，合成了一系列喹啉类化合物，结果如图3-7所示。在DES中，多数反应底物取得较好产率，其中邻氨基苯乙酮与具有活泼亚甲基氢的双羰基化合物［如乙酰乙酸乙酯（**3-2 C-1**）、乙酰乙酸甲酯（**3-2 C-2**）、乙酰丙酮（**3-2 C-3**）］反应时产率较高，最高达94%。可能受空间效应和电子效应影响，以环戊酮（**3-2 C-4**）和环己酮（**3-2 C-5**）为底物时产率相对较低。

3.3 氯化胆碱/酒石酸低共熔溶剂中合成3-芳基喹喔啉酮类化合物

含氮杂环化合物在天然产物与人工合成领域占有重要地位，因其显著的生理与药理活性被广泛应用于医药、农业、多功能材料与染料等方

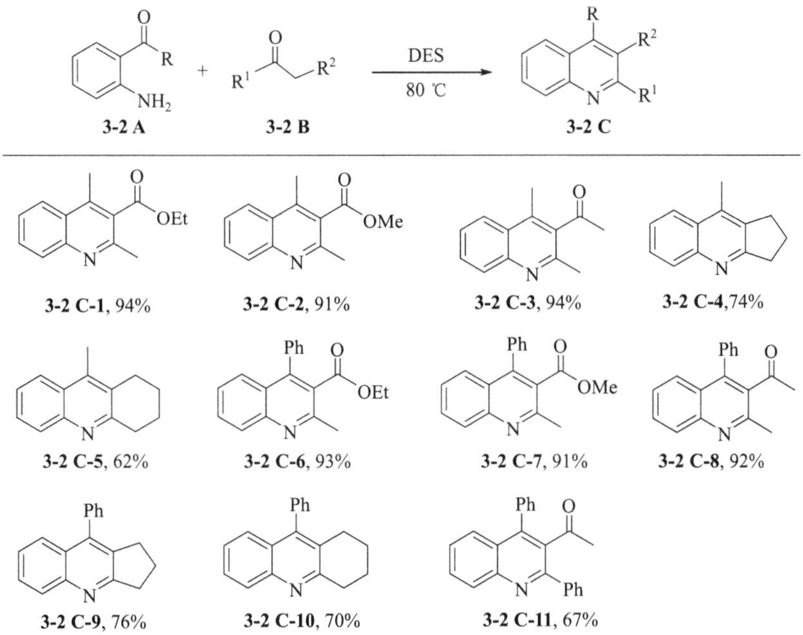

图 3-7　在 DES 中通过 Friedländer 反应合成一系列喹啉类化合物

反应条件：0.3mmol 2-氨基芳基酮，0.36mmol α-亚甲基酮，0.5mL DES，80℃下油浴搅拌反应 1h；产率为柱色谱产率

面[28-29]。因此，开发便捷高效的合成方法备受关注。酮酸作为一种新型酰化试剂，反应副产物仅为二氧化碳，是酰氯等酰化试剂的绿色替代品。本节在低共熔溶剂这种廉价、稳定、易于操作的溶剂中，利用酮酸与邻取代苯胺（*o*-SH、*o*-OH 与 *o*-NH_2）反应，合成了 2-芳基苯并噻唑、3-芳基-2*H*-苯并[β][1,4]噁嗪-2-酮、3-芳基喹喔啉-2(1*H*)-酮三种杂环化合物（图 3-8）。

3.3.1 DES 制备

在 10mL 具塞试管中加入氯化胆碱与氢键供体（尿素、草酸、氯化锌等），混合均匀，在 80℃油浴锅中加热搅拌至形成均一、透明液体（约 30min），备用。

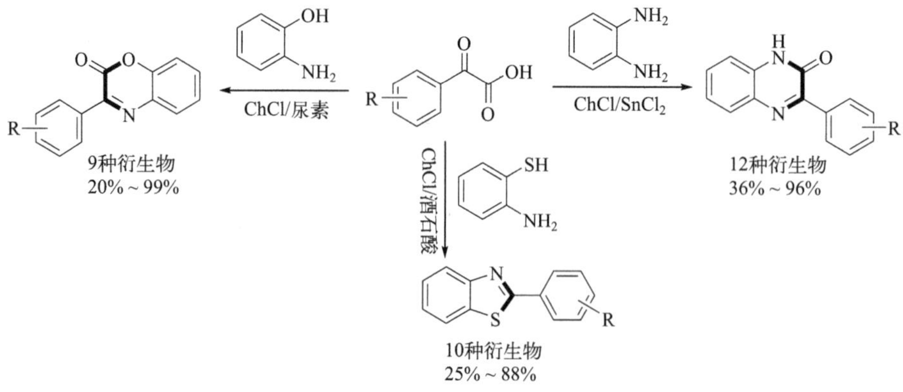

图 3-8　邻取代苯胺与 α-酮酸的成环反应

3.3.2　环化产物合成

向 10mL 具塞试管中加入 0.30mmol 邻取代苯胺、0.45mmol α-酮酸、1mL DES，在 80℃油浴中反应 2.0h。反应完成后，用乙酸乙酯萃取 5 次，合并有机相，减压蒸馏浓缩得到粗产物，再经柱色谱分离得纯产品。

3.3.3　DES 组成对反应产率的影响

首先，研究了邻苯二胺与酮酸的反应。不同于邻氨基苯硫酚与邻苯氨基苯酚，邻苯二胺与酮酸反应可以生成 2-芳基苯并咪唑与 3-芳基喹喔啉-2(1H)-酮两种产物［式(3-1)］。研究发现 DES 组成对产物具有选择性，结果如表 3-2 所示，在氯化胆碱/无水氯化亚锡（1.0∶2.0）低共熔溶剂中，仅生成 3-芳基喹喔啉-2(1H)-酮，产率达 92%。在其他 DES 中，均生成两种产物，比例基本为 1∶1。因此，选择氯化胆碱/无水氯化亚锡低共熔溶剂为溶剂，反应专一性生成 3-芳基喹喔啉-2(1H)-酮。

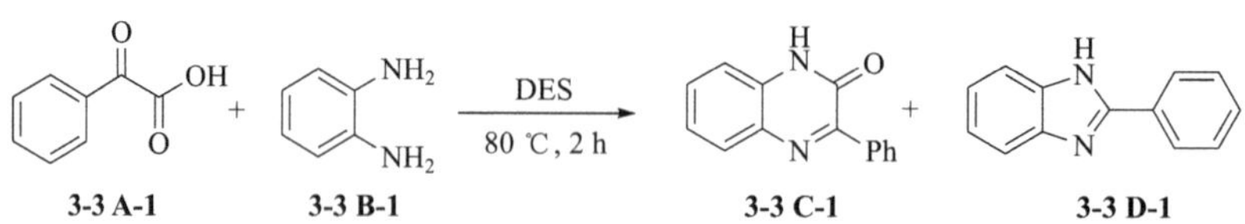

(3-1)

表 3-2 低共熔溶剂组成对反应产率的影响①

序号	DES 组成	**3-3 C-1** 产率/%②	**3-3 D-1** 产率②/%
1	*n*(氯化胆碱)∶*n*(尿素)=1.0∶3.5	37	38
2	*n*(氯化胆碱)∶*n*(柠檬酸)=1.0∶1.0	30	32
3	*n*(氯化胆碱)∶*n*(草酸)=1.0∶1.0	36	35
4	*n*(氯化胆碱)∶*n*(酒石酸)=2.0∶1.0	38	37
5	*n*(氯化胆碱)∶*n*(氯化锌)=1.0∶2.0	42	45
6	*n*(氯化胆碱)∶*n*(无水氯化亚锡)=1.0∶2.0	92	痕量
7	*n*(氯化胆碱)∶*n*(葡萄糖)=1.0∶1.0	25	23

① 反应条件：0.30mmol 邻苯二胺，0.36mmol 酮酸，1mL DES，80℃的油浴中搅拌 2.0h。

② 柱色谱产率。

3.3.4 反应条件优化

确定反应溶剂后，考察了其他反应条件（底物摩尔比、反应温度与反应时间）对反应产率的影响［式(3-2)］，结果如表 3-3 所示。底物的摩尔比对反应的影响不大，邻苯二胺过量时产率约 80%；两者摩尔比为 1.0∶1.0 时产率升至 86%；酮酸稍过量时产率升至 92%左右，继续增加酮酸时产率变化不大。因此，选择以邻苯二胺（0.30mmol）与酮酸（0.45mmol）进行模板反应。反应温度对反应产率的影响与邻氨基苯酚反应类似，随温度升高产率先升后降，80℃时达峰值（94%）。70℃时产率已达 93%。反应时间研究表明，反应 1.5h 后底物已基本反应完全，产率达 92%。因此，最佳反应温度为 70℃，反应时间为 1.5h。

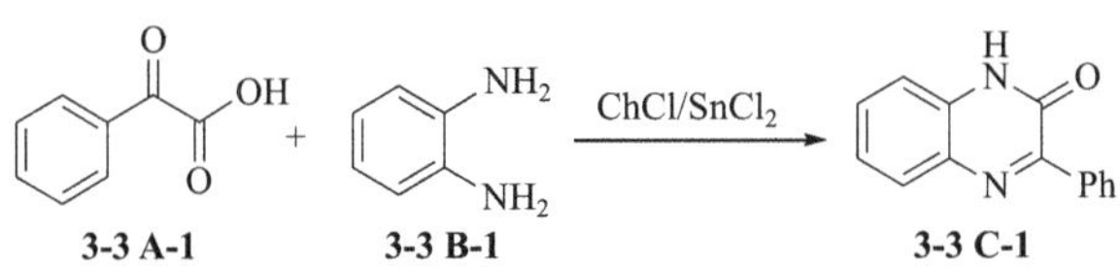

(3-2)

表 3-3 底物摩尔比、反应温度及反应时间对反应产率的影响①

序号	**3-3 B-1/3-3 A-1** 摩尔比	温度/℃	时间/h	产率②/%
1	2.0∶1.0	80	2.0	80
2	1.5∶1.0			80
3	1.0∶1.0			86
4	1.0∶1.5			92
5	1.0∶2.0			94

续表

序号	**3-3 B-1/3-3 A-1**摩尔比	温度/℃	时间/h	产率②/%
6	1.0∶1.5	60	2.0	66
7			6.0	77
8	1.0∶1.5	70	2.0	93
9		80		94
10		90		75
11		100		60
12	1.0∶1.5	70	0.5	70
13	1.0∶1.5	70	1.0	79
14			1.5	92
15			2.0	93

① 反应条件：在 1mL DES（ChCl/$SnCl_2$）中，混合邻苯二胺与酮酸，使其在油浴中搅拌一段时间。

② 柱色谱产率。

3.3.5 反应底物拓展

确定最佳反应条件后，对底物的适用性进行了研究，选择含有不同取代基的酮酸与邻苯二胺反应，结果如图 3-9 所示。含不同取代基的酮酸与邻苯二胺反应时，产物只有一种；单取代邻苯二胺与酮酸反应时，得到混合物；双取代邻苯二胺与酮酸反应时，则得到单一产物。对氟酮酸、对氯酮酸、对溴酮酸、对甲基酮酸与邻苯二胺反应时，产率分别为 65%、96%、92%、74%；乙醛酸、2-呋喃基乙醛酸与邻苯二胺反应时，产率分别为 40%与 36%。4,5-二氯-1,2-苯二胺与酮酸反应得到单一产物，产率为 88%；4-甲基-1,2-苯二胺与酮酸反应得到混合物，总产率为 89%，两种产物比例约为 1.0∶1.0。4-甲基-1,2-苯二胺分别与 4-甲基苯乙醛酸、4-氯苯乙醛酸反应时，同样得到两种产物，总产率分别为 86%与 88%，比例为 1.0∶1.0。4-氯-1,2-苯二胺与对甲基苯乙醛酸反应时，两种产物产率分别为 46%与 42%。

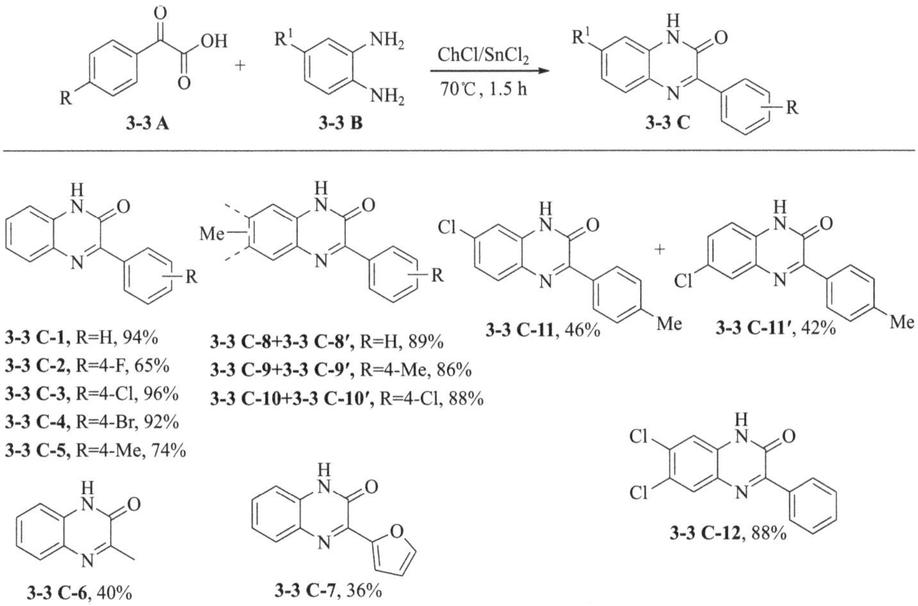

图 3-9 低共熔溶剂中合成 3-芳基喹喔啉-2(1*H*)-酮类化合物

反应条件：0.30mmol 邻苯二胺类化合物，0.45mmol 酮酸化合物，1mL DES（ChCl/$SnCl_2$），70℃的油浴中搅拌 1.5h。产率为柱色谱产率

3.4 氯化胆碱/柠檬酸低共熔溶剂中 2-甲基氮杂芳烃苄位 C（sp^3）—H 键官能化反应

低共熔溶剂由两个或多个组分按特定摩尔比混合组成。氯化胆碱（ChCl）作为最常见的组分，是一种可从生物质中提取的可生物降解且无毒的季铵盐[30]，它与尿素、再生羧酸（柠檬酸、草酸等）或可再生多元醇（葡萄糖、甘油等）结合，可快速形成远低于各组分熔点的稳定共熔混合物，且性质稳定[31]。相对于传统离子液体，低共熔溶剂具有诸多优点[32-33]，因此在有机合成中受到越来越多的关注和应用。

本节用 DES 作为新型绿色溶剂，探究其对 2-甲基氮杂芳烃与缺电子烯烃加成反应的促进作用，并在最佳条件下拓展底物，以体现方法的普适性，合成一系列氮杂芳烃衍生物。

3.4.1 DES 制备

首先，将氯化胆碱和柠檬酸以摩尔比 1∶1 于圆底烧瓶中混合，然后，加热至 100℃并不断搅拌，直到混合物为澄清液体，停止加热，取出放置于阴凉处，待自然冷却后密封备用。

3.4.2 2-甲基氮杂芳烃类化合物合成

向 10mL 具塞试管中加入 0.5mmol 2-甲基喹啉、0.75mmol *N*-苯基马来酰亚胺和 0.5mL DES，在 80℃油浴下搅拌反应 2h。反应完成后，加入 1mL 去离子水混匀，用乙酸乙酯（5mL×3）萃取。合并有机相，减压浓缩后，经柱色谱分离[*V*(石油醚)∶*V*(乙酸乙酯)=2∶1]，得到纯产品。

3.4.3 反应条件优化

（1） DES 组成对反应产率的影响

首先，考察了不同 DES 对模板反应的影响，结果如表 3-4 所示。在 DES［氯化胆碱/柠檬酸（1∶1）］（表 3-4，序号 2）中反应 2h 可得 78%产率，而在 DES（氯化胆碱/对甲基苯磺酸=1∶1）（表 3-4，序号 4）中反应超过 5h 亦未检测到目标产物。其他 DES 中反应 2h 后得到目标产物，但产率较低。因此，选择 *n*(氯化胆碱)∶*n*(柠檬酸)=1∶1 为最佳 DES。

表 3-4 在不同 DES 中合成氮杂芳烃类化合物的产率

序号	DES 组成	产率/%
1	*n*(氯化胆碱)∶*n*(尿素)=1∶2	26
2	*n*(氯化胆碱)∶*n*(柠檬酸)=1∶1	78
3	*n*(氯化胆碱)∶*n*(草酸)=1∶1	35
4	*n*(氯化胆碱)∶*n*(对甲基苯磺酸)=1∶1	痕量
5	*n*(氯化胆碱)∶*n*(甘油)=1∶2	18
6	*n*(氯化胆碱)∶*n*(葡萄糖)=1∶1	13

（2）溶剂对反应产率的影响

由于 DES 是具有一定黏度的反应介质，因此，在 DES[*n*(氯化胆碱)∶n(柠檬酸)=1∶1]中加入不同溶剂以探究其对反应产率的影响，结果如图 3-10 所示。实验结果表明，添加溶剂未促进反应，反而抑制了反应进行。不加其他溶剂时产率最高。加水时，反应 2h 后未检测到目标产物。因此，选定在不添加其他溶剂的 DES[n(氯化胆碱)∶n(柠檬酸)=1∶1]中进行后续反应。

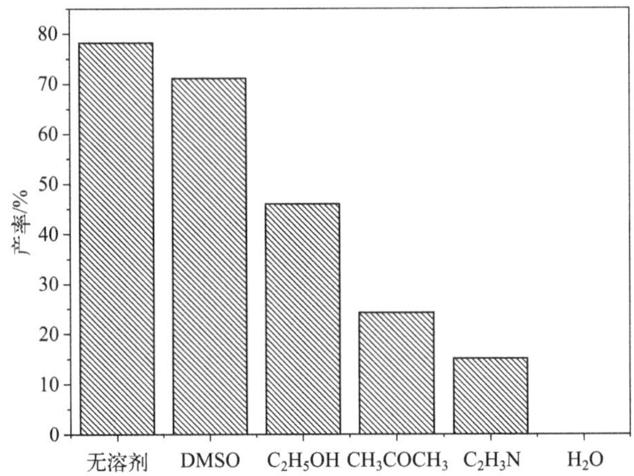

图 3-10 溶剂对反应产率的影响

(3)反应温度对反应产率的影响

为进一步提升反应效率，考察了反应温度对模板反应产率的影响，结果如图 3-11 所示。随着反应温度升高，目标产物产率不断提高，反应温度超过 80℃时，产率随着温度升高略微下降。因此，选择 80℃为最佳反应温度。

(4)反应时间的优化

由于无法通过薄层色谱法（TCL）准确跟踪反应进程，因此，对反应时间进行优化，结果如图 3-12 所示。反应超过 2h 后，产率无显著提升。因此，选择 2h 为最佳反应时间。

3.4.4 反应底物拓展

确定最佳反应条件后，在最佳条件下考察了该类反应在 DES 中的底

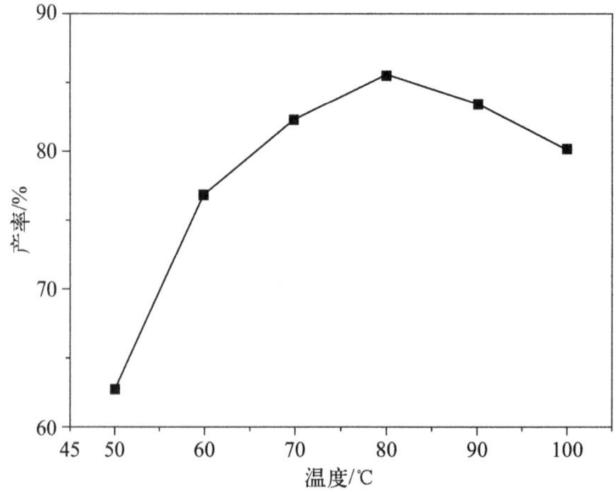

图 3-11　反应温度对反应产率的影响

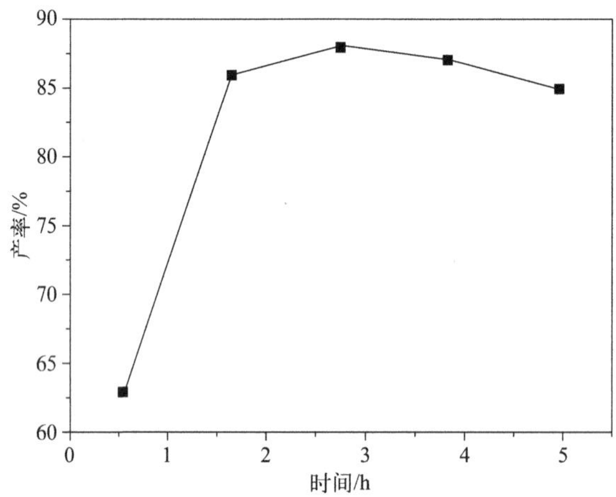

图 3-12　反应时间对反应产率的影响

物适用性（图 3-13）。在 DES[n(氯化胆碱)∶n(柠檬酸)=1∶1]中，于 80℃下利用 2-甲基氮杂芳烃与缺电子烯烃进行加成反应，合成了一系列氮杂芳烃衍生物，结果如图 3-13 所示。DES 对该类加成反应有明显促进作用，多数反应底物都具有优秀产率，但以吡啶为骨架的氮杂芳烃与 N-苯基马来酰亚胺反应时产率较低，这可能源于喹啉和吡啶共轭体系的差异。

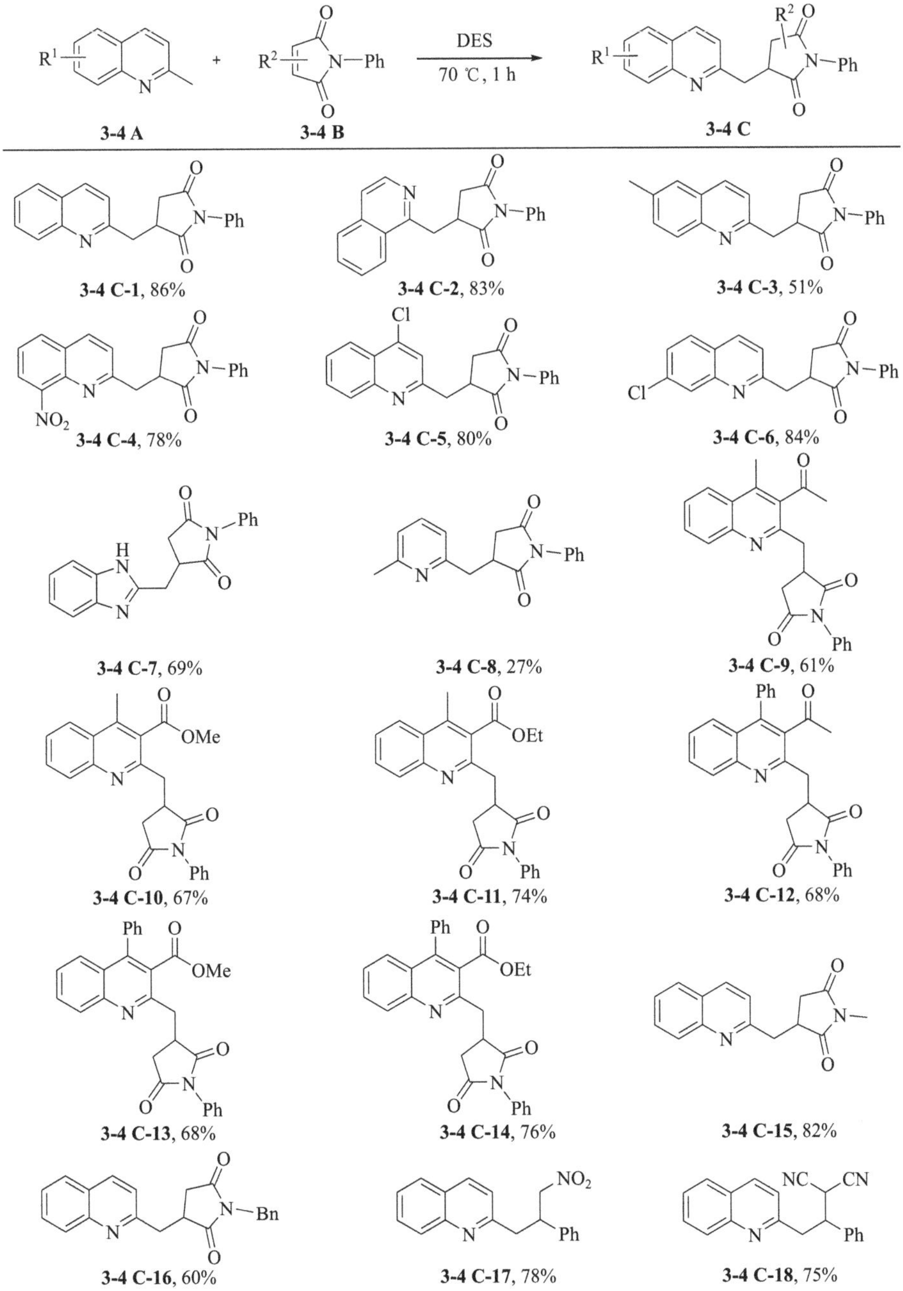

图 3-13 在 DES 中 2-甲基氮杂芳烃苄位 C(sp^3)—H 官能化反应

反应条件：0.75mmol 缺电子烯烃，0.5mmol 2-甲基氮杂芳烃，

0.5mL DES，80℃下反应 2h；产率为柱色谱产率

3.4.5 DES 循环实验

确定最佳反应条件后，考察了 DES 的循环使用情况，结果如图 3-14 所示。循环 3 次后，产物产率仅轻微降低，表明 DES 多次使用后仍能有效促进反应。DES 循环次数可超过 3 次，且每次使用前未经纯化处理。

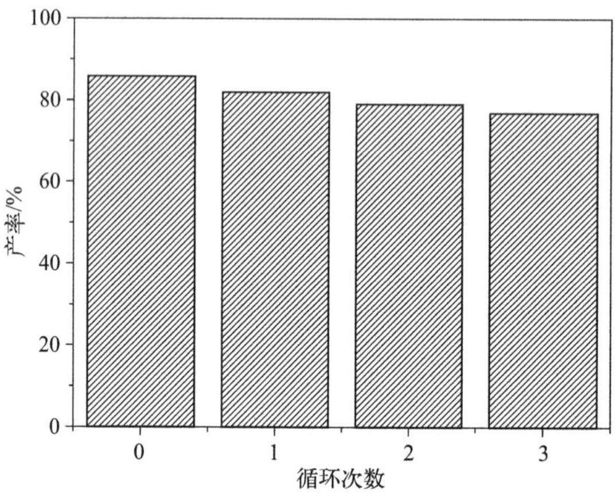

图 3-14 DES 循环实验

3.5 氯化胆碱/乙酰胺低共熔溶剂中合成 2-芳基苯并噻唑类化合物

苯并噻唑是一类重要的含氮杂环化合物，广泛存在于天然产物与合成药物中。2-取代苯并噻唑具有良好的生理与药理活性，其母体结构与先导骨架被广泛应用于医药、农药、功能材料等方面[34-35]。2-芳基苯并噻唑具有止痛、抗癌、抗肿瘤、抗菌等医药作用，杀虫、除草、抗病毒等农药作用，以及橡胶硫化促进、塑料染色等工业作用。因此，其结构修饰与合成方法备受关注。2-取代苯并噻唑的合成主要有两种方法[36]：①多分子间缩合或单分子内成环；②苯并噻唑 C2 位官能团化。然而，这些方法常需过渡金属催化、酸碱催化、有毒有机溶剂或高温条件，不符合绿色环保理念。本节以氯化胆碱/乙酰胺低共熔溶剂为反应溶剂，无需其他催化剂，70℃下反应 1h 合成了一系列 2-芳基苯并噻唑类化合物（图 3-15）。该方法操作简便、反应时间短、产率高、绿色环保。

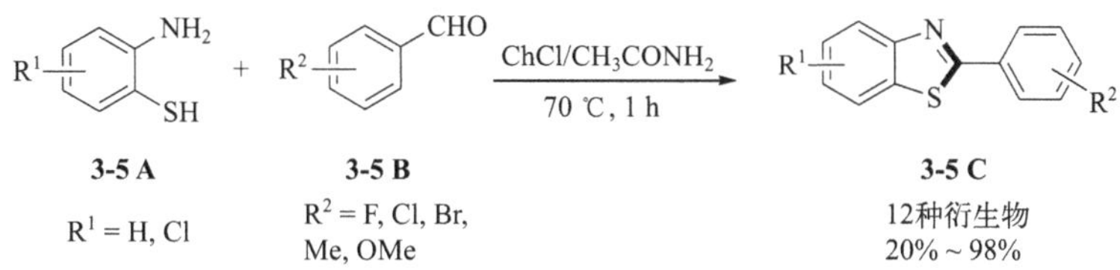

图 3-15 邻氨基苯硫酚与芳香醛合成 2-芳基苯并噻唑类化合物反应

3.5.1 DES 制备

在 10mL 具塞试管中加入氯化胆碱与氢键供体（尿素、草酸、氯化锌等），混合均匀，80℃下油浴加热搅拌至形成均一透明液体（约 30min），备用。

3.5.2 2-芳基苯并噻唑类化合物合成

向 10mL 具塞试管中加入 0.30mmol 2-氨基硫酚、0.45mmol 芳香醛或杂环类醛、1mL DES[n(氯化胆碱)：n(乙酰胺)=1.0：2.0]，80℃下油浴反应 2.0h。反应完成后，用乙酸乙酯萃取 5 次。合并有机相，减压蒸馏浓缩得粗产物，经柱色谱分离[V(石油醚)：V(乙酸乙酯)=5：1]，得到纯产品。

3.5.3 反应条件优化

首先，对低共熔溶剂的种类进行考察，结果如表 3-5 所示。0.30mmol 2-氨基苯硫酚与 0.36mmol 苯甲醛在 80℃下反应 2.0h，在几种低共熔溶剂中，都得到了目标产物。其中，在低共熔溶剂[n(氯化胆碱)：n(葡萄糖)=1.0：1.0]中，产率仅有 56%；在低共熔溶剂[n(氯化胆碱)：n(尿素)=1.0：2.0]中，产率为 83%；在低共熔溶剂[n(氯化胆碱)：n(乙酰胺)=1.0：2.0]中产率最高，可达 93%；在其他几种氯化胆碱类低共熔溶剂（氯化胆碱/柠檬酸、氯化胆碱/草酸、氯化胆碱/酒石酸）中，产率分别为 59%、66%、75%。因此，选择 n(氯化胆碱)：n(乙酰胺)=1.0：2.0为最佳反应介质。

表 3-5　模板反应在不同 DES 中的产率①

序号	DES 组成	产率②/%
1	n(氯化胆碱)∶n(尿素)=1.0∶3.5	83
2	n(氯化胆碱)∶n(柠檬酸)=1.0∶1.0	59
3	n(氯化胆碱)∶n(草酸)=1.0∶1.0	66
4	n(氯化胆碱)∶n(酒石酸)=2.0∶1.0	75
5	n(氯化胆碱)∶n(乙酰胺)=1.0∶2.0	93
6	n(氯化胆碱)∶n(葡萄糖)=1.0∶1.0	56

① 反应条件：0.30mmol 2-氨基苯硫酚，0.30mmol 苯甲醛，1mL DES，80℃油浴中搅拌 2.0h。
② 柱色谱产率。

确定了最佳反应介质后，接着优化了其他反应条件（底物摩尔比、反应温度、反应时间），结果如表 3-6 所示。对模板反应底物摩尔比进行探究时，保持苯甲醛摩尔量不变，增加 2-氨基苯硫酚的量，产率从 94%降至 70%；保持 2-氨基苯硫酚量不变，提高苯甲醛量至 1.5 倍或 2.0 倍，产率分别为 92%与 93%，产率变化并不明显。因此，选择 1.0∶1.0 为模板反应的底物摩尔比。低共熔溶剂[n(氯化胆碱)∶n(乙酰胺)=1.0∶2.0]的熔点为 51℃。因此，为探究反应温度对反应产率的影响，考察了在 60～120℃该反应产率的变化趋势。实验结果表明，反应温度为 60℃时产率仅为 50%，延长反应时间至 4.0h，反应产率可达 85%；温度升高到 70℃时产率为 93%，延长反应时间至 4.0h，反应产率基本不变，继续缩短反应时间至 0.5h 产率为 80%，延长反应时间至 4.0h 时产率为 94%；继续升温至 120℃产率基本保持不变。最终确定以氯化胆碱/乙酰胺=1.0∶2.0 为反应溶剂，0.30mmol 2-氨基苯硫酚与 0.30mmol 苯甲醛为原料，70℃下油浴搅拌 1.0h。

表 3-6　底物摩尔比、反应温度及反应时间对反应产率的影响①

序号	**3-5B/3-5A** 摩尔比	温度/℃	时间/h	产率②/%
1	2.0∶1.0	80	2.0	70
2	1.5∶1.0	80	2.0	73
3	1.0∶1.0	80	2.0	94
4	1.0∶1.5	80	2.0	92
5	1.0∶2.0	80	2.0	93

续表

序号	**3-5B/3-5A** 摩尔比	温度/℃	时间/h	产率②/%
6	1.0∶1.0	60	2.0	50
7		70		93
8		80		94
9	1.0∶1.0	90	2.0	93
10		100		92
11		120		94
12	1.0∶1.0	60	4.0	85
13	1.0∶1.0	70	0.5	80
14			1.0	94
15			4.0	93

① 反应条件：2-氨基苯硫酚，苯甲醛，1mL DES（ChCl/CH_3CONH_2），油浴中搅拌。
② 柱色谱产率。

3.5.4 反应底物拓展

在最佳反应条件下，考察了底物适用性，实验结果如图 3-16 所示。2-氨基苯硫酚与对位含有吸电子基的取代苯甲醛（*p*-F、*p*-Cl、*p*-Br）反应时，产率分别为 20%、90%、90%，氟原子的强吸电子能力导致其产率较低；与对位含有给电子基的取代苯甲醛（*p*-Me、*p*-OMe）反应时，产率分别为 50%、98%。无论是对位含有给电子基团还是吸电子基团的取代苯甲酸与 2-氨基苯硫酚反应，均能获得较好产率。另外，当 4-氯-2-氨基苯-1-硫酚与苯甲醛反应时，产物的产率可达 96%。此外，空间位阻对此反应有较大影响，不同位置溴取代苯甲醛（*p*-Br、*o*-Br、*m*-Br）与 2-氨基苯硫酚反应时，产物产率分别为 90%、55%、50%。杂环醛如吡啶醛、呋喃醛、噻吩醛与 2-氨基苯硫酚的反应产率分别为 98%、92%、75%，表明该反应体系具有较好的适用性。

3.5.5 DES 循环实验

在最佳反应条件下，考察了 DES 的可循环使用次数，结果如图 3-17 所示。反应结束后，用水与乙酸乙酯（2×5mL）萃取 5 次。合并有机相，

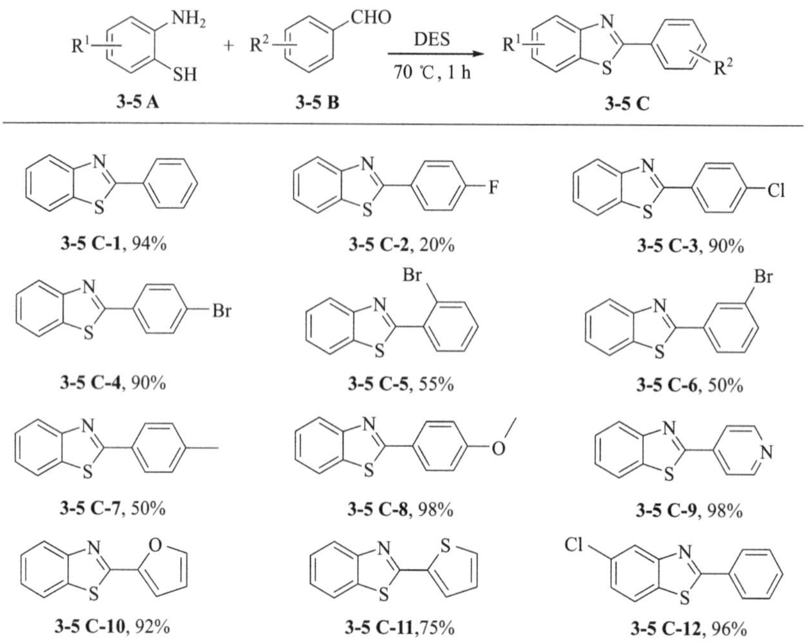

图 3-16　在低共熔溶剂中合成苯并噻唑类化合物

反应条件：0.30mmol 2-氨基苯硫酚类化合物，0.30mmol 芳香醛化合物，1mL DES（ChCl/CH_3CONH_2），70℃的油浴中搅拌 1.0h。产率为柱色谱产率，6h。

减压蒸馏浓缩，经柱色谱分离得产品；水相经 80℃真空干燥 3.0h 后重复使用。该反应在 DES[n(氯化胆碱)：n(乙酰胺)=1.0：2.0]中循环 4 次，产率分别为 94%、94%、93%、90%，表明 DES 具有良好的可循环使用能力。

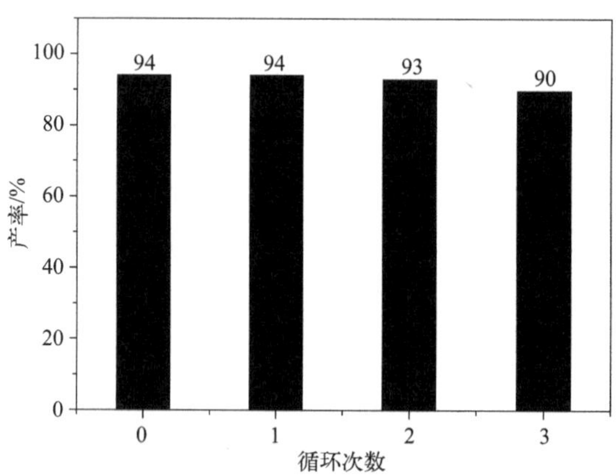

图 3-17　DES 的可循环使用情况

3.6 氯化胆碱/乙酰胺低共熔溶剂中合成芳基砜类化合物

砜类等含硫化合物广泛存在于药理活性化合物[37]、农用化学品和合成材料中，并常作为合成化学中的中间体[38]。一个多世纪以来，砜主要采用过量无机和有机氧化剂氧化相应硫化物制备[39]。近年来，可见光诱导硫醚氧化被用作合成砜的新方法[40]。然而，控制反应选择性一直是氧化过程中的关键问题[41]。亲电芳烃取代通常在化学计量的氯化铝和氯化铁（Ⅲ）[42]存在下使用化学计量的磺酰氯来完成，该方法不稳定且会产生化学计量的腐蚀性 HCl。另一种广泛使用的合成砜的策略是亚磺酸盐的偶联反应[43]。这些方案均基于通常难以制备的有机含硫试剂，可用性有限。因此，迫切需要避免使用不稳定、有毒试剂及苛刻反应条件的新方法。本节以苯并噻唑类化合物、芳基硼酸及焦亚硫酸钾为原料，在氯化胆碱/乙酰胺低共熔溶剂中通过一锅三组分反应合成了多种功能性 2-磺酰基苯并噻唑类化合物（图 3-18）。该方法利用廉价焦亚硫酸钾作为二氧化硫替代物，不仅解决了气态 SO_2 储存和使用等问题，而且还解决了反应后金属废弃物等回收处理难题。

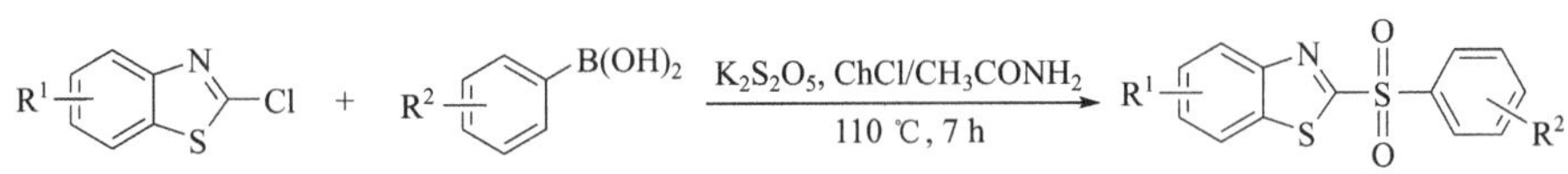

3-6 A　　3-6 B　　3-6 C

图 3-18　低共熔溶剂中合成芳基砜类化合物

3.6.1 DES 制备

将氯化胆碱/乙酰胺（摩尔比 1∶2）在 100℃下加热搅拌至形成澄清无色液体，不经纯化直接使用。

3.6.2 芳基砜类化合物合成

向含有 1mL DES 的 10mL 具塞试管中加入 0.2mmol 2-氯苯并噻唑、0.4mmol 对甲基苯硼酸和 0.2mmol 焦亚硫酸钾，所得混合物在 110℃搅拌反应 7h。反应结束后，加入 1mL 甲醇淬灭，用乙酸乙酯和水萃取。有机相经硫酸钠干燥，过滤除去干燥剂，滤液真空除去挥发物得到残余物，然后经快速色谱法纯化得到目标产物。

3.6.3 反应条件优化

首先，为探究最佳反应条件，以 2-氯苯并噻唑、焦亚硫酸钾和对甲基苯硼酸为模板反应底物，考察了多种常见 DES 对反应产率的影响，结果如表 3-7 所示。由于部分低共熔溶剂具有很强的黏度，通常需要较高温度才能充分搅拌，因此选择反应温度为 100℃来研究低共熔溶剂对该反应产率的影响。结果表明，在 n(氯化胆碱)∶n(乙酰胺)=1∶2 条件下反应时，以 28%的产率获得目标产物，在 n(氯化锌)∶n(乙酰胺)=1∶2 时产率仅为 10%。其他 DES 中反应效果较差或者没有产物生成。因此，选择 n(氯化胆碱)∶n(乙酰胺)=1∶2 为最佳 DES。

表 3-7 模板反应在不同 DES 中的产率①

序号	DES 组成	产率②/%
1	n(氯化胆碱)∶n(葡萄糖)=1∶2	0
2	n(氯化胆碱)∶n(草酸)=1∶1	0
3	n(氯化胆碱)∶n(乙酰胺)=1∶2	28
4	n(氯化胆碱)∶n(柠檬酸)=2∶1	0
5	n(氯化胆碱)∶n(乙二醇)=1∶2	0
6	n(氯化胆碱)∶n(尿素)=1∶4	0
7	n(氯化胆碱)∶n(甘油)=1∶2	微量
8	n(氯化胆碱)∶n(氯化锡)=1∶5	微量
9	n(氯化胆碱)∶n(酒石酸)=2∶1	0
10	n(氯化锌)∶n(乙酰胺)=1∶2	10
11	n(氯化锌)∶n(尿素)=1∶2	0

① 反应条件：2-氯苯并噻唑（0.2mmol），对甲基苯硼酸（0.2mmol），焦亚硫酸钾（0.2mmol），DES（1.0mL），100℃加热搅拌反应 4h。

② 分离产率。

接着，探究了底物摩尔比对反应产率的影响，结果如表 3-8 所示。当 2-氯苯并噻唑与对甲基苯硼酸的摩尔比为 1∶2.5 时，产率最高可达 61%，说明对甲基苯硼酸量的增加可以增加反应物碰撞概率，促进反应发生。2-氯苯并噻唑与对甲基苯硼酸的摩尔比从 1∶2 增至 1∶2.5，产率增长缓慢，说明继续增加对甲基苯硼酸的量对产率的提高作用不大。因此，确定 2-氯苯并噻唑与对甲基苯硼酸的最佳摩尔比为 1∶2。

表 3-8　底物摩尔比对反应产率的影响①

序号	2-氯苯并噻唑/mmol	对甲基苯硼酸/mmol	产率②/%
1	0.4	0.2	31
2	0.3	0.2	30
3	0.2	0.2	28
4	0.2	0.3	34
5	0.2	0.4	58
6	0.2	0.5	61

① 反应条件：焦亚硫酸钾（0.2mmol），DES（1.0mL），100℃加热搅拌反应 4h。

② 分离产率。

反应温度是影响反应的重要因素，在反应底物最佳摩尔比条件下，探究了反应温度对反应产率的影响，结果如表 3-9 所示。目标产物的产率随着温度的升高而增加，表明升温对反应具有促进作用。当温度从 110℃升至 120℃时，产率几乎不变，因此，选择 110℃作为最佳反应温度。

表 3-9　反应温度对反应产率的影响①

序号	温度/℃	产率②/%
1	90	45
2	100	58
3	110	74
4	120	76

① 反应条件：2-氯苯并噻唑（0.2mmol），对甲基苯硼酸（0.4mmol），焦亚硫酸钾（0.2mmol），DES（1.0mL），加热搅拌反应 4h。

② 分离产率。

在考察了 DES 种类、底物摩尔比、反应温度等条件后，接着对反应时间进行了优化，结果如表 3-10 所示。缩短反应时间，目标产物产率下降，反应 3h 时目标产物产率只有 52%；延长反应时间至 7h 产率达 81%，继续延长反应时间至 9h，反应产率与 7h 相差不大。综合考虑能源及时效，选择 7h 为最佳反应时间。

表 3-10　反应时间对反应产率的影响①

序号	时间/h	产率②/%
1	3	52
2	5	77
3	7	81
4	9	79

① 反应条件：2-氯苯并噻唑（0.2mmol），对甲基苯硼酸（0.4mmol），焦亚硫酸钾（0.2mmol），DES（1.0mL），110℃加热搅拌反应。

② 分离产率。

3.6.4　反应底物拓展

为了探究该方法的普适性，在优化的最佳反应条件下，考察了带有各种不同取代基的 2-氯苯并噻唑与对甲基苯硼酸的反应情况，结果如图 3-19 所示。实验结果表明，带有给电子基的 2-氯苯并噻唑（**3-6 C-2**、**3-6 C-3**）取得了良好产率，分别为 85%、78%。2-氯苯并噻唑上带有可进一步转化的卤素原子（氟、氯、溴）进行反应时，目标化合物（**3-6 C-4**～**3-6 C-7**）均获得了良好的产率（63%～83%）。此外，卤素在 2-氯苯并噻唑的相对位置也会影响反应产率，这可能是因为空间位阻的影响，导致 4-氯取代的产物（**3-6 C-5**）产率（79%）较高于 6-氯取代的产物（**3-5 C-6**）产率（71%）。2-氯-4,6-二氟苯并噻唑和 2-氯苯并噻唑的 6 号位带有中性基团的底物也能以中等的产率（56%、60%）得到目标物（**3-6 C-8**、**3-6 C-9**）。然而，有吸电子基的 2-氯苯并噻唑（**3-6 C-10**～**3-6 C-12**）反应效果不太理想，产率相对较低（<35%）。

随后，探究了卤代烷的适用性（图 3-20）。碘甲烷参与反应时，能够获得 62%的产物（**3-6 F-1**）。3-溴丙烯参与反应时得到产率为 21%含有末端双键的产物（**3-6 F-2**）。正丁基溴参与反应时也能得到 30%的产物（**3-6 F-3**）。碘甲烷与一系列硼酸反应效果良好，碘甲烷与 3-甲基苯硼酸反应

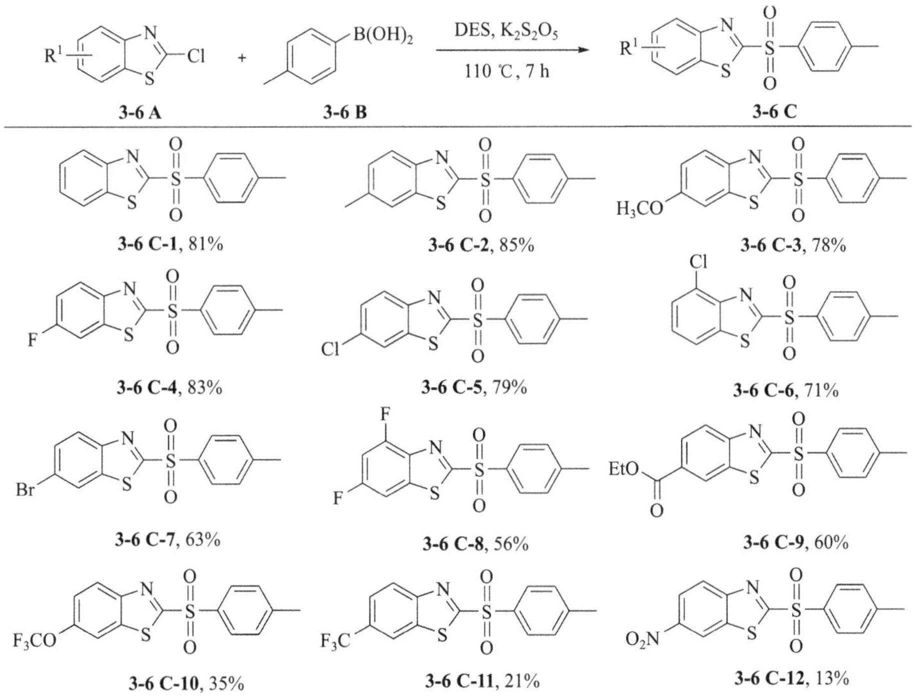

图 3-19 在 DES 中合成苯并噻唑衍生物

反应条件：2-氯苯并噻唑类化合物（0.2mmol），对甲基苯硼酸（0.4mmol），焦亚硫酸钾（0.2mmol），DES（1.0mL），110℃加热搅拌反应 7h。产率为分离产率

时，能得到 50%的产率（**3-6 F-4**），苯硼酸对位带有不同给电子基团（如甲硫基、异丙基、叔丁基）参与反应时，都能获得中等以上的产率，分别为 51%（**3-6 F-5**）、63%（**3-6 F-6**）、54%（**3-6 F-7**）。苯硼酸对位带有不同吸电子基（如苯基、羟基）的底物参与反应时，反应效果相对较差，其对应产率分别为 26%（**3-6 F-8**）、<10%（**3-6 F-12**）。含有大共轭基团的 1-萘硼酸、2-萘硼酸、9-菲硼酸参与反应时，也取得较好产率，分别为 49%（**3-6 F-9**）、58%（**3-6 F-10**）、48%（**3-6 F-11**）。

紧接着，进一步探究了芳基硼酸的底物适用性，结果如图 3-21 所示。甲基在苯硼酸上的位置会影响反应产率，甲基位于苯硼酸的邻位时，受空间位阻影响，反应效果较差，产率为 41%（**3-6 I-2**）；甲基位于间位时，反应受到一定的影响，产率为 54%（**3-6 I-3**）。苯硼酸上带有卤素原子

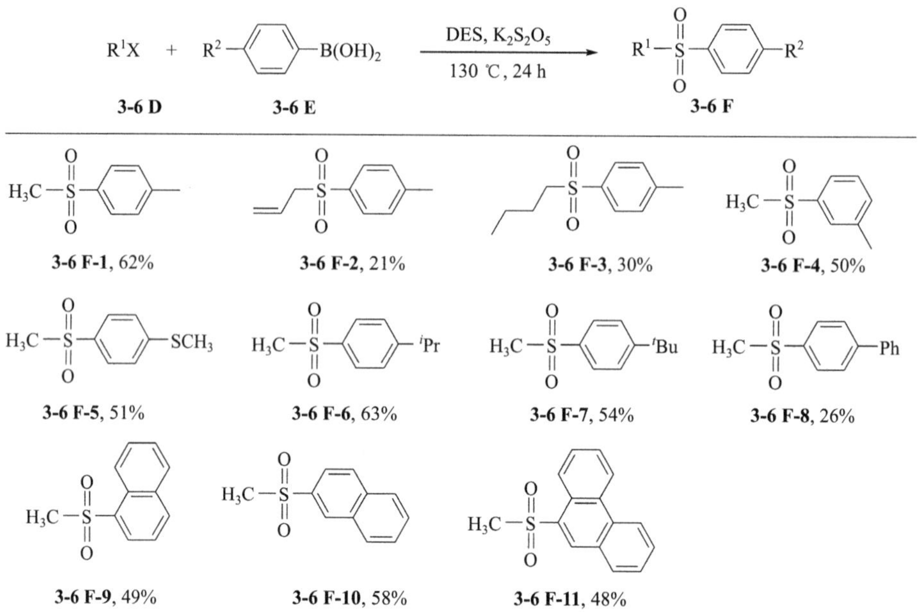

图 3-20　卤代烷底物范围

反应条件：烷基卤代物（1.0mmol），对甲基苯硼酸（0.4mmol），焦亚硫酸钾（0.4mmol），DES（1.0mL），130℃加热搅拌反应 24h。产率为分离产率

（氟、氯、溴）时，反应仍可顺利发生，并且获得良好产率，分别为 77%（**3-6 I-8**）、79%（**3-6 I-9**）、83%（**3-6 I-10**）。然而，苯硼酸对位带有强吸电子的三氟甲基的反应效果较差，产率为 31%（**3-6 I-15**）。此外，拥有大共轭基团的 9-菲硼酸，在该条件下参与反应时可以很好的兼容，得到了产率 38%的目标化合物（**3-6 I-17**）。另外 1-萘硼酸和 2-萘硼酸也能很好地参与反应，1-萘硼酸的反应效果较 2-萘硼酸差，可能是 1-萘基的相对位阻较大。与此同时，探究了烯基硼酸的适用性，结果表明，碳碳双键可以在此反应条件下很好地兼容，并未受到破坏。1-甲基-1*H*-吲唑是分子材料的重要骨架，其作为底物进行反应时也能顺利得到目标产物（**3-6 I-22**），产率为 57%。此外，探究了杂环硼酸的适用性，噻吩硼酸参与反应时获得了 67%的产率（**3-6 I-23**）。

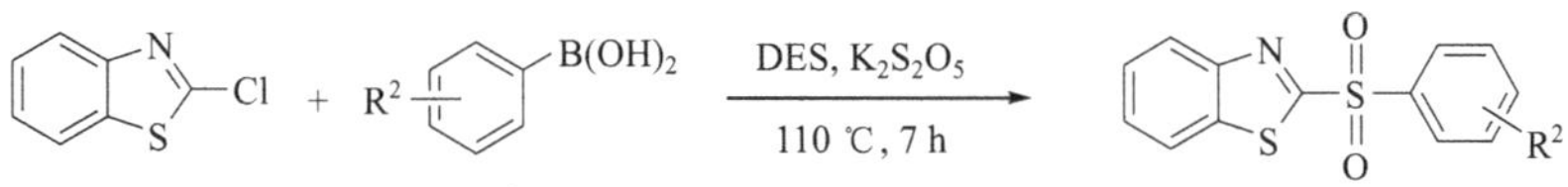

3-6 G **3-6 H** **3-6 I**

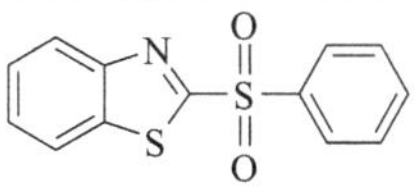

3-6 I-1, 52%

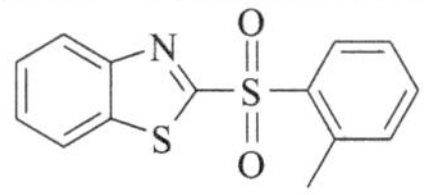

3-6 I-2, 41%

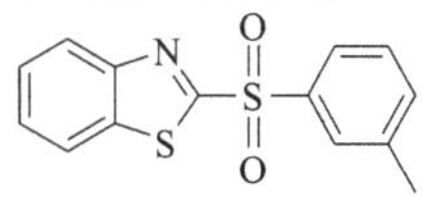

3-6 I-3, 54%

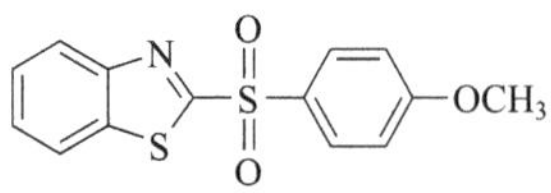

3-6 I-4, 89%

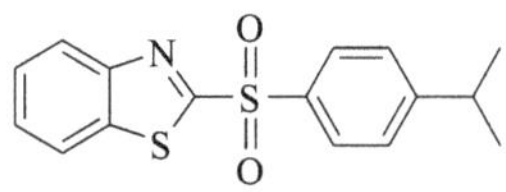

3-6 I-5, 58%

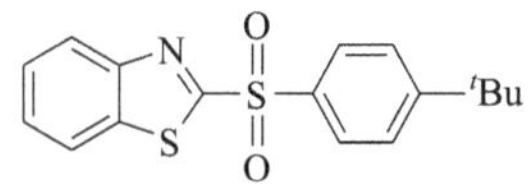

3-6 I-6, 68%

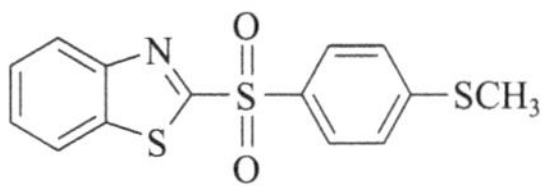

3-6 I-7, 80%

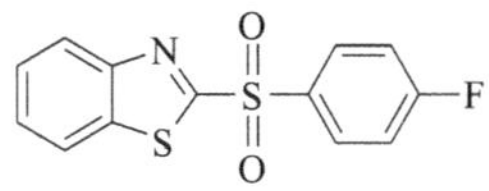

3-6 I-8, 77%

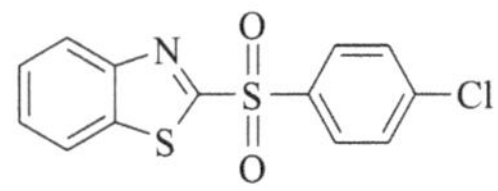

3-6 I-9, 79%

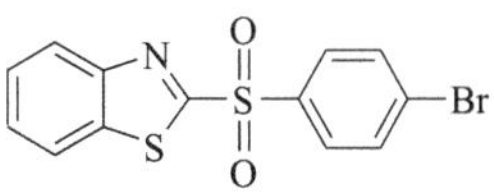

3-6 I-10, 83%

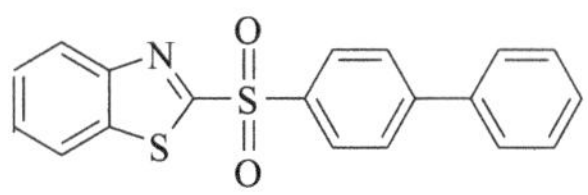

3-6 I-11, 85%

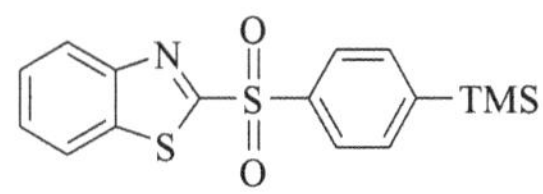

3-6 I-12, 90%

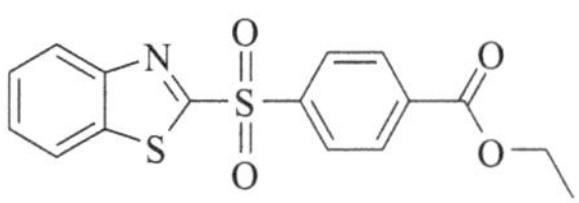

3-6 I-13, 73%

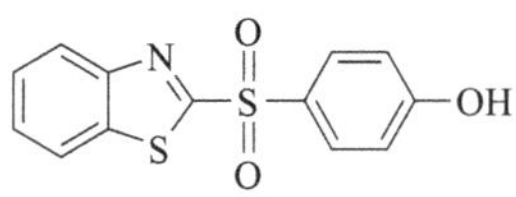

3-6 I-14, 75%

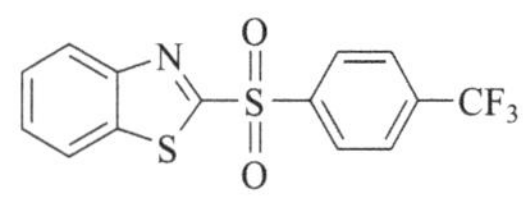

3-6 I-15, 31%

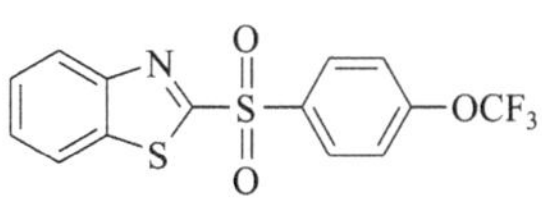

3-6 I-16, 72%

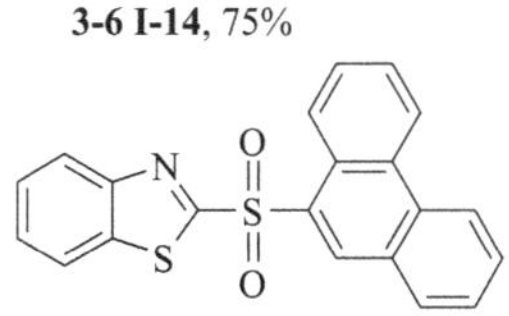

3-6 I-17, 38%

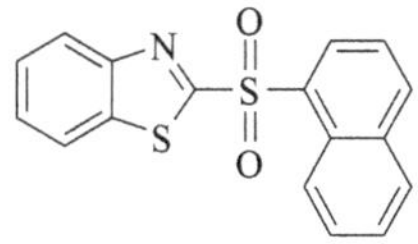

3-6 I-18, 21%

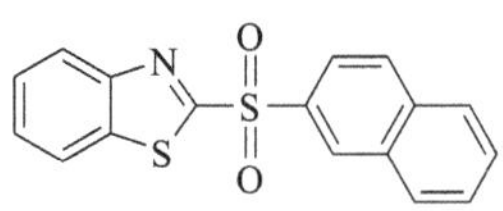

3-6 I-19, 72%

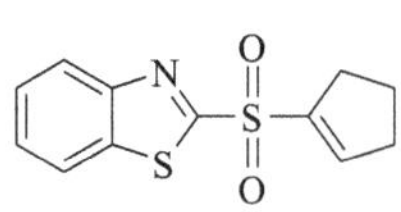

3-6 I-20, 28%

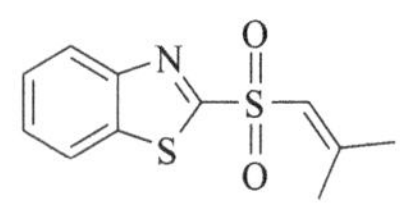

3-6 I-21, 39%

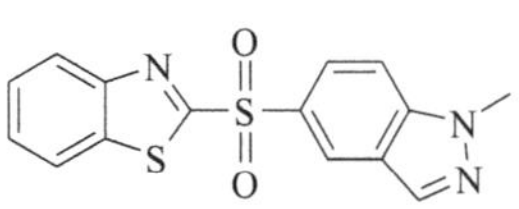

3-6 I-22, 57%

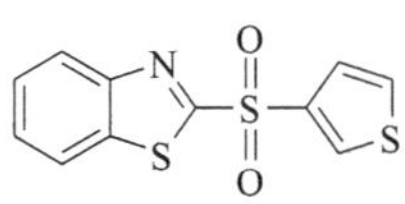

3-6 I-23, 67%

图 3-21　苯硼酸的底物范围

反应条件：2-氯苯并噻唑（0.2mmol），硼酸类化合物（0.2mmol），焦亚硫酸钾（0.2mmol），DES（1.0mL），110℃加热搅拌反应 7h。产率为分离产率

3.6.5 反应机理探究

基于相关文献报道[44]，反应可能的机理如图 3-22 所示。首先，氯化胆碱和乙酰胺形成的低共熔溶剂与芳基硼酸结合生成中间体 **A**，随后焦亚硫酸钾产生的 SO_2 插入中间体 **A** 中生成亚磺酸盐中间体 **B**[45]。最后，中间体 **B** 在不同亲电试剂的作用下得到砜类化合物 **C**。

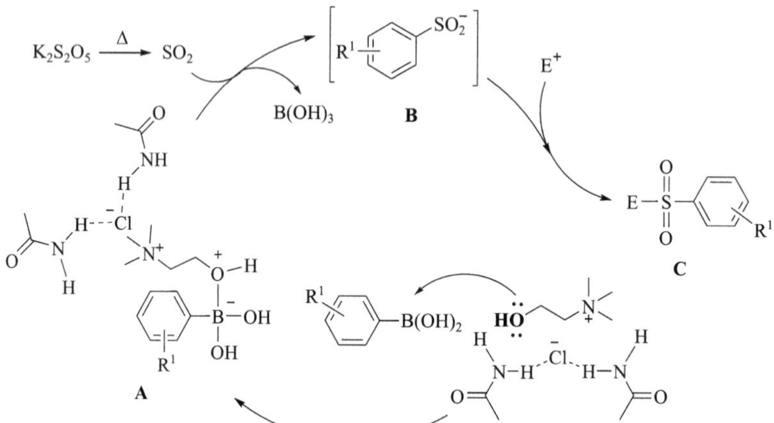

图 3-22　在 DES 中合成砜类化合物的反应机理

3.6.6 DES 循环实验

在优化的反应条件下，探究了 DES 的可循环使用次数，实验结果如图 3-23 所示。反应结束后，用水与乙酸乙酯（2×5mL）萃取 5 次。合并有机相，减压蒸馏浓缩，经柱色谱分离得产品；水相经 80℃ 真空干燥 3.0h 后重新使用。DES 可在相同条件下重复使用 5 次，产率仅略有下降，证明了其具有良好的稳定性和可回收性。

3.7 氯化胆碱/乙醇低共熔溶剂协同光催化合成喹唑啉酮类化合物

喹唑啉酮的传统合成路线通常需要使用酸（p-TsOH、H_3PO_3）、强氧化剂［二氯二氰基苯醌（DDQ）、过氧叔丁醇（TBHP）］或金属（Cu、Pd、Ru、Bi）催化剂等催化酰胺和醛发生缩合反应。过量酸和氧化剂的

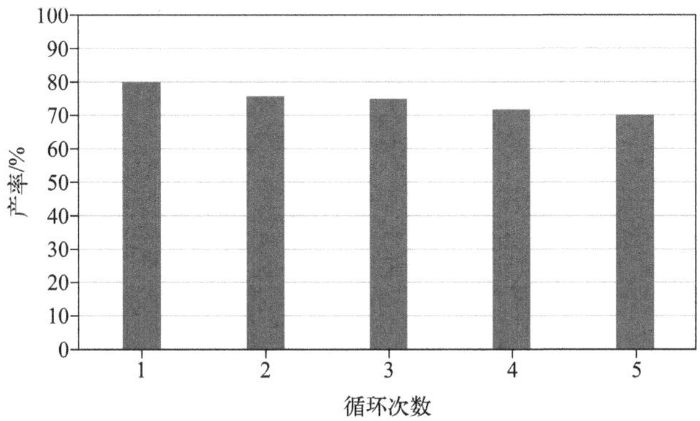

图 3-23　DES 的可循环使用情况

使用会带来严重的环境污染，过量金属催化剂的使用则会增加反应后处理难度。光催化反应凭借其设备简单、反应条件温和等优势，已成功应用于喹唑啉酮杂环化合物的合成。Yang 等[46]报道了在可见光和二甲基亚砜（DMSO）作用下无需酸或金属催化剂的氧化环化合成高附加值喹唑啉酮产物的方法。低共熔溶剂（DES）作为绿色溶剂，同样具有绿色、安全等优势，能够在无催化剂、无添加剂的条件下参与反应，无污染、易处理，且可循环利用。基于此，笔者报道了一种以硫氰酸铵/乙醇（或氯化胆碱/乙醇）低共熔溶剂协同光催化合成喹唑啉酮类化合物的方法（图 3-24）。

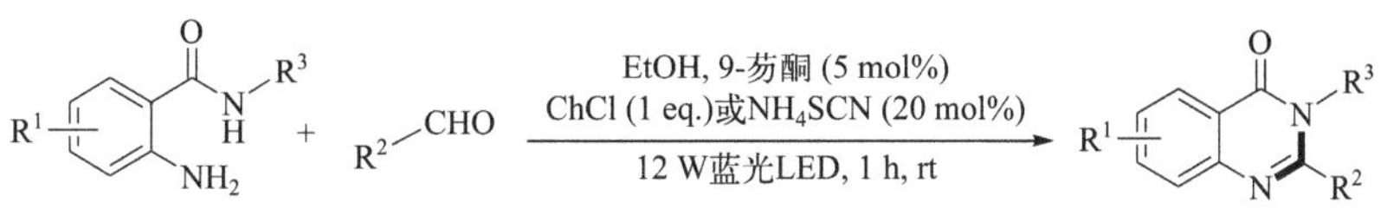

3-7 A　　3-7 B　　3-7 C

图 3-24　低共熔溶剂协同光催化合成喹唑啉酮类化合物

3.7.1　喹唑啉酮类化合物合成

在试管中依次加入 0.2mmol 取代 2-氨基苯甲酰胺、20mol%硫氰酸铵（或 1.0 当量的氯化胆碱）、5mol% 9-芴酮、2mL 甲醇和 0.6mmol 醛。在室温下，用 12W 的蓝光 LED 灯照射试管 1h，并以 350～400r/min 的转速搅拌。反应进程通过 TLC 监测（展开剂：石油醚/乙酸乙酯＝6∶1）。反应完成后，用乙酸乙酯或二氯甲烷与水萃取 3～5 次，合并有机相，经减压蒸馏浓缩，得到固体粗产物。该粗产物通过硅胶柱色谱分离纯化，得到相应的目标产物。

条件筛选：反应结束后，将反应液完全转移至 25mL 容量瓶中，用色谱级甲醇定容，摇匀。随后，采用高效液相色谱（HPLC）进行定性和定量分析（分析条件：甲醇/水＝65∶35，UVD，$\lambda_{max}=254nm$，$u=1mL/min$，$T=33℃$），计算产率。

3.7.2 反应条件优化

（1）光催化剂对模板反应产率的影响

为提高反应产率，选择 2-氨基苯甲酰胺（**3-7 A-1**）和苯甲醛（**3-7 B-1**）作为模板反应底物，考察了一系列的光催化剂，结果如表 3-11 所示。无光催化剂时，仅检测到微量目标产物（表 3-11，序号 1）。使用蒽醌或三联吡啶氯化钌六水合物{$[Ru(bpy)_3]Cl_2 \cdot 6H_2O$}作为光催化剂时，仅获得 22%和 48%的目标产物（表 3-11，序号 2 和 3）。令人欣喜的是，使用 9-芴酮作为光催化剂时，获得了最高 93%的产率（表 3-11，序号 4）。使用玫瑰红或伊红-Y 作为光催化剂时，产率分别为 75%和 82%（表 3-7，序号 5 和 6），低于 9-芴酮。因此，9-芴酮是最佳的光催化剂。

表 3-11　不同光催化剂对模板反应产率的影响①

序号	光催化剂	产率②/%
1	—	微量
2	蒽醌	22
3	三联吡啶氯化钌六水合物	48
4	9-芴酮	93
5	玫瑰红	75
6	伊红-Y	82

① 反应条件：0.1mmol **3-7 A-1**，0.3mmol **3-7 B-1**，光催化剂（5mol%），硫氰酸铵（20mol%），乙醇（1mL），12W 蓝光 LED 灯，1h。

② 产率为经 HPLC 分离的产率，后简称 HPLC 产率。

（2）光源对模板反应产率的影响

在确定9-芴酮为最佳光催化剂后，考察了光源对模板反应产率的影响，结果如表3-12所示。实验表明，无光照或在白光LED灯照射下，仅检测到微量和产率为10%的产物。使用蓝光LED灯照射时，获得了95%的产率。当使用绿色LED灯或黄光LED灯代替蓝光LED灯照射时，检测到微量产物。因此，选择12W蓝光LED灯作为反应光源。

表3-12 光源对模板反应产率的影响①

序号	光源	产率②/%
1	白光LED	10
2	蓝光LED	95
3	绿光LED	微量
4	黄光LED	微量
5	—	微量

①反应条件：0.1mmol **3-7 A-1**，0.3mmol **3-7 B-1**，9-芴酮（5mol%），硫氰酸铵（20mol%），乙醇（1mL），12W LED光源，1h。

② HPLC产率。

（3）添加剂对模板反应产率的影响

在确定最佳光催化剂和光源的基础上，考察了一些含铵添加剂对反应产率的影响，结果如表3-13所示。当反应时间为3h时，使用氯化胆碱（1当量）获得了93%的产率（表3-13，序号1）。当反应时间为1h时，使用硫氰酸铵（20mol%）获得了91%的产率（表3-13，序号2）。使用其他含铵添加剂［如六氟磷酸铵、碘化铵、氨基甲酸铵、*N*,*N*-二甲基乙醇胺、四丁基溴化铵（1当量）、四丁基碘化铵（1当量）］时，仅获得微量产物（表3-13，序号3～8）。综合考虑时间因素，选择硫氰酸铵（20mol%）作为最佳添加剂。

表3-13 含铵添加剂对模板反应产率的影响①

序号	添加剂	产率②/%
1③	氯化胆碱(1当量)	93

续表

序号	添加剂	产率[2]/%
2	硫氰酸铵(20mol%)	91
3	六氟磷酸铵	微量
4	碘化铵	微量
5	氨基甲酸铵	微量
6	*N*,*N*-二甲基乙醇胺	微量
7	四丁基溴化铵(1当量)	微量
8	四丁基碘化铵(1当量)	微量

① 反应条件：0.1mmol **3-7 A-1**，0.3mmol **3-7 B-1**，9-芴酮（5mol%），添加剂（20mol%），乙醇（1mL），12W 蓝光 LED 灯，1h。

② HPLC 产率。

③ 反应时间为 3h。

(4) 底物摩尔比对反应产率的影响

随后进一步探究了底物摩尔比对反应产率的影响，结果如表 3-14 所示。当邻氨基苯甲酰胺（**3-7 A-1**）与苯甲醛（**3-7 B-1**）的比例为 1∶1 时，产率仅为 48%。随着苯甲醛摩尔比增加到 1∶3，产物产率增加至 95%。与底物摩尔比为 1∶2 时相比，摩尔比为 1∶3 的产率增长并不显著。综合考量，选择 **3-7 A-1** 和 **3-7 B-1** 的摩尔比 1∶3 作为最佳条件。

表 3-14　底物摩尔比对模板反应产率的影响[1]

序号	底物摩尔比($n_{\mathbf{3\text{-}7\ A\text{-}1}}$∶$n_{\mathbf{3\text{-}7\ B\text{-}1}}$)	产率[2]/%
1	1∶1	48
2	1∶1.5	70
3	1∶2	87
4	1∶3	95

① 反应条件：9-芴酮（5mol%），硫氰酸铵（20mol%），乙醇（1mL），12W 蓝光 LED 灯，1h。

② HPLC 产率。

(5) 其他溶剂对模板反应产率的影响

基于上述最佳条件，探究了在硫氰酸铵或氯化胆碱存在下，添加其他溶剂对反应产率的影响，结果分别如表 3-15 和表 3-16 所示。在硫氰酸铵体系中添加其他溶剂（如二甲基亚砜、乙腈、1,4-二氧六环、正己烷、二氯甲烷）时，产物产率均远低于添加乙醇溶剂时的产率。在氯化胆碱体系中添加其他溶剂（如乙腈、1,4-二氧六环、正己烷、二氯甲烷）时，仅获得微量产物。添加 DMSO 溶剂或乙醇溶剂时分别获得 56%和 92%的产物。实验结果表明，在硫氰酸铵和氯化胆碱体系中添加乙醇溶剂的产率最高。

表 3-15　在硫氰酸铵中添加其他溶剂对反应产率的影响①

序号	溶剂	产率②/%
1	乙醇	95
2	二甲基亚砜	29
3	乙腈	21
4	1,4-二氧六环	微量
5	正己烷	微量
6	二氯甲烷	微量

① 反应条件：0.1mmol **3-7 A-1**，0.3mmol **3-7 B-1**，9-芴酮（5mol%），硫氰酸铵（20mol%），溶剂（1mL），12W 蓝光 LED 灯，1h。

② HPLC 产率。

表 3-16　在氯化胆碱中添加其他溶剂对反应产率的影响①

序号	溶剂	产率②/%
1	乙醇	92
2	二甲基亚砜	56
3	乙腈	微量
4	1,4-二氧六环	微量
5	正己烷	微量
6	二氯甲烷	微量

① 反应条件：**3-7 A-1**（0.1mmol），**3-7 B-1**（0.3mmol），9-芴酮（5mol%），氯化胆碱（1eq.），溶剂（1mL），12W 蓝光 LED 灯，3h。

② HPLC 产率。

3.7.3　反应底物拓展

最后，考察了带有不同取代基的 2-氨基苯甲酰胺和醛，以探索该方法的普适性，结果如图 3-25 所示。使用氯、溴取代的 2-氨基苯甲酰胺进行底物拓展时，产率良好，分别以 79%（**3-7 C-2**）和 75%（**3-7 C-3**）的产率获得目标产物。使用 5-甲氧基-2-氨基苯甲酰胺进行反应时，相应产物（**3-7 C-4**）的产率为 77%。当 2-氨基苯甲酰胺的酰胺氮上带有取代基时（如 *N*-甲基-2-氨基苯甲酰胺），反应仍能顺利进行，分别以 88%（**3-7 C-5**）和 95%（**3-7 C-6**）的产率获得目标产物。当 *N*-甲基-2-氨基苯甲酰胺与对甲基苯甲醛反应时，以 96%的高产率获得目标产物（**3-7 C-7**）。考察完不同类型的 2-氨基苯甲酰胺后，尝试使用不同芳香醛和脂肪醛制备喹唑啉酮类衍生物。无论芳香醛含有吸电子基团还是给电子基团，均能以良好的产率获得目标产物。含有给电子基团如对甲基苯甲醛和对甲氧基苯甲

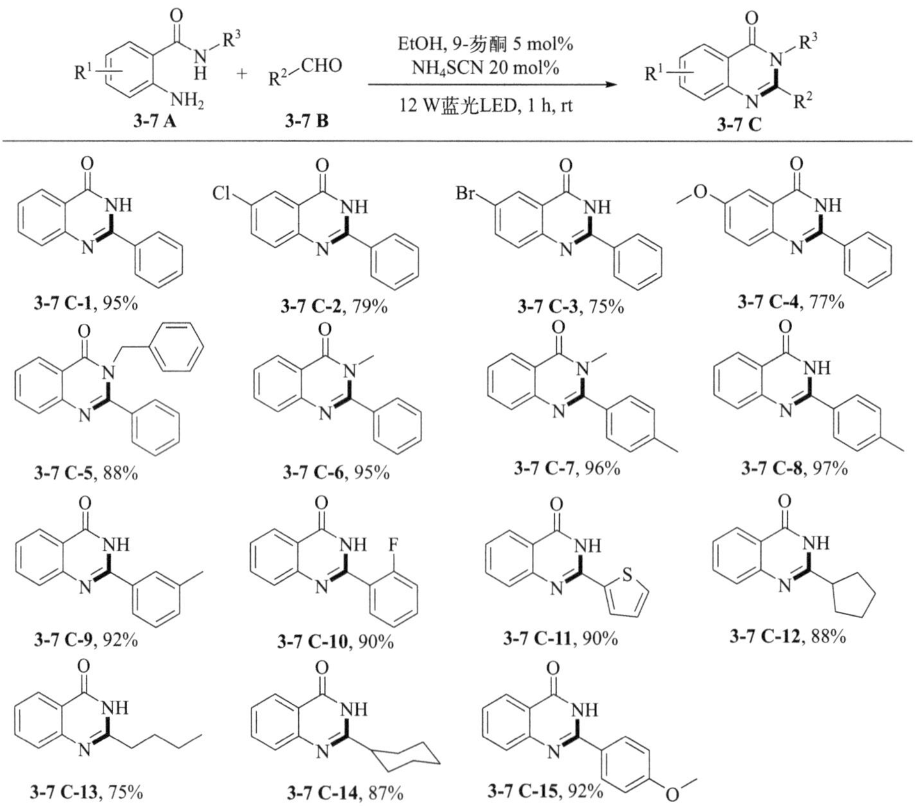

图 3-25 9-芴酮催化合成喹唑啉酮类衍生物

反应条件：0.2mmol **3-7 A**，0.6mmol **3-7 B**，9-芴酮（5mol%），硫氰酸铵（20mol%），乙醇（1mL），12W 蓝色 LED 灯，1h。产率为柱色谱产率

醛，分别得到 97%（**3-7 C-8**）和 92%（**3-7 C-15**）的产率。间甲基苯甲醛也以 92%（**3-7 C-9**）的产率获得目标产物。吸电子基团的产率略低于给电子基团，如 2-氟苯甲醛，得到 90%（**3-7 C-10**）的产率。令人欣喜的是，使用噻吩甲醛进行反应时，以 90%（**3-7 C-11**）的优异产率获得相应产物。随后考察了不同的脂肪醛，环己烷甲醛、环戊烷甲醛和戊醛也都能顺利转化为相应的喹唑啉酮（**3-7 C-14**，**3-7 C-12** 和 **3-7 C-13**），并获得优异的产率。

3.7.4 反应机理探究

为深入探究硫氰酸铵（或氯化胆碱）的作用，进行了对照实验［式(3-3)］，结果如表 3-17 所示。在没有光源、光催化剂、硫氰酸铵或氯化胆碱的情况下，均仅检测到微量产物（表 3-17，序号 1～3）。在标准条件下向模板反应中加入自由基抑制剂 2,2,6,6-四甲基哌啶氧化物（TEMPO），反应被完全抑制（表 3-17，序号 4）。实验结果表明该反应涉及自由基过程。随后，通过氮气置换实验，使模板反应在氮气氛围中进行，结果仅获得 10%的产率（表 3-17，序号 5）。实验结果表明模板反应需要空气中的氧气参与。

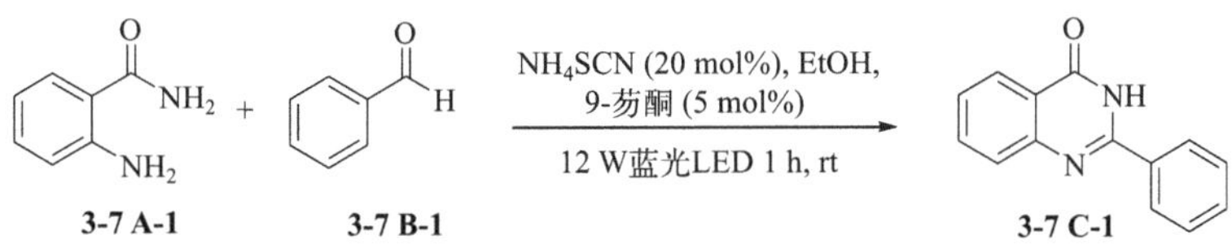

3-7 A-1　**3-7 B-1**　**3-7 C-1**　(3-3)

表 3-17　模板反应对照实验①

序号	标准条件的变化	产率②/%
1	无光照	微量
2	不加 9-芴酮	微量
3	不加硫氰酸铵或氯化胆碱	微量
4	TEMPO(1.0eq.)	微量
5	N_2	10
6	标准条件	95

① 反应条件：0.1mmol **3-7 A-1**，0.3mmol **3-7 B-1**，9-芴酮（5mol%），硫氰酸铵（20mol%），乙醇（1mL），12W 蓝光 LED 灯，1h。

② HPLC 产率。

为理解光催化反应过程，开展了反应中间体到产物的对照实验［式(3-4)］，结果如表 3-18 所示。在没有光源、光催化剂的情况下，以非常低的产率获得产物（表 3-18，序号 1、2 和 4）。在没有硫氰酸铵的情况下，得到了 82%的产率（表 3-18，序号 3）。实验结果表明从中间体到产物的反应过程为光催化过程。在标准条件下，得到了 99%的产率（表 3-18，序号 5）。实验结果表明，硫氰酸铵能够促进环化和脱氢两步反应。

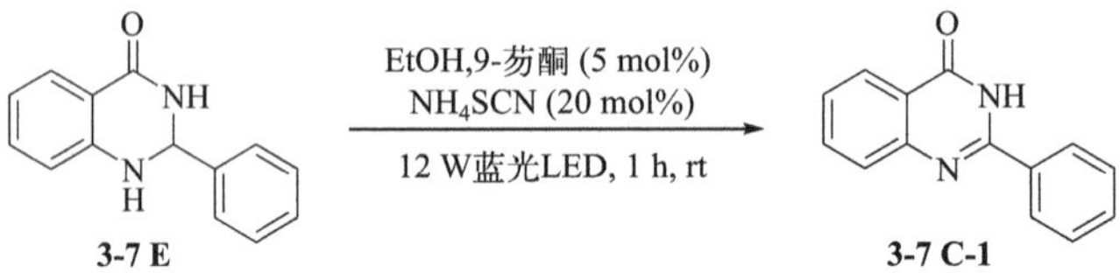

(3-4)

表 3-18　中间体反应对照实验①

序号	标准条件的变化	产率②/%
1	不加光	微量
2	不加 9-芴酮	13
3	不加硫氰酸铵	82
4	不加硫氰酸铵和 9-芴酮	6
5	标准条件	99

① 反应条件：二氢喹唑啉酮（**3-7 E**），9-芴酮（5mol%），硫氰酸铵（20mol%），12W 蓝光 LED 灯，乙醇（1mL），1h。

② HPLC 产率。

基于对照实验结果和相关文献报道[47-49]，提出了可能的反应机理，如图 3-26 所示。首先，硫氰酸铵和乙醇可形成低共熔溶剂，催化 **3-7 A-1** 和 **3-7 B-1** 脱水环化形成中间体 **3-7 E**。在蓝光诱导下，9-芴酮（PC）被激发为 PC^*。中间体 **3-7 E** 被激发态 PC^* 氧化为 **3-7 E′**，同时产生 PC^{*-}。随后，PC^{*-}被 O_2 氧化再生成 PC，并形成超氧自由基（$O_2^{\cdot -}$）。随后，中间体 **3-7 E′**在超氧自由基作用下形成最终产物 **3-7 C-1** 和过氧化氢。

3.8 氯化胆碱/葡萄糖低共熔溶剂中合成 2-氨基-4*H*-色烯类化合物

2-氨基-4*H*-色烯类化合物广泛存在于天然产物中。其中，部分化合物

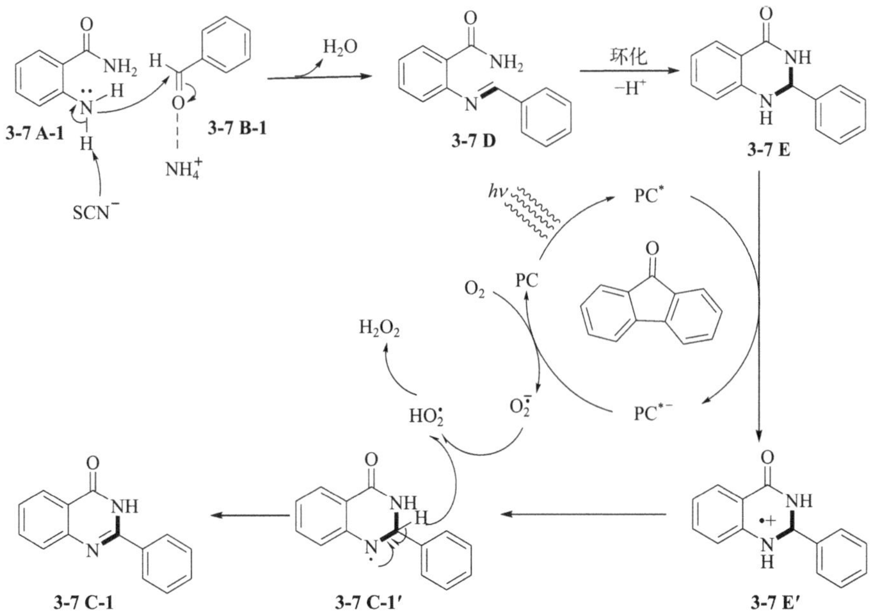

图 3-26　在硫氰酸铵/乙醇低共熔溶剂中合成喹唑啉酮类衍生物的反应机理

是众所周知的抗氧化剂和抗凝剂，另一些则具有药理学特性，如抗微生物和抗肿瘤活性。此外，多取代的 2-氨基-4*H*-色烯类化合物广泛用于光电材料、染料、超分子识别和生物医学等领域[49-51]。因此，近年来针对这些化合物的有机合成研究显著增加。2-氨基-4*H*-色烯类化合物的合成可使用多种不同催化剂。例如水杨醛和丙二腈与硝基甲烷在溴化钠电解质存在下反应合成 2-氨基-4*H*-色烯骨架［图 3-27(a)］。类似地，水杨醛、丙二腈和吲哚在 *N*,*N*′-二氧化物-Zn(Ⅱ) 络合物催化下合成手性 2-氨基-4*H*-色烯类化合物［图 3-27(b)］。许多其他催化剂也可用于此类化合物的合成，如 ZnO 纳米颗粒、负载聚苯乙烯的 *β*-甲苯磺酸、4-甲基二氨基吡啶、*β*-环糊精、油酸和三亚乙基二胺。然而，所用催化剂存在价格昂贵、反应时间较长、温度高以及过程复杂等问题[52-54]。目前，通过三组分偶联反应合成高度官能化的 2-氨基-4*H*-色烯类化合物仍具有挑战性。因此，开发高效、环保、可持续的绿色合成方法仍十分必要。

低共熔溶剂（DES）逐渐被用作新型绿色溶剂和催化剂，它具有低蒸

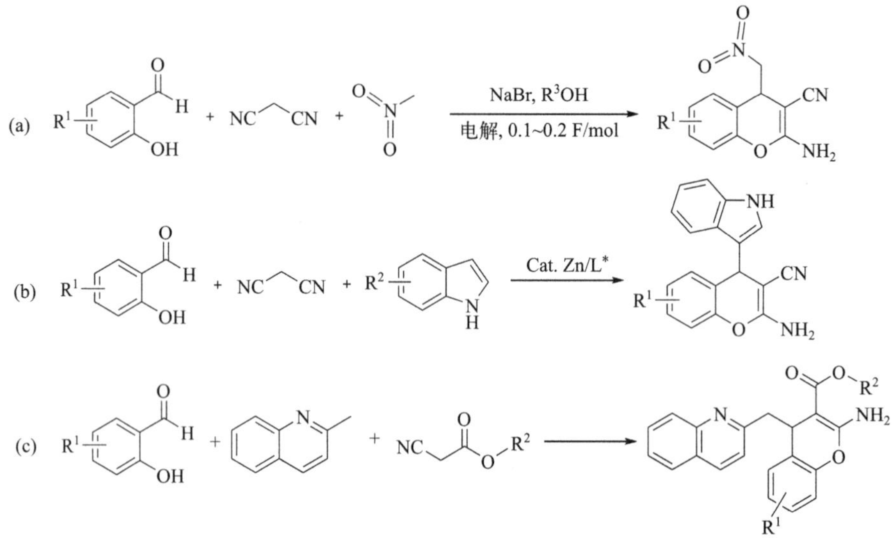

图 3-27 (a) 功能化的 2-氨基-4*H*-色烯骨架的电化学合成方法；
(b) 金属催化剂催化一锅合成 2-氨基-4*H*-色烯类化合物；
(c) 低共熔溶剂中一锅法合成 2-氨基-4*H*-色烯类化合物

气压、无毒、低成本、易得、可生物降解、性质可控和不易燃等优点。当DES由常见催化剂（如路易斯酸或碱）组分构成时，可同时起到催化剂和溶剂的双重作用。因此，本节使用DES作为溶剂和催化剂，将具有生物活性的甲基喹啉化合物引入2-氨基-4*H*-色烯骨架的4-位，开发了一种利用氯化胆碱/葡萄糖低共熔溶剂作为反应介质，通过水杨醛、甲基喹啉化合物和氰基化合物一锅法合成2-氨基-4*H*-色烯类化合物的新方法［图3-27(c)］。

3.8.1 DES 制备

在10mL具塞试管中加入氯化胆碱与葡萄糖（摩尔比为1∶1），混合均匀，然后在100℃油浴锅中加热搅拌至形成均一、透明液体（一般需30min），冷却备用。

3.8.2 2-氨基-4*H*-色烯类化合物合成

向10mL具塞试管中加入水杨醛（0.2mmol）、2-甲基喹啉/4-甲基喹啉（0.4mmol）、氰基乙酸甲酯（0.4mmol）和氯化胆碱/葡萄糖低共熔溶剂（1mL），在80℃油浴中反应2h。反应进程通过TLC监测（石油醚/乙酸乙酯=2∶1，体积比）。反应完成后，用乙酸乙酯萃取5次，合并有机相，经减压蒸馏浓缩，得到粗产物，再通过柱色谱法纯化（石油醚/乙酸乙酯=2∶1，体积比），得到纯产物。

3.8.3 反应条件优化

（1）低共熔溶剂对反应产率的影响

首先选择水杨醛、2-甲基喹啉和氰基乙酸甲酯为模板反应底物［式(3-5)］，考察了几种常见的低共熔溶剂，结果如表3-19所示。由于某些低共熔溶剂黏度较大，需要在较高温度下充分搅拌，因此选择80℃为反应温度进行研究。在n(氯化胆碱)∶n(葡萄糖)=1∶1组成的低共熔溶剂中，获得了最佳结果，产率为71%。在n(氯化胆碱)∶n(甘油)=1∶2组成的低共熔溶剂中，目标产物产率仅为27%。其他低共熔溶剂中未检测到目标产物。单独使用氯化胆碱或葡萄糖时，也未检测到目标产物。因此，最终选择氯化胆碱/葡萄糖（摩尔比1∶1）的低共熔溶剂作为最佳反应介质。

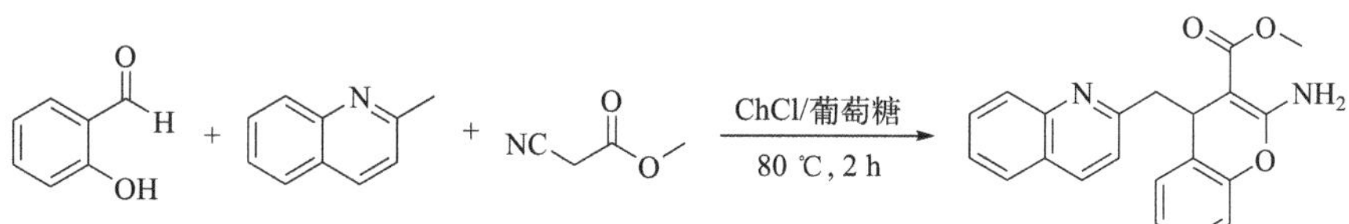

3-8 A-1　3-8 B-1　3-8 C-1　3-8 D-1

(3-5)

表3-19 模板反应在不同低共熔溶剂中的产率[①]

序号	DES组成	产率[②]/%
1	n(氯化胆碱)∶n(氯化锌)=1∶2	0
2	n(氯化胆碱)∶n(尿素)=1∶2	0
3	n(氯化胆碱)∶n(甘油)=1∶2	27
4	n(氯化胆碱)∶n(葡萄糖)=1∶1	71
5	n(氯化胆碱)∶n(乙二醇)=1∶2	0

续表

序号	DES组成	产率②/%
6	葡萄糖	0
7	氯化胆碱	0

① 反应条件：0.4mmol 水杨醛，0.4mmol 2-甲基喹啉，0.2mmol 氰基乙酸甲酯，1mL DES，80℃油浴中搅拌反应 2h。

② 柱色谱产率。

（2）添加其他溶剂对反应产率的影响

由于 n(氯化胆碱)∶n(葡萄糖)＝1∶1 组成的低共熔溶剂的熔点为50℃，并且黏度相对较大，为降低黏度，尝试向该 DES 中添加不同溶剂作为稀释剂，结果列于表 3-20 中。发现添加不同溶剂导致产率不同程度降低，这可能是破坏了 DES 自身的氢键网络体系，从而降低了反应活性。因此，最终选择纯的 n(氯化胆碱)∶n(葡萄糖) ＝1∶1 低共熔溶剂进行后续反应。

表 3-20 在模板反应的 DES 中添加不同溶剂的产率①

序号	溶剂	产率②/%
1	—	71
2	水	34
3	*N*,*N*-二甲基甲酰胺(DMF)	12
4	DMSO	＜5
5	氯苯	0
6	二甲苯	0

① 反应条件：0.4mmol 水杨醛，0.4mmol 2-甲基喹啉，0.2mmol 氰基乙酸甲酯，1mL DES，80℃油浴中搅拌反应 2h。

② 柱色谱产率。

（3）底物摩尔比对反应产率的影响

使用选定的氯化胆碱/葡萄糖低共熔溶剂，考察了底物摩尔比对反应产率的影响，结果如表 3-21 所示。当 2-甲基喹啉和氰基乙酸甲酯过量时，产率有所提高。水杨醛/2-甲基喹啉/氰基乙酸甲酯摩尔比为 1∶2∶2 时，获得最高产率 77%。因此，选择 1∶2∶2 作为最佳底物摩尔比。

表 3-21　底物摩尔比对模板反应产率的影响①

序号	底物摩尔比($n_{3\text{-}8\ A\text{-}1}$ ∶ $n_{3\text{-}8\ B\text{-}1}$ ∶ $n_{3\text{-}8\ C\text{-}1}$)	产率②/%
1	1∶1∶1	56
2	2∶1∶1	56
3	1∶2∶1	62
4	1∶1∶2	72
5	2∶2∶1	71
6	2∶1∶2	65
7	1∶2∶2	77

① 反应条件：1mL DES，80℃油浴中搅拌反应 2h。

② 柱色谱产率。

(4) 时间对反应产率的影响

接着研究了不同反应时间下目标产物的产率，结果如图 3-28 所示。随着反应时间增加，产率逐渐提高；反应在 2h 时基本完成。因此，选择 2h 作为最佳反应时间。

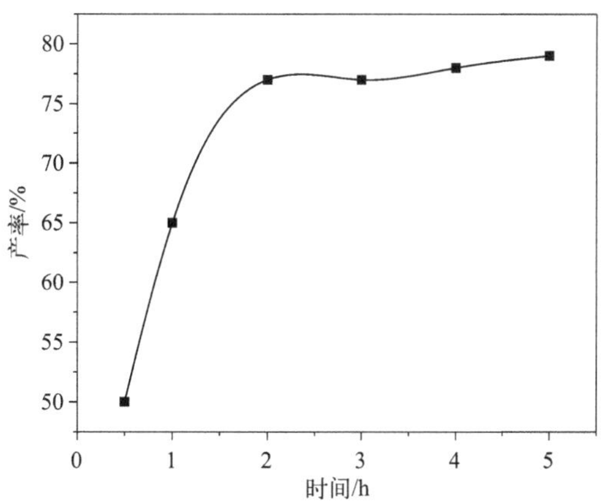

图 3-28　时间对反应产率的影响

(5) 温度对反应产率的影响

温度不仅影响 DES 的黏度和稳定性，也影响反应速率。随后，考察了不同温度对反应产率的影响，结果如图 3-29 所示。温度升高至 80℃，产率逐渐提高；温度高于 80℃时，产率随之降低。因此，选择 80℃作为最佳反应温度。

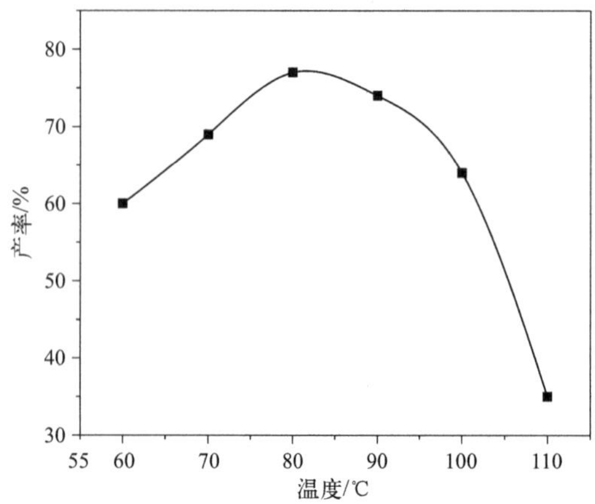

图 3-29　温度对反应产率的影响

3.8.4　反应底物拓展

在确定最佳反应条件后，选用一系列取代的水杨醛与氰基化合物和 2-甲基喹啉或 4-甲基喹啉进行反应，考察了该实验方法的底物适用性。如图 3-30 和图 3-31 所示，反应均能以中等至良好的产率得到目标产物。水杨醛上含有甲基或甲氧基取代基时，产率良好（**3-8 D-2**～**3-8 D-5**）。含有卤素取代基时，产率有所降低（**3-8 D-6**～**3-8 D-8**）。当氰基化合物为丙二腈或 3-氧代丁腈时，产率也明显降低（**3-8 D-14**，**3-8 D-15**）。总体而言，大多数拓展底物具有良好的反应活性，能以中等至良好产率获得相应产物。

3.8.5　反应机理探究

为阐明反应机理，开展了对照实验（图 3-32）。在 DES 中，**1a**（水杨醛）和 **3a**（氰基乙酸甲酯）反应生成中间体 **5a**，但 **1a** 与 **2a**（2-甲基喹啉）不反应，**2a** 与 **3a** 也不反应。根据相关文献[55]报道可知，水杨醛和丙二腈反应产生亚氨基苯并吡喃［图 3-32(e)］。因此推测 **5a′**可能是 **1a** 和 **3a** 反应的中间体，但该中间体亚氨基不稳定，其可迅速与 **2a** 反应生成目标产物 **4a**［图 3-32(g)］。

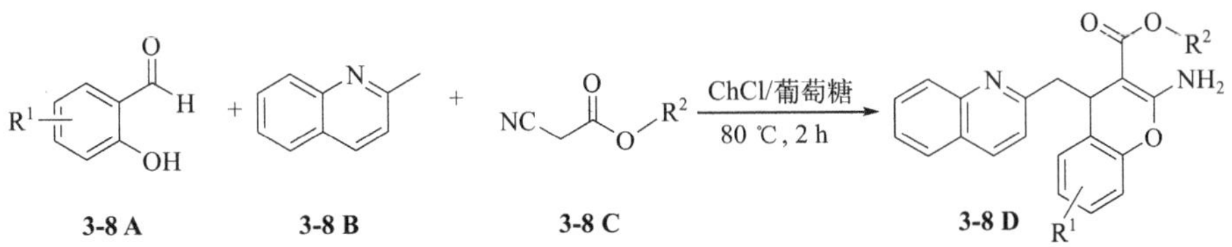

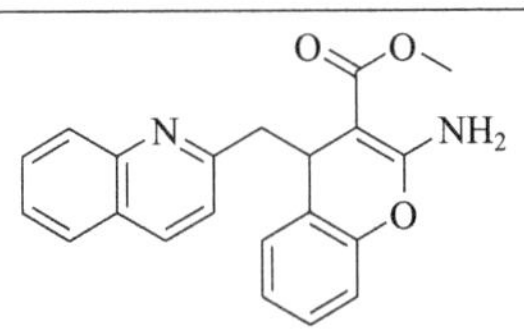

3-8 D-1, 77%

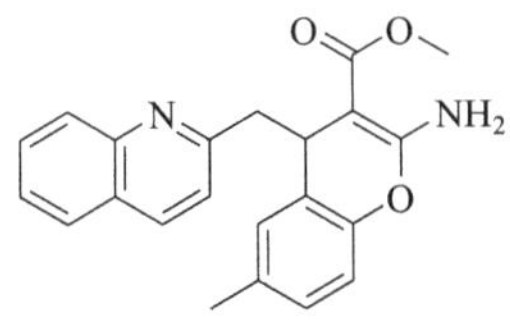

3-8 D-2, 74%

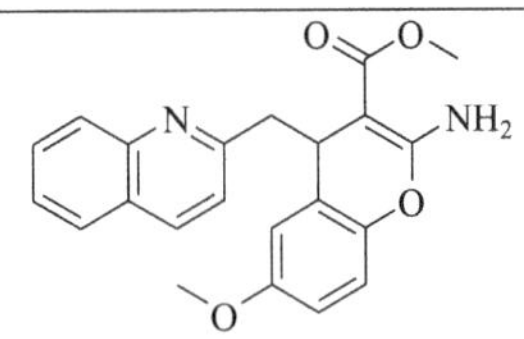

3-8 D-3, 79%

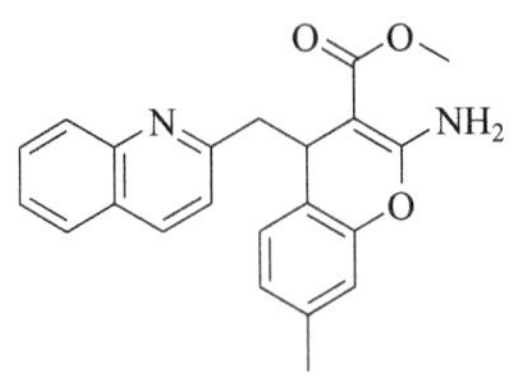

3-8 D-4, 80%

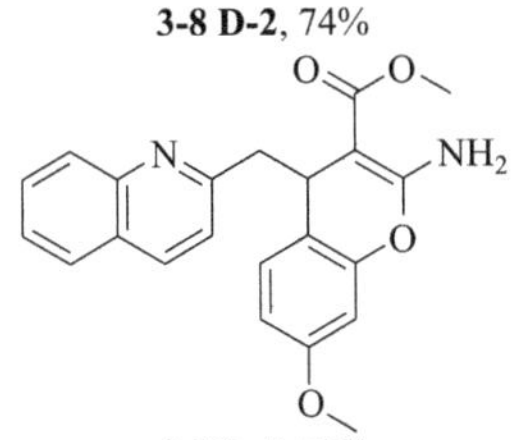

3-8 D-5, 76%

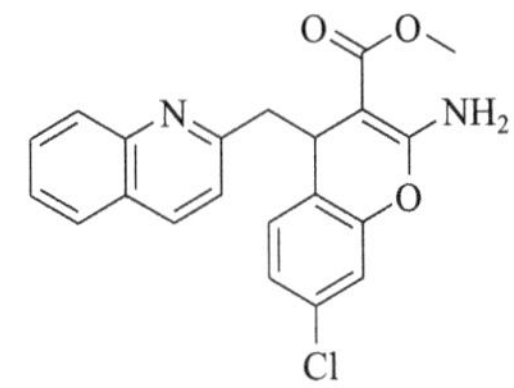

3-8 D-6, 65%

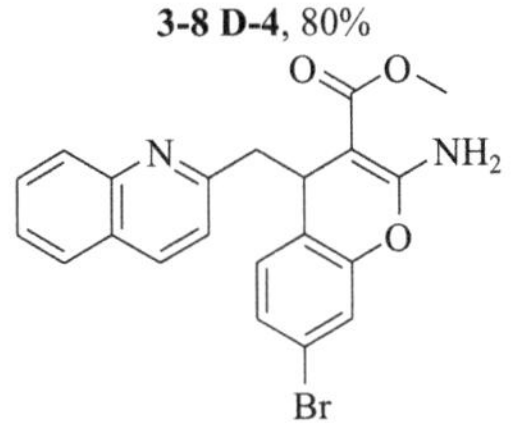

3-8 D-7, 63%

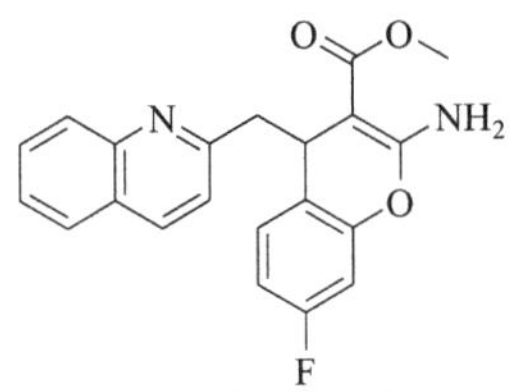

3-8 D-8, 57%

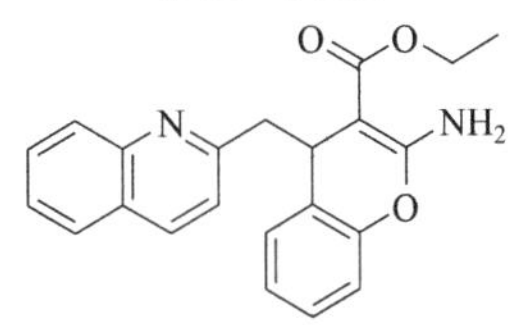

3-8 D-9, 64%

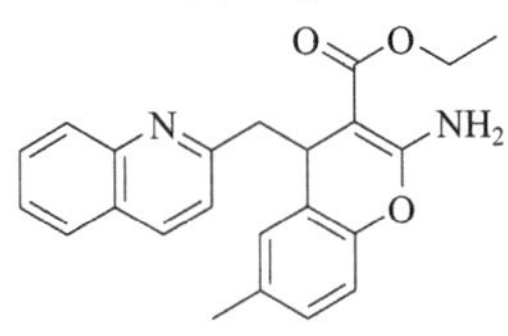

3-8 D-10, 66%

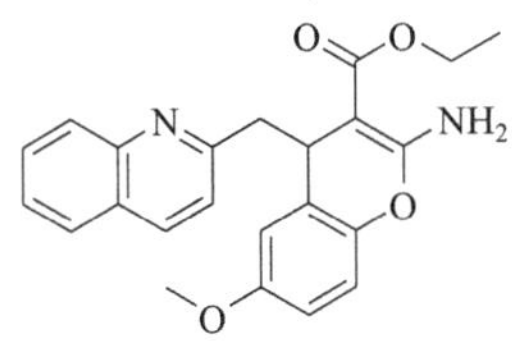

3-8 D-11, 68%

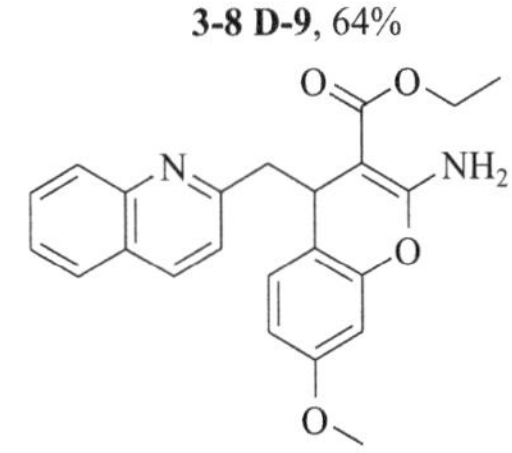

3-8 D-12, 74%

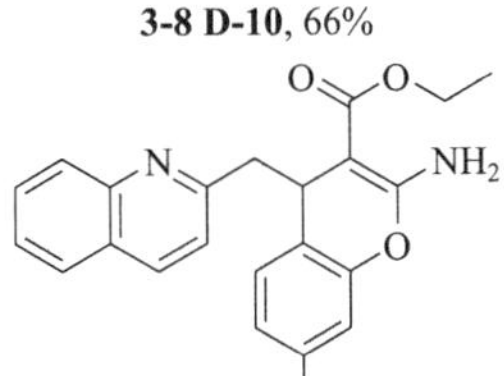

3-8 D-13, 72%

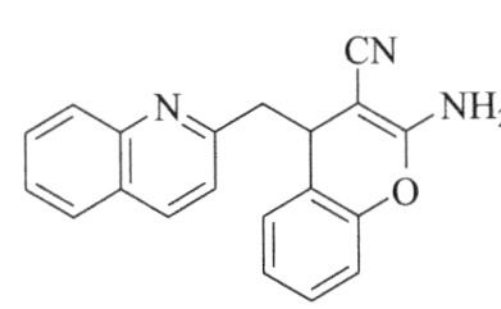

3-8 D-14, 48%

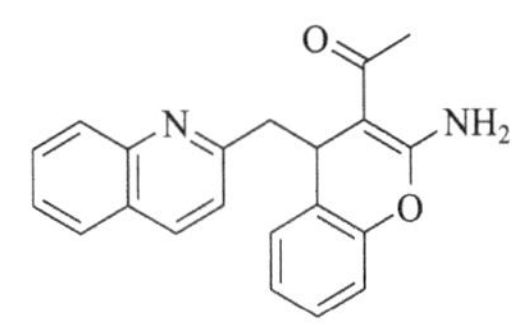

3-8 D-15, 45%

图 3-30 低共熔溶剂中一锅法合成 2-氨基-4*H*-色烯的 2-甲基喹啉类化合物

反应条件：0.2mmol 水杨醛，0.4mmol 2-甲基喹啉，0.4mmol 氰基乙酸甲酯，1mL DES，80℃油浴中搅拌反应 2h。产率为柱色谱产率

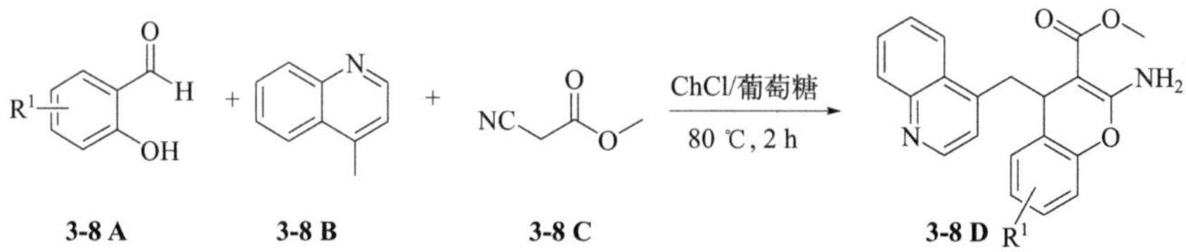

3-8 A　　3-8 B　　3-8 C　　3-8 D

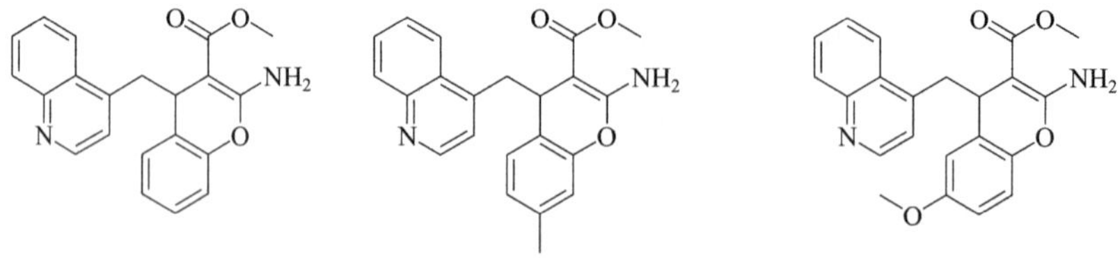

3-8 D-16, 55%　　**3-8 D-17**, 63%　　**3-8 D-18**, 66%

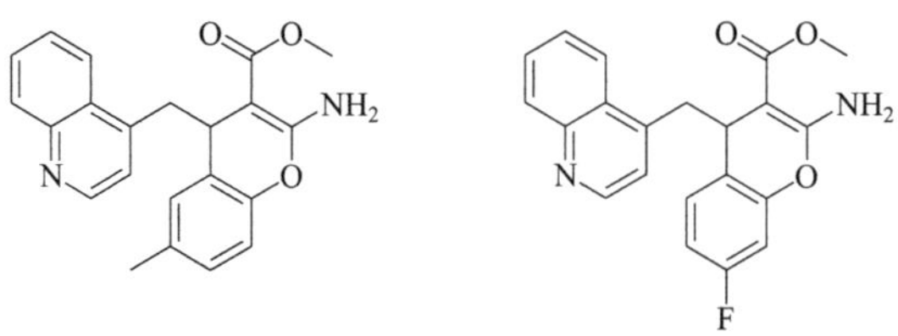

3-8 D-19, 61%　　**3-8 D-20**, 65%

图 3-31　低共熔溶剂中一锅法合成 2-氨基-4*H*-色烯的 4-甲基喹啉类衍生物

反应条件：0.2mmol 水杨醛，0.4mmol 4-甲基喹啉，0.4mmol 氰基乙酸甲酯，1mL DES，80℃油浴中搅拌反应 2h。产率为柱色谱产率

(a) 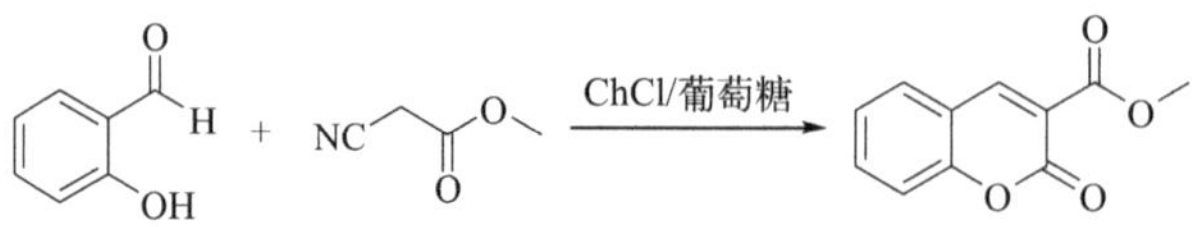

1a　**3a**　**5a**

(b) 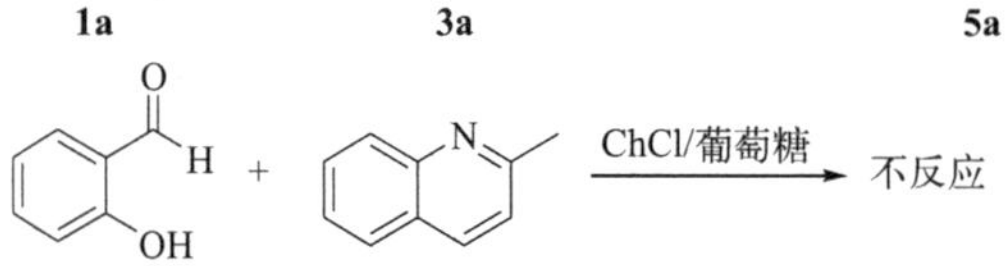

1a　**2a**

(c) 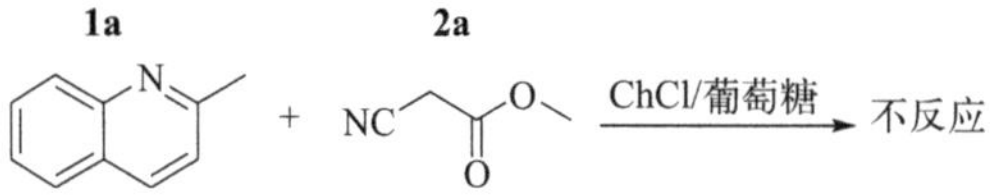

2a　**3a**

(d) 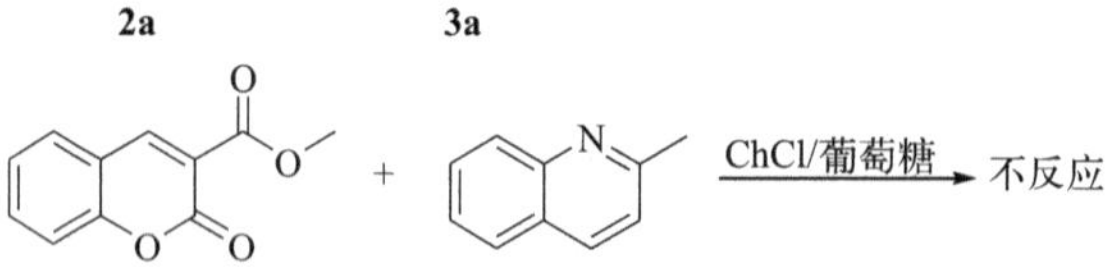

5a　**2a**

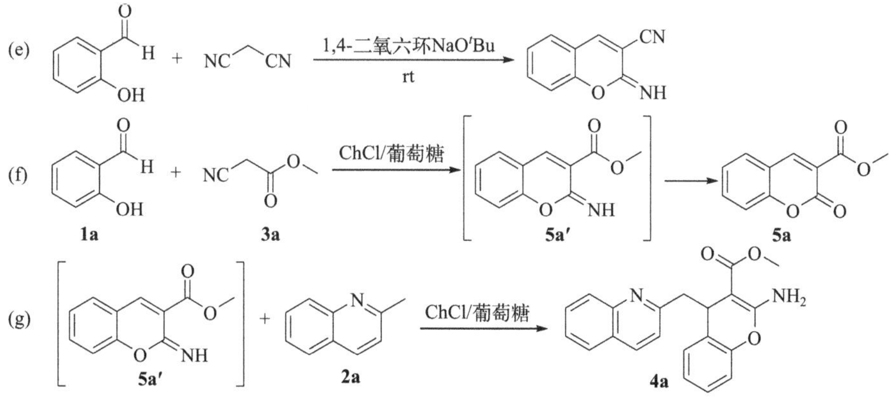

图 3-32 机理研究对照实验

基于上述对照实验结果和相关的文献报道，提出该催化反应的可能机理（图 3-33）。首先，氯化胆碱中的有机阳离子攻击水杨醛（**1a**）上的羰基氧，活化羰基碳。随后，氰基乙酸甲酯（**3a**）的富电子碳负离子亲核进攻活化的羰基碳形成中间体，伴随着带正电的胆碱阳离子脱离，形成的中

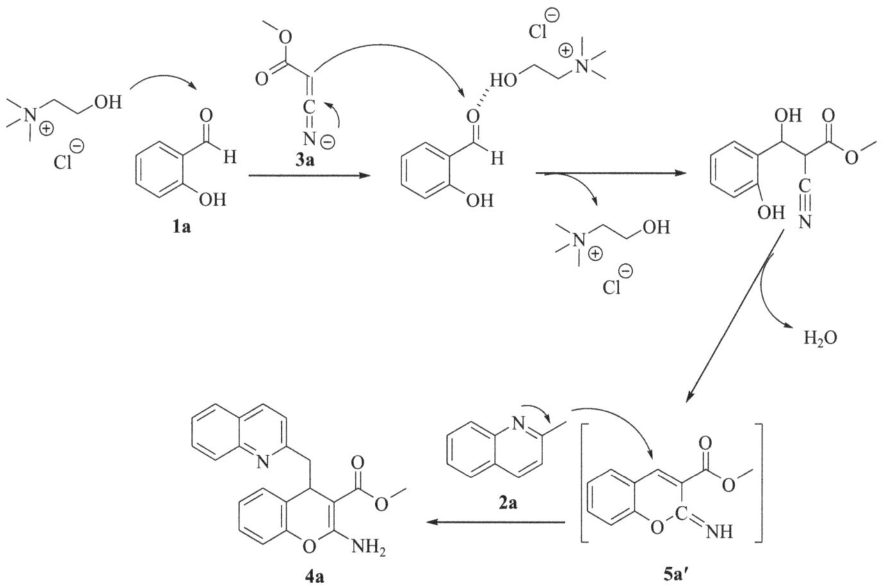

图 3-33 在氯化胆碱/葡萄糖低共熔溶剂中合成 2-氨基-4*H*-色烯类化合物的反应机理

间体含有羟基。由于该中间体不稳定，脱水后形成亲电烯烃中间体（类似于 Knoevenagel 缩合产物）。此中间体与 2-甲基喹啉（**2a**）发生迈克尔加成反应，最终环化形成目标产物 **4a**。

3.9 氯化胆碱/甘油低共熔溶剂合成 2-羟甲基-2-苯基-2,3-二氢-4（1*H*）-喹唑啉酮类化合物

喹唑啉酮类衍生物作为药物组分中的重要骨架，具有广泛的药物活性。其中，2,3-二氢喹唑啉-4-(1*H*)-酮类衍生物具有广泛的药理活性，可应用于抗癌、止痛、抗惊厥、抗帕金森病、抗菌、利尿、单胺氧化酶抑制、植物生长调节和抗高血压等方面[56-58]（图 3-34）。鉴于其显著的生物活性，合成该类化合物并开发其应用潜力具有重要意义，也激发了合成化学家的极大兴趣。目前已开发出一系列合成方法，主要分为四类：①邻氨基苯甲酰胺与醛在 Brønsted 酸、Lewis 酸或其他酸催化下的环缩合反应；②Fe/AcOH、$TiCl_4$/Zn、SiO_2-$HClO_4$ 促进邻硝基苯甲酰胺或邻叠氮苯甲酰胺与醛的一锅还原环化反应；③在 $ZnCl_2$、K_3PO_4、氢氧化胆碱或 *N*-杂环卡宾的催化下，由 2-氨基苯甲腈和醛一锅法合成；④在酸性条件下靛红酸酐、醛和乙酸铵一锅合成法。然而，这些方法存在酸碱过度使用、易导致环境污染、金属催化剂易氧化且难回收、副反应多、反应条件苛刻以及底物范围局限等问题。

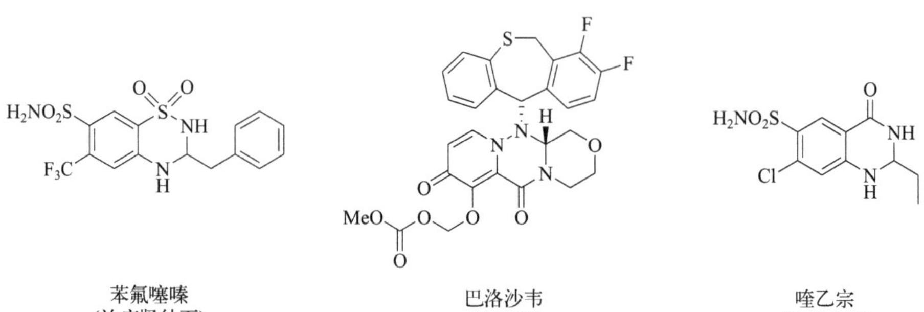

苯氟噻嗪
(治疗肾结石)

巴洛沙韦
(抗病毒)

喹乙宗
(治疗水肿)

图 3-34　2,3-二氢喹唑啉-4-(1*H*)-酮类药物中间体

低共熔溶剂作为一种新型绿色溶剂，能够在无催化剂、无添加剂的条件下促进反应进行，无毒、无污染、易处理，且可循环利用。基于此，研究者开发了一种以氯化胆碱/甘油（摩尔比 1∶2）作为反应介质，利用 2-氨基苯甲酰胺和 α-羟基苯乙酮合成 2-羟甲基-2-苯基-2,3-二氢-4-(1H)-喹唑啉酮类化合物的新方法（图 3-35）。

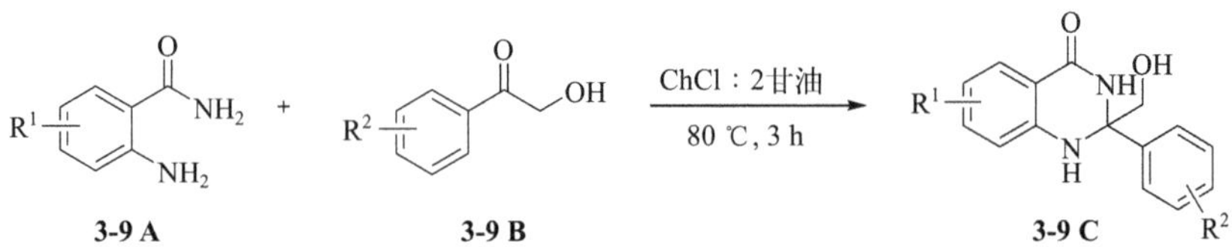

图 3-35 氯化胆碱/甘油低共熔溶剂催化合成 2-羟甲基-2-苯基-2,3-二氢-4-(1H)-喹唑啉酮类化合物

3.9.1 DES 制备

在 10mL 具塞试管中加入氯化胆碱与甘油（摩尔比为 1∶2），加入搅拌子，混合均匀，转速调至搅拌子刚好正常转动，然后在 100℃加热搅拌至形成均一、透明液体（通常需要 10～20min），冷却至室温备用。合成其他 DES 只需更换相应摩尔比的氢键供体和氢键受体。

3.9.2 2-羟甲基-2-苯基-2,3-二氢-4（1H）-喹唑啉酮类化合物合成

向盛有低共熔溶剂的 10mL 具塞试管中加入 2-氨基苯甲酰胺（0.2mmol）、α-羟基苯乙酮（0.8mmol），在 80℃加热搅拌反应 3h。反应进程通过 TLC 监测（展开剂：石油醚/乙酸乙酯＝2∶1，体积比）。反应完成后，加入 1mL 甲醇淬灭，将混合物转移至 25mL 容量瓶定容。取 1.0～1.5mL 溶液，经有机滤头（0.22μm）过滤后转移至液相小瓶，进行 HPLC 分析（流动相为甲醇∶水＝60∶40，UVD，λ_{max}＝254nm，u＝1mL/min，T＝30℃）。反应完成后用乙酸乙酯萃取五次，合并有机相，经减压蒸馏浓缩，得到棕色粉末状粗产物，再通过柱色谱法纯化（洗脱剂：石油醚/乙酸乙酯＝2∶1，体积比），得到纯净产物。

3.9.3 反应条件优化

(1) 低共熔溶剂对反应产率的影响

在DES催化下，以2-氨基苯甲酰胺与α-羟基苯乙酮为模板反应底物合成2-羟甲基-2-苯基-2,3-二氢-4(1H)-喹唑啉酮类化合物，考察了不同种类的DES对反应产率的影响（表3-22）。结果表明使用氯化胆碱/甘油（摩尔比1∶2）时产率为45%，使用氯化胆碱/乙二醇（摩尔比1∶2）时产率相对较低（33%），且底物选择性较差。而单独使用甘油时，催化效果优于其他DES，但选择性也不佳。其他DES（氯化胆碱/氯化锡、氯化胆碱/柠檬酸、氯化锌/尿素）仅检测到微量目标产物。因此，选择氯化胆碱/甘油（摩尔比1∶2）作为最佳反应介质。

表3-22　模板反应在不同低共熔溶剂中的产率①

序号	DES组成	产率②/%
1	n(氯化胆碱)∶n(甘油)=1∶2	45
2	n(氯化胆碱)∶n(乙二醇)=1∶2	33
3	n(氯化胆碱)∶n(葡萄糖)=1∶2	7
4	n(氯化胆碱)∶n(氯化锡)=1∶2	微量
5	n(氯化胆碱)∶n(柠檬酸)=1∶1	微量
6	n(氯化锌)∶n(尿素)=2∶7	微量
7	甘油	23
8	氯化胆碱	微量

① 反应条件：0.2mmol 2-氨基苯甲酰胺，0.8mmol α-羟基苯乙酮，0.5mL DES，80℃，2h。
② HPLC产率。

(2) 底物摩尔比对反应产率的影响

以氯化胆碱/甘油（摩尔比为1∶2）低共熔溶剂为反应介质，考察了底物摩尔比对反应产率的影响（表3-23）。结果表明，当2-氨基苯甲酰胺与α-羟基苯乙酮的摩尔比为1∶4时产率达到最高94%，说明增大摩尔比有利于促进反应，提高产物产率。但摩尔比从1∶4增加到1∶5时，产率无明显增长，且α-羟基苯乙酮消耗过大，成本过高。因此，最终选择1∶4作为最佳底物摩尔比。

表 3-23　底物摩尔比对模板反应产率的影响①

序号	底物摩尔比($n_{3\text{-}9\ A}$ ∶ $n_{3\text{-}9\ B}$)	产率②/%
1	3∶1	55
2	2∶1	47
3	1∶1	45
4	1∶2	68
5	1∶3	79
6	1∶4	94
7	1∶5	94

① 反应条件：不同摩尔比的 2-氨基苯甲酰胺和 α-羟基苯乙酮，0.5mL DES，80℃，2h。
② HPLC 产率。

（3）添加其他溶剂对反应产率的影响

在最佳底物摩尔比基础上，考察了有机溶剂和 DES 共同作为反应介质对反应产率的影响（表 3-24），实验结果发现都有反应发生，且在二甲苯溶剂中产率最高（76%）。数据分析表明，产率大致随溶剂极性增大而升高。在二甲苯、二甲基亚砜、1,4-二氧六环、环己烷等不能与 DES 形成分子内氢键的溶剂中，均可观察到其与氯化胆碱/甘油低共熔溶剂的分层现象，TLC 检测到二甲苯相中产物浓度较高。文献报道 DES 可用于萃取，2-羟甲基-2-苯基喹唑啉酮在二甲苯中的溶解度优于在 DES 中，可能促进了反应平衡移动，但也检测到部分原料残留，导致产率低于纯 DES 体系。而水、乙醇、1,2-二氯乙烷、乙腈和 *N*,*N*-二甲基甲酰胺（DMF）与甘油亲和性好，未出现分层，但稀释了 DES 浓度，导致产率降低。

表 3-24　添加其他溶剂对模板反应产率的影响①

序号	溶剂	产率②/%
1	—	90
2	二甲苯	76
3	二甲基亚砜	61
4	水	60
5	乙醇	58
6	1,2-二氯乙烷	57

续表

序号	溶剂	产率[2]/%
7	乙腈	29
8	1,4-二氧六环	12
9	*N*,*N*-二甲基甲酰胺	9
10	环己烷	7

① 反应条件：0.2mmol 2-氨基苯甲酰胺，0.8mmol α-羟基苯乙酮，0.5mL DES，0.5mL 溶剂，80℃，2h。

② HPLC 产率。

（4）温度对反应产率的影响

在最佳底物摩尔比条件下，考察了温度对反应产率的影响（表 3-25）。结果表明，100℃时产率达到 93%，但 80℃时产率与之接近，达到 94%。继续升高温度产率无明显变化，且对 DES 黏度影响不大。综合考虑，选择 80℃作为最佳反应温度。

表 3-25 温度对模板反应产率的影响[1]

序号	温度/℃	产率[2]/%
1	50	60
2	60	79
3	70	86
4	80	94
5	90	92
6	100	93

① 反应条件：0.2mmol 2-氨基苯甲酰胺，0.8mmol α-羟基苯乙酮，0.5mL DES，2h。

② HPLC 产率。

（5）时间对反应产率的影响

基于最佳反应温度，探究了时间对反应产率的影响，结果如表 3-26 所示。在 2～5h 时间段内，产率最高可达 98%（5h），但 2h 时产率已达 94%，延长时间带来的产率提升有限（仅 4%）。考虑到效率，选择 2h 为最佳反应时间。

表 3-26 时间对模板反应产率的影响①

序号	时间/h	产率②/%
1	0.5	62
2	1	74
3	2	94
4	3	94
5	4	94
6	5	98
7	6	98
8	7	97

① 反应条件：0.2mmol 2-氨基苯甲酰胺，0.8mmol α-羟基苯乙酮，0.5mL DES，80℃。

② HPLC 产率。

3.9.4 反应底物拓展

紧接着，考察了底物的适用范围（图 3-36）。使用 2-氨基苯甲酰胺衍生物进行底物拓展时，产率普遍不高。当酰胺基换成磺酰胺基时，产率达到 76%（**3-9 C-6**）。当 α-羟基苯乙酮中的苯基被其他取代基取代时，含有吸电子取代基的底物产率高于含有给电子取代基的底物。链状 α-羟基酮的产率高于芳香族 α-羟基苯乙酮，主要归因于空间位阻减小。同时发现，α-取代苯乙酮的反应产率优于未取代的苯乙酮（**3-9 C-12** 几乎不反应），表明 α-羟基能够活化羰基，促进反应进行。

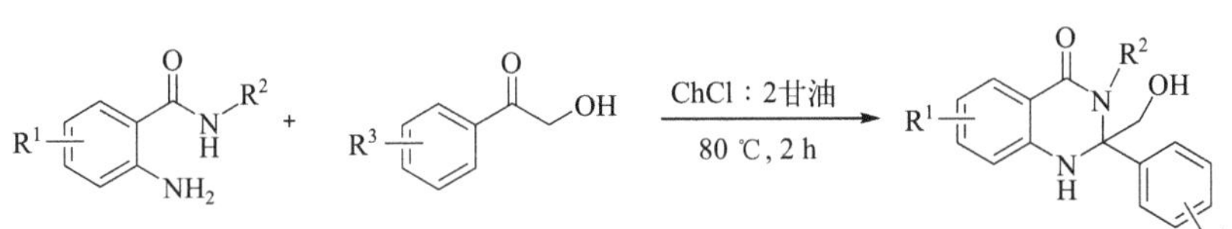

3-9 A **3-9 B** **3-9 C**

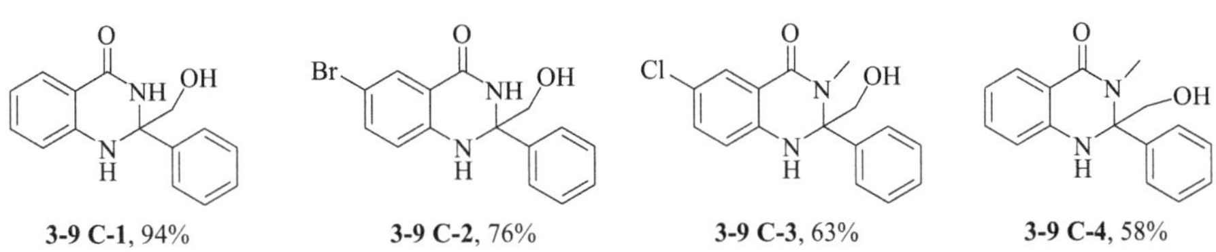

3-9 C-1, 94% **3-9 C-2**, 76% **3-9 C-3**, 63% **3-9 C-4**, 58%

图 3-36

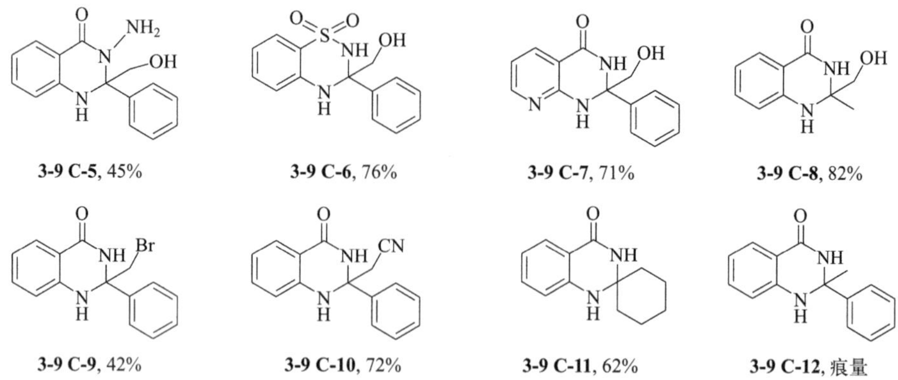

图 3-36　氯化胆碱/甘油低共熔溶剂催化合成 2-羟甲基-2-苯基-2,3-二氢-4(1*H*)-喹唑啉酮类化合物

3.9.5 反应机理探究

基于上述实验结果，提出了该反应可能的反应机理（图 3-37）。在 DES 活化下，α-羟基苯乙酮的羰基碳受到亲核进攻，与 2-氨基苯甲酰胺伯

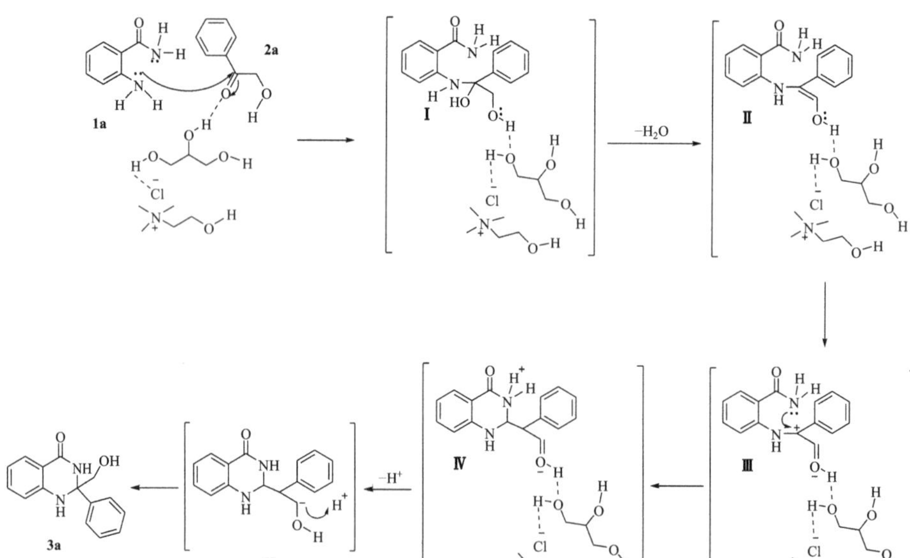

图 3-37　在氯化胆碱/甘油低共熔溶剂中合成 2-羟甲基-2-苯基-2,3-二氢-4(1*H*)-喹唑啉酮类化合物可能的反应机理

胺基上的孤对电子结合，脱水形成亚胺（席夫碱）中间体（Ⅱ）。随后，该中间体中的甲酰胺基在 DES 活化下，其羰基氧进攻亚胺碳，发生分子内的亲核加成反应，脱水环化形成最终喹唑啉酮产物。

参考文献

[1] Khalid A, Tahir S, Khalid A R, et al. Breaking new grounds: Metal salts based-deep eutectic solvents and their applications—A comprehensive review[J]. Green Chemistry, 2024, 26: 2421-2453.

[2] Smink D, Juan A, Schuur B, et al. Understanding the role of choline chloride in deep eutectic solvents used for biomass delignification[J]. Industrial & Engineering Chemistry Research, 2019, 58: 16348-16357.

[3] Lanjekar K J, Rathod V K. Green extraction of glycyrrhizic acid from *Glycyrrhiza glabra* using choline chloride based natural deep eutectic solvents (NADESs) [J]. Process Biochemistry, 2021, 102: 22-32.

[4] Liu K, Tan J N, Wei Y, et al. Application of choline chloride-based deep eutectic solvents for the extraction of dopamine from purslane (*Portulaca oleracea* L.) [J]. Results in Chemistry, 2022, 4: 100299.

[5] Maimulyanti A, Nurhidayati I, Mellisani B, et al. Development of natural deep eutectic solvent (NADES) based on choline chloride as a green solvent to extract phenolic compound from coffee husk waste[J]. Arabian Journal of Chemistry, 2023, 16: 104634.

[6] Aboshatta M, Magueijo V. A comprehensive study of CO_2 absorption and desorption by choline-chloride/levulinic-acid-based deep eutectic solvents [J]. Molecules, 2021, 26: 5595.

[7] Gao Z T, Li Z M, Zhou Y, et al. Tao choline chloride plus glycerol deep eutectic solvents as non-aqueous absorbents for the efficient absorption and recovery of HCl gas[J]. New Journal of Chemistry, 2023, 47: 11498-11504.

[8] Zhang Y, Song Y, Jin H, et al. Study on CO_2 absorption by novel choline chloride-diethylenetriamine-water deep eutectic solvents in a rotor-stator reactor [J]. Chemical Engineering and Processing-Process Intensification, 2023, 184: 109299.

[9] Liu P, Hao J W, Liang S J, et al. Choline chloride and itaconic acid-based deep eutectic solvent as an efficient and reusable medium for the preparation of 13-aryl-5*H*-dibenzo [*b*, *i*] xanthene-5,7,12,14(13*H*)-tetraones[J]. Monatshefte für Chemie-Chemical Monthly, 2016, 147: 801-808.

[10] Momeni A R, Samimi H A, Vaezzadeh H. Eutectic mixture choline chloride-chloroacetic acid: A new and efficient catalyst for synthesis of 3,4-dihydropyrimidin-2-ones[J]. Chemical Methodologies, 2018, 2: 260-269.

[11] Gholami A, Mokhtary M, Nikpassand M. Choline chloride/oxalic acid (ChCl/Oxa) catalyzed one-pot synthesis of novel azo and sulfonated pyrimido [4, 5-*b*] quinoline

derivatives[J]. Dyes and Pigments, 2020, 180: 108453.

[12] Zhang X Y, Fan X S, Wang J J, et al. A novel green synthesis of quinolines through acid-catalyzed Friedländer reaction in ionic liquids[J]. Chinese Chemical Letters, 2004, 15: 1170-1172.

[13] Li Y Q. Application of amino-functionalized and hydroxyl-functionalized ionic liquids in organic chemistry[J]. Journal of Jinan University, 2011, 32: 538-551.

[14] Cserjési P, Bélafibakó K, Nemestóthy N, et al. Recent trends on application of ionic liquids in organic synthesis[J]. Pediatric Infectious Disease Journal, 2008, 8: 67-74.

[15] Bodo E, Gontrani L, Caminiti R, et al. Structural properties of 1-alkyl-3-methylimidazolium bis{(trifluoromethyl)sulfonyl}amide ionic liquids: X-ray diffraction data and molecular dynamics simulations[J]. Journal of Physical Chemistry B, 2010, 114: 16398.

[16] Torrecilla J S, Palomar J, Lemus J, et al. A quantum-chemical-based guide to analyze/quantify the cytotoxicity of ionic liquids[J]. Green Chemistry, 2010, 12: 123-134.

[17] Zhang Q, Vigier K D O, Royer S, et al. Deep eutectic solvents: Syntheses, properties and applications[J]. Chemical Society Reviews, 2012, 41: 7108-7146.

[18] Viboud S, Papaiconomou N, Cortesi A, et al. Correlating the structure and composition of ionic liquids with their toxicity on *Vibrio fischeri*: A systematic study[J]. Journal of Hazardous Materials, 2012, 215-216: 40-48.

[19] Radošević K, Bubalo M C, Srček V G, et al. Evaluation of toxicity and biodegradability of choline chloride based deep eutectic solvents[J]. Ecotoxicology & Environmental Safety, 2015, 112: 46-53.

[20] Leron R B, Li M H. Molar heat capacities of choline chloride-based deep eutectic solvents and their binary mixtures with water[J]. Thermochimica Acta, 2012, 530: 52-57.

[21] Ilgen F, Ott D, Kralisch D, et al. Conversion of carbohydrates into 5-hydroxymethylfurfural in highly concentrated low melting mixtures[J]. Green Chemistry, 2009, 11: 1948-1954.

[22] Reinhardt D, Ilgen F, Kralisch D, et al. Evaluating the greenness of alternative reaction media[J]. Green Chemistry, 2008, 10: 1170-1181.

[23] Weaver K D, Kim H J, Sun J, et al. Cyto-toxicity and biocompatibility of a family of choline phosphate ionic liquids designed for pharmaceutical applications[J]. Green Chemistry, 2010, 12: 507-513.

[24] Yu Y, Lu X, Zhou Q, et al. Biodegradable naphthenic acid ionic liquids: Synthesis, characterization, and quantitative structure-biodegradation relationship[J]. Chemistry-A European Journal, 2008, 14: 11174-82.

[25] Smith E L, Abbott A P, Ryder K S. Deep eutectic solvents(DESs) and their applications [J]. Chemical Reviews, 2014, 114: 11060.

[26] Zhang Y, Lu X, Feng X, et al. Properties and applications of choline-based deep eutectic solvents[J]. Progress in Chemistry, 2013, 25: 881-892.

[27] Hadj-Kali M K, Al-Khidir K E, Wazeer I, et al. Application of deep eutectic solvents and their individual constituents as surfactants for enhanced oil recovery[J]. Colloids & Surfaces A: Physicochemical & Engineering Aspects, 2015, 487: 221-231.

[28] Symes O L, Ishikura H, Begg C S, et al. Bull harnessing oxetane and azetidine sulfonyl fluorides for opportunities in drug discovery[J]. Journal of the American Chemical Society, 2024, 146: 35377-35389.

[29] Li J, Gu A, Nong X M, et al. Six-membered aromatic nitrogen heterocyclic anti-tumor agents: Synthesis and applications[J]. The Chemical Record, 2023, 23: e202300293.

[30] Torrecilla J S, Palomar J, Lemus J, et al. A quantum-chemical-based guide to analyze/quantify the cytotoxicity of ionic liquids [J]. Green Chemistry, 2010, 12: 123-134.

[31] Zhang Q H, Vigier K D O, Royer S, et al. Deep eutectic solvents: Syntheses, properties and applications[J]. Chemical Society Reviews, 2012, 41: 7108-7146.

[32] Radosevic K, Bubalo M C, Srcek V G, et al. Evaluation of toxicity and biodegradability of choline chloride based deep eutectic solvents[J]. Ecotoxicology and Environmental Safety, 2015, 112: 46-53.

[33] Leron R B, Li M H. Molar heat capacities of choline chloride-based deep eutectic solvents and their binary mixtures with water[J]. Thermochimica Acta, 2012, 530: 52-57.

[34] Li W J, Chen Y X, Kang S L, et al. Design, synthesis and characterization of palladium-functionalized covalent organic framework and its application as heterogeneous catalysis for C—H arylation of azoles [J]. Chemistry-A European Journal, 2023, 29: e202301310.

[35] Wang B Y, Li M R, Zhang S D, et al. Synergistic effect between Co single atoms and nanoparticles enables selective synthesis of bio-based benzimidazoles [J]. Applied Catalysis, B: Environmental, 2023, 327: 15.

[36] 杨晓亮. 2-取代苯并噻唑的绿色合成方法研究[D]. 温州：温州大学，2012.

[37] Teall M, Oakley P, Harrison T. Aryl sulfones: A new class of γ-secretase inhibitors [J]. Bioorganic & Medicinal Chemistry Letters, 2005, 15(10): 2685-2688.

[38] Wu X, Chen M H, He F S, et al. Synthesis of functionalized sulfilimines via iron-catalyzed sulfur alkylation of sulfenamides with diazo compounds[J]. Green Chemistry, 2023, 25(22): 9092-9096.

[39] Wang M, Jiang X F. Prospects and challenges in organosulfur chemistry[J]. ACS Sustainable Chemistry & Engineering, 2022, 10(2): 671-677.

[40] Fan Q, Zhu L, Li X, et al. Catalyst-free visible light-mediated selective oxidation of sulfides into sulfoxides under clean conditions[J]. Green Chemistry, 2021, 23(20): 7945-7949.

[41] Zheng Y, Zhu H, Xie X, et al. Lead-free perovskite $Cs_3Bi_2Br_9/TiO_2$ composites for atmospheric photocatalytic oxidation of sulfides[J]. Green Chemistry, 2024, 26(12): 7031-7037.

[42] Marquié J, Laporterie A, Dubac J, et al. Acylation and related reactions under microwaves. 4. sulfonylation reactions of aromatics [J]. The Journal of Organic Chemistry, 2001, 66(2): 421-425.

[43] Zhu H, Zhang Y, Ren G, Nickel-catalyzed sulfonylative coupling of 2-chlorobenzothiazoles with sulfinates at room temperature[J]. Chemical Communications, 2023, 59(8): 1050-1053.

[44] Hall D G. Boronic acid catalysis[J]. Chemical Society Reviews, 2019, 48(13): 3475-3496.

[45] Marset X, Torregrosa-Crespo J, Martínez-Espinosa R M, et al. Multicomponent synthesis of sulfonamides from triarylbismuthines, nitro compounds and sodium metabisulfite in deep eutectic solvents[J]. Green Chemistry, 2019, 21(15): 4127-4132.

[46] Wang Y B, Zheng S C, Hu Y M, et al. Brønsted acid-catalysed enantioselective construction of axially chiral arylquinazolinones[J]. Nature Communications, 2017, 8: 15489.

[47] Ren H W, Lian S H, Wang X, et al. Exploiting the hydrophilic role of natural deep eutectic solvents for greening CO_2 capture[J]. Journal of Cleaner Production, 2018, 193: 802-810.

[48] Petukhov A N, Atlaskin A A, Kryuchkov S S, et al. A highly-efficient hybrid technique-membrane-assisted gas absorption for ammonia recovery after the Haber-Bosch process[J]. Chemical Engineering Journal, 2021, 421: 127726.

[49] Pourhasan B, Mohammadi-Nejad A. Piperazine-functionalized nickel ferrite nanoparticles as efficient and reusable catalysts for the solvent-free synthesis of 2-amino-4*H*-chromenes [J]. Journal of the Chinese Chemical Society, 2019, 66: 1356-1362.

[50] Zhao B, He Y Q, Kan W, et al. Selective *N*-alkylation of 2-amino-4*H*-chromene-3-carbonitrile derivatives with alcohols catalyzed by $AlCl_3$ under the assistance of CH_3COOH[J]. Chemical Research in Chinese Universities, 2019, 35: 997-1001.

[51] Zhou W Y, Gan J B, Li H W, et al. $ZnCl_2$-promoted three-component reaction of 2-aminochromenones, aromatic aldehydes, and quinone monoketals: Access to 5, 6-dihydro-12*H*-chromeno[2, 3-*c*]isoquinolin-12-one derivatives[J]. Journal of Organic Chemistry, 2023, 88: 14767-14774.

[52] Aghajani M, Monadi N. A one-pot green synthesis of 2-amino-4*H*-benzo [*h*] chromenes catalyzed by a dioxomolybdenum Schiff base complex supported on magnetic nanoparticles as an efficient and recyclable nanocatalyst[J]. Journal of the Chinese Chemical Society, 2019, 66: 775-784.

[53] Babaee S, Zolfigol M A, Zarei M, et al. Synthesis of pyridinium-based salts: Catalytic application at the synthesis of six membered O-heterocycles[J]. Molecular Catalysis, 2019, 475: 110403.

[54] Gupta V, Sahu D, Jain, S, et al. Diastereoselective multi-component tandem condensation: Synthesis of 2-amino-4-(2-furanone)-4*H*-chromene-3-carbonitriles [J]. Organic &

Biomolecular Chemistry, 2019, 17: 8853-8857.

[55] 张晓鹏，朱妍洁，朱奕崧，等. 2,3-二氢喹唑啉-4(1*H*)-酮类化合物的合成研究进展[J]. 有机化学，2019，39：2392-2402.

[56] 仝红娟，李元慈，唐文强，等. 喹唑啉酮衍生物的合成研究进展[J]. 精细与专用化学品，2022，30：48-53.

[57] Zhang J, Zhao X, Liu P, et al. TBHP/KI-promoted annulation of anilines, ethers, and elemental sulfur: Access to 2-aryl-, 2-heteroaryl-, or 2-alkyl-substituted benzothiazoles [J]. The Journal of Organic Chemistry, 2019, 84: 12596-12605.

[58] Song Q L, Feng Q, Zhou M X. Copper-catalyzed oxidative decarboxylative arylation of benzothiazoles with phenylacetic acids and α-hydroxyphenylacetic acids with O_2 as the sole oxidant[J]. Organic Letters, 2013, 15: 5990-5993.

第4章 其他氯化锌类低共熔溶剂的应用

4.1 概述

氯化锌类低共熔溶剂是以氯化锌（$ZnCl_2$）为主要组分，与其他氢键供体（如尿素、乙酰胺、多元醇等）通过氢键、配位键等相互作用形成的低共熔混合物。氯化锌类低共熔溶剂因其独特的物理化学性质及可设计性，在材料科学、能源存储和有机合成等领域得到广泛应用[1]。例如，2020 年 Yuan 等[2]将氯化锌等 Lewis 酸引入 ChCl/甘油中，对狼尾草进行预处理，得到高纯度的再生木质素，其具有良好的抗氧化活性。2022 年 Mai 等[3]开发了一种基于氯化锌类低共熔溶剂的水系锌离子电池，通过配制环丁砜-水混合电解液，提高了锌负极的稳定性。全电池在 0.5A/g 下循环 500 次后，容量保持率仍达 85.4%。2023 年 Gu 等[4]采用线型聚乙烯吡咯烷酮和氯化锌作为原料，制备了一种聚合物低共熔溶剂（PDES），它可催化醛、胺和三（芳基/烷基）亚磷酸酯通过多组分反应生成 α-氨基膦酸酯（图 4-1）。该方法对官能团的兼容性好，且在循环使用五次后，活性无降低。

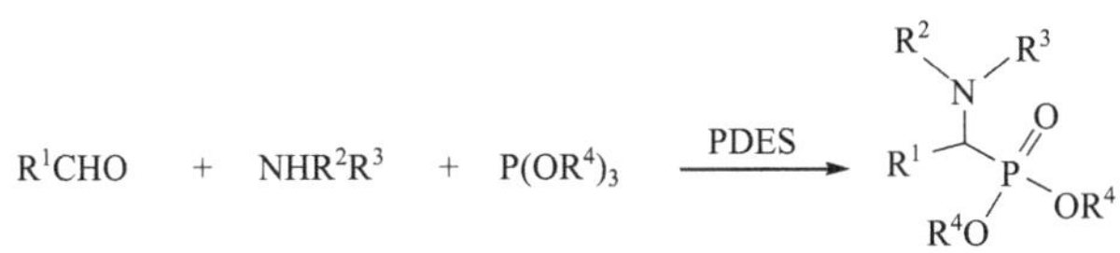

图 4-1　聚合物低共熔溶剂催化醛、胺及亚磷酸酯反应

2023 年 Rashidi 等[5]开发了 $ZnCl_2/2HOAc$ 乙酰化试剂，用于苯酚的傅克乙酰化反应（图 4-2）。通过考察 $ZnCl_2$ 和 HOAc 的摩尔比，确定了 $ZnCl_2$ ∶ HOAc＝1 ∶ 2 为最佳配比。$ZnCl_2/2HOAc$ 在重复使用多次后，仍保持活性，是一种很有前景的乙酰化试剂。

图 4-2　$ZnCl_2/2HOAc$ 催化苯酚的傅克乙酰化反应

2025 年 Jiang 等[6]构建了 $ZnCl_2$/膦酸基低共熔溶剂，它表现出强大的电子转移能力和对氧化剂的高吸附能力，对去除含硫杂环噻吩表现出显著的催化性能（图 4-3）。其在温和条件下连续循环 12 次后，仍能保持 98.4%的脱硫效率。

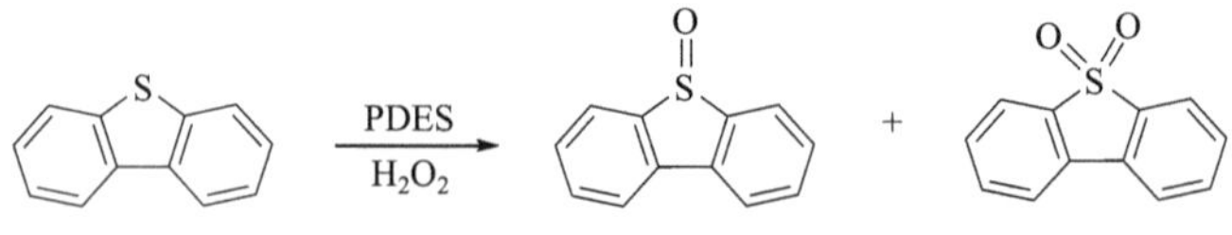

图 4-3 膦酸基 DES 催化脱硫

本章主要介绍几种氯化锌类低共熔溶剂在有机合成中的应用，分别为在氯化锌/乙酰胺低共熔溶剂中合成 4-氨基喹啉类化合物和吡喃并[3,2-*c*]香豆素类化合物；氯化锌/酰胺低共熔溶剂催化合成含二芳基甲烷骨架的曼尼希（Mannich）型化合物。

4.2 氯化锌/乙酰胺低共熔溶剂中合成 4-氨基喹啉类化合物

4-氨基喹啉类化合物因其独特的药理学性质[7]，被用于抗疟、抗炎、抗菌、抗高血压，还可作为免疫刺激剂、非核苷类 HIV-1 抑制剂和受体拮抗剂，尤其在许多神经性疾病中具有重要医疗作用，如减少脑缺血、癫痫、阿尔茨海默病和艾滋病相关性痴呆后神经元丢失等。目前，大多已报道合成 4-氨基喹啉类化合物（**4-2 C**）的方法需在酸性或者碱性条件下进行，且需使用金属粉末、金属卤代物、金属络合物和贵金属作为催化剂。金属催化剂变为氧化剂后，存在易出现副反应、难回收、成本增加等缺点。特别地，这些反应以非质子极性溶剂作为反应介质，难降解、污染大、反应周期长。然而，低共熔溶剂（DES）作为一种新型绿色溶剂并兼具催化剂作用，既克服了非质子极性溶剂带来的问题，又对环境友好、易制备、易降解、安全稳定。基于此，本节以氯化锌/乙酰胺低共熔溶剂作为反应介质，催化 2-氨基苯甲腈和苯乙酮反应制备 4-氨基喹啉类化合物（图 4-4）。该方法简单高效，反应时间短。

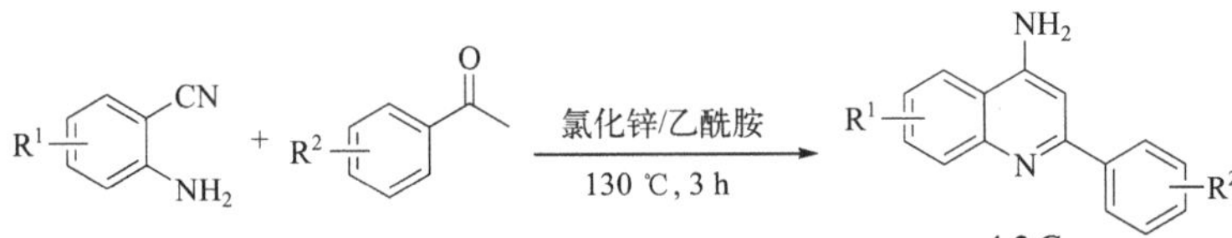

4-2 A　　4-2 B　　4-2 C

图 4-4　氯化锌/乙酰胺低共熔溶剂催化合成 4-氨基喹啉类化合物

4.2.1　DES 制备

在带有磁子的 10mL 具塞试管中加入氯化锌与乙酰胺（摩尔比为 1∶4），在 100℃下加热搅拌至形成均一、透明液体（一般需 10～20min），冷却至室温，即得 DES 产品。其他低共熔溶剂的合成更换不同摩尔比的氢键供体和氢键受体即可得到。

4.2.2　4-氨基喹啉类化合物的合成

向盛有低共熔溶剂的 10mL 具塞试管中加入 2-氨基苯甲腈（0.2mmol）、苯乙酮（0.6mmol），在 130℃加热反应 3h。通过 TLC（$V_{石油醚}:V_{乙酸乙酯}=2:1$，并加入 2～4 滴三乙胺）监测反应进程。反应完成后，加入 1mL 甲醇淬灭，反应液转移至 25mL 容量瓶中，加入 1.5mL 三乙胺后定容；取 1.0～1.5mL 溶液，用有机滤头（0.22μm）过滤并转移至液相小瓶，进行 HPLC 分析（甲醇∶水＝55∶45，UVD，$\lambda_{max}=254nm$，$u=1mL/min$，$T=30℃$）。淬灭后，得粗产品并溶于水相，用乙酸乙酯萃取 4 次，合并有机相，用硫酸钠干燥，减压蒸馏浓缩后，得粗产物，将其通过柱色谱法纯化（$V_{石油醚}:V_{乙酸乙酯}=2:1$，需 6mL 三乙胺）纯目标产物。为减少有机溶剂消耗，可在反应停止时，加入 1mL 左右甲醇或者乙醇将反应体系配成溶液，通过放大的薄层色谱（分离条件同 TLC）进行目标物的分离提纯工作，并利用少量乙酸乙酯和水二次洗涤及无水硫酸钠干燥得到纯净的目标产物。

4.2.3　反应条件优化

（1） DES 组成对反应产率的影响

以 2-氨基苯甲腈和苯乙酮为模板反应，考察了几种常见的低共熔溶剂，结果如表4-1所示。低共熔溶剂具有很强的黏度，在较高的温度下才能被充分搅拌，因此选择130℃的反应温度来研究低共熔溶剂对该反应产率的影响。研究发现，在氯化锌/乙酰胺（摩尔比为1∶4）低共熔溶剂催化下，产物产率优于其他低共熔溶剂。氯化胆碱/氯化锌摩尔比为1∶2，仅获得了4%的产率；单组分催化反应时，产率很低。因此，选择氯化锌/乙酰胺摩尔比为1∶4的低共熔溶剂作为最佳反应介质。

表4-1　模板反应在不同低共熔溶剂中的产率①

序号	DES组成	产率②/%
1	n(氯化锌)∶n(乙酰胺)=1∶4	12
2	n(氯化胆碱)∶n(氯化锌)=1∶2	4
3	n(氯化胆碱)∶n(氯化锡)=1∶2	微量
4	n(氯化胆碱)∶n(葡萄糖)=1∶2	微量
5	n(氯化胆碱)∶n(草酸)=1∶1	微量
6	n(氯化胆碱)∶n(柠檬酸)=1∶1	微量
7	氯化锌	2
8	乙酰胺	微量

① 反应条件：0.2mmol 2-氨基苯甲腈，0.2mmol 苯乙酮，0.5mL DES，130℃，2h。
② 产率为HPLC产率。

（2）底物摩尔比对反应产率的影响

在氯化锌/乙酰胺（摩尔比为1∶4）低共熔溶剂中，考察底物摩尔比对反应产率的影响（表4-2）。当2-氨基苯甲腈和苯乙酮的摩尔比为1∶4时，产率达35%，说明增大苯乙酮的量有利于增大底物之间的分子碰撞概率，从而促进反应的进行。但当2-氨基苯甲腈与苯乙酮摩尔比从1∶3增加到1∶4之后，产物产率升高不明显。因此，从节约经济成本角度考虑，选择1∶3作为最佳底物摩尔比。

表4-2　底物摩尔比对模板反应产率的影响①

序号	底物摩尔比($n_{4\text{-}2\ A\text{-}1}$∶$n_{4\text{-}2\ B\text{-}1}$)	产率②/%
1	4∶1	27
2	2∶1	15

续表

序号	底物摩尔比($n_{4\text{-}2\ A\text{-}1}$ ∶ $n_{4\text{-}2\ B\text{-}1}$)	产率[②]/%
3	1∶1	9
4	1∶2	16
5	1∶2.5	22
6	1∶3	34
7	1∶4	35

① 反应条件：不同摩尔比的2-氨基苯甲腈和苯乙酮，0.5mL DES，130℃，2h。

② 产率为HPLC产率。

(3) DES中添加其他溶剂对反应产率的影响

为增加传质，应尽量降低反应体系的黏度。因此，进行了各种有机溶剂筛选（表4-3）。结果表明，加入二甲苯，仅有13%的产率。$ZnCl_2$/乙酰胺分别能与乙二醇、*N*,*N*-二甲基甲酰胺混合，但仅得到8%、2%的产率；其与二甲基亚砜、*N*-甲基吡啶酮和水等溶剂混合后，产率为零。以上结果说明，该环化过程对有机溶剂降低黏度的依赖性不强，有机溶剂的引入对$ZnCl_2$/乙酰胺的氢键网络体系产生了负面影响。

表4-3　在模板反应的DES中添加不同溶剂的产率[①]

序号	溶剂	产率[②]/%
1	—	34
2	二甲苯	13
3	乙二醇	8
4	*N*,*N*-二甲基甲酰胺	2
5	二甲基亚砜	0
6	*N*-甲基吡咯烷酮	0
7	水	0

① 反应条件：0.2mmol 2-氨基苯甲腈，0.6mmol苯乙酮，0.5mL DES，130℃，2h。

② 产率为HPLC产率。

(4) 温度对反应产率的影响

接下来，探究了温度对反应产率的影响（表4-4）。当反应温度达到

130℃时，产物产率为 84%，说明升高温度不仅为促进反应进行提供了能量，还能降低低共熔溶剂的黏度，使底物分子碰撞效率加快，产物产率增加；但当反应温度升到 140℃时，产率增长缓慢。因此，为节约能耗，选择 130℃作为最佳反应温度。

表 4-4　温度对模板反应产率的影响

序号	温度/℃	产率/%
1	100	34
2	110	54
3	120	74
4	130	84
5	140	86

（5）时间对反应产率的影响

最后，对反应时间进行了优化。如表 4-5 所示，产物产率随着反应时间增加而升高；但当反应时间大于 4h 时，产物产率提升不明显。因此，选择 3h 为最优反应时间。

表 4-5　时间对模板反应产率的影响

序号	时间/h	产率/%
1	0.5	45
2	1	73
3	2	84
4	3	94
5	4	95
6	5	94
7	6	95
8	7	94

4.2.4　反应底物拓展

在最优反应条件下，对反应底物普适性进行了探究，结果如图 4-5 所示。首先，含有—CF_3 和—NO_2 等强吸电子基团的底物以 64%～89%的产率得到目标产物 **4-2 C-2**～**4-2 C-9**；对位卤素—F、—Cl、—Br 取代的底物，得到相应产物 **4-2 C-5**～**4-2 C-7** 的产率在 65%～89%。溴在苯乙酮的邻位、间位和对位的底物，对应的产物 **4-2 C-9**、**4-2 C-8** 和 **4-2 C-7** 产率分别为 75%、64%和 89%，邻位和对位的产物产率显著高于间位，说明邻位和对位的空间效应相比间位有利于产物的生成。含有硼酸基、甲氧基、二甲氧基、甲基和氨基等给电子基团的底物，得到了产率为 67%～79%的相应产物 **4-2 C-10**～**4-2 C-14**。与 **4-2 C-11** 相比，由于两个甲氧基的影响，**4-2 C-12** 的产率提高至 79%。此外，环己酮和环己-2-烯-1-酮亦可参加反应，生成相应产物 **4-2 C-15** 及 **4-2 C-16** 的产率为 74%、77%。另外，含 N、O、S 杂原子底物，生成 **4-2 C-17**～**4-2 C-19** 产物的产率为 65%～80%，这说明该方法对杂原子酮具有较好的底物普适性。反应得到 4-氨基-2-萘基喹啉的产率为 84%。2-氨基苯甲腈衍生物和苯乙酮反应也可得到相应产物。结果显示，含有吸电子基团—NO_2 或—Br 的底物 **4-2 C-21**～**4-2 C-23** 获得了 77%～85%的产率。含甲基的底物参与反应，产物 **4-2 C-24** 得到了 84%的产率。

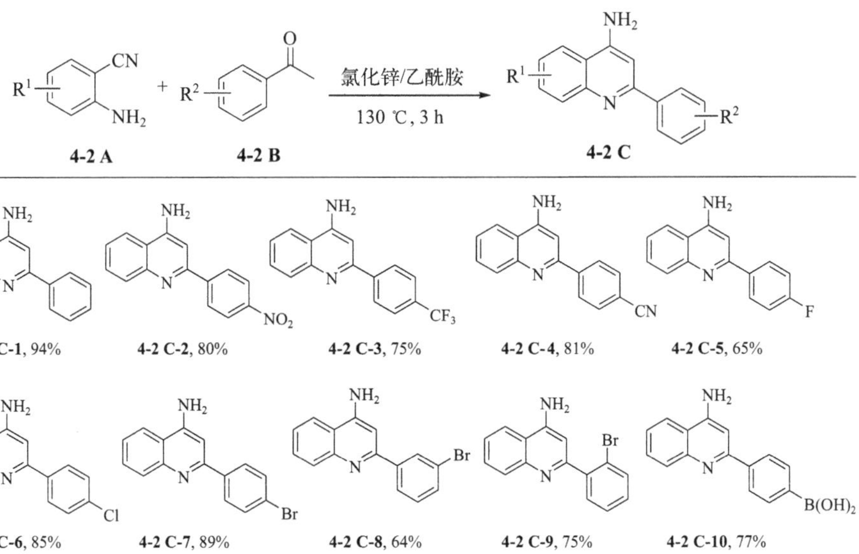

图 4-5

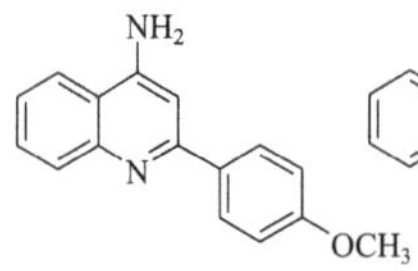

4-2 C-11, 73%

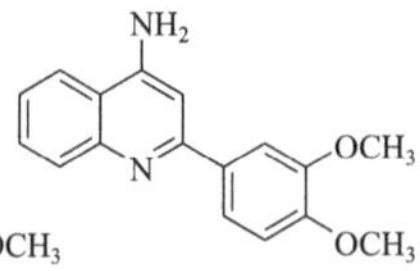

4-2 C-12, 79%

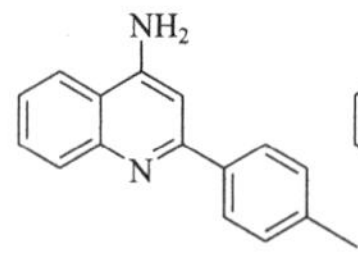

4-2 C-13, 70%

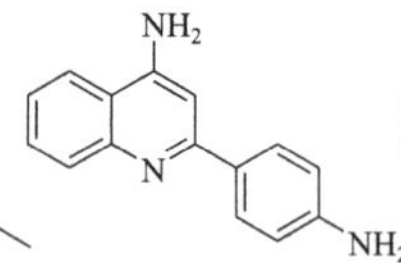

4-2 C-14, 67%

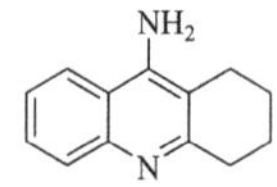

4-2 C-15, 74%

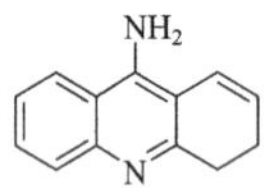

4-2 C-16, 77%

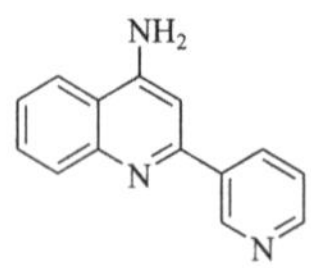

4-2 C-17, 65%

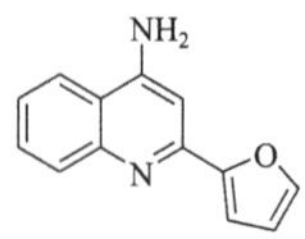

4-2 C-18, 74%

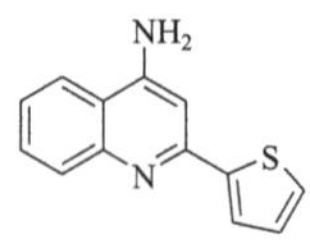

4-2 C-19, 80%

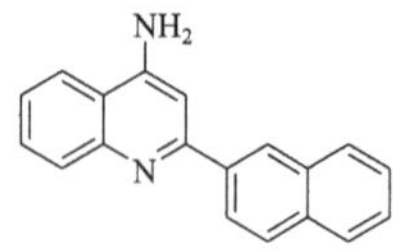

4-2 C-20, 84%

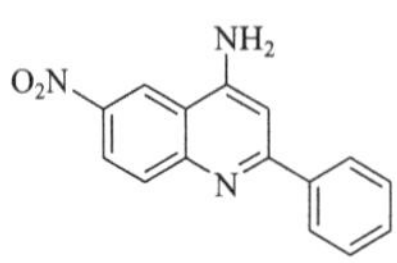

4-2 C-21, 77%

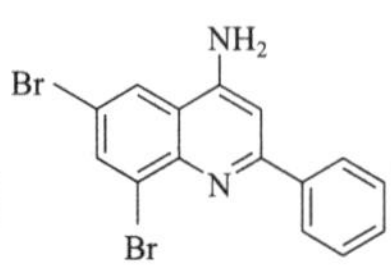

4-2 C-22, 85%

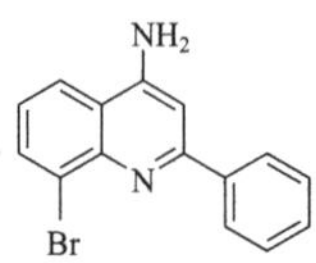

4-2 C-23, 81%

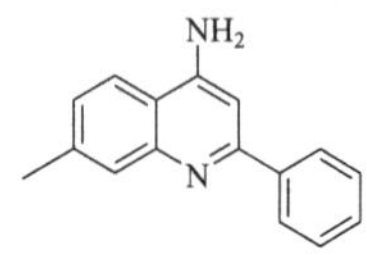

4-2 C-24, 84%

图 4-5　在氯化锌/乙酰胺低共熔溶剂中一锅法合成 4-氨基喹啉类化合物

4.2.5 DES 循环利用

在最佳反应条件下，测定了 DES 的循环利用情况，结果如图 4-6 所示。循环利用次数达到四次时，产率为 84%。

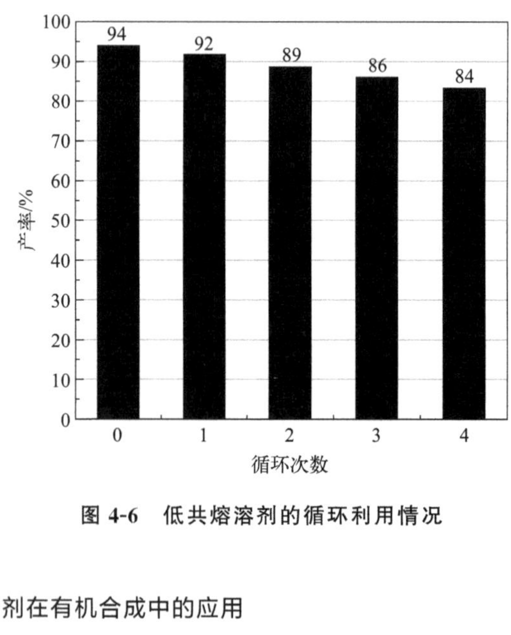

图 4-6　低共熔溶剂的循环利用情况

4.2.6 反应机理

基于实验结果及相关文献，提出了该反应可能的反应机理，结果如图4-7所示。首先，低共熔溶剂通过氢键活化苯乙酮上的羰基碳，并与邻氨基苯甲腈氨基上的孤对电子发生反应，脱水形成席夫碱Ⅰ，然后进行分子内环化变为Ⅱ，再进一步形成重氮环化合物Ⅲ，最后经过结构互变形成目标产物。

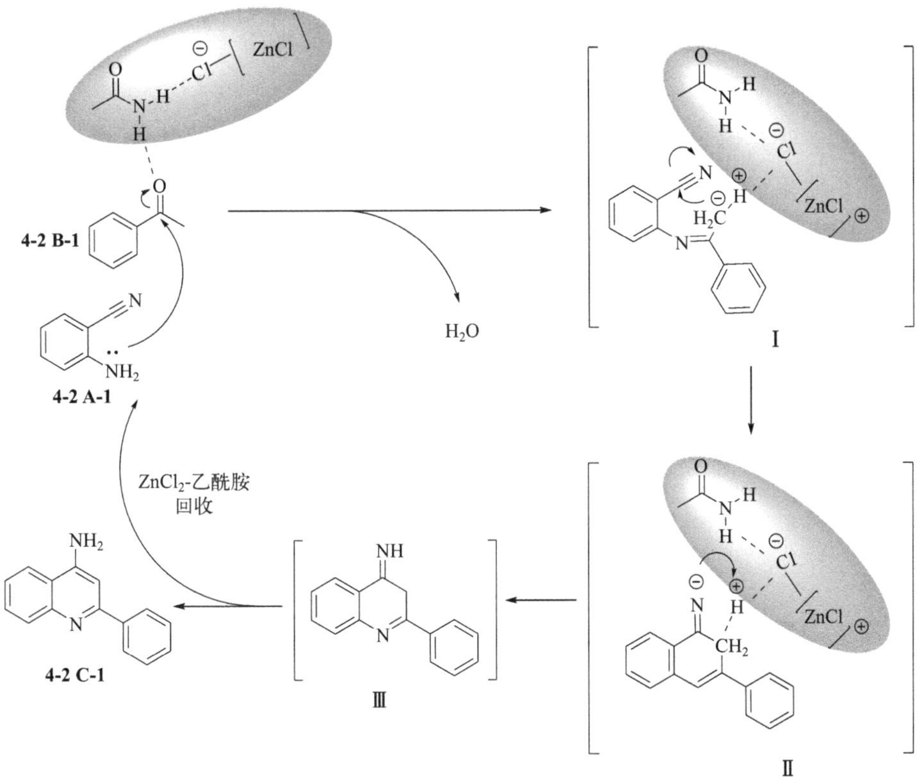

图 4-7　在氯化锌/乙酰胺低共熔溶剂中一锅法合成 4-氨基喹啉类化合物可能的反应机理

4.3 氯化锌/乙酰胺低共熔溶剂中合成吡喃并[3,2-c]香豆素类化合物

吡喃并[3,2-*c*]香豆素类化合物不仅可作为抗微生物药、抗真菌药、

抗炎药、抗肿瘤药、抗 HIV 药和抗过敏药[8-12]，还可用于治疗阿尔茨海默病、帕金森病、唐氏综合征和精神分裂症。目前，已有多种催化剂被报道用于合成此类化合物，例如，金属催化剂（Fe，Cu，Pd）、溴化钠、氧化锌、六亚甲基四胺（HMT）等[13,14]。然而，这些方法尚存在一些缺点，如产率低、反应时间长、操作复杂以及催化剂昂贵等。因此，寻找具有操作简单、可重复使用和经济可行性等优点的催化剂，对于合成吡喃并[3,2-*c*]香豆素类化合物是非常必要的。低共熔溶剂具有蒸气压低、无毒、成本低、易于获得、可生物降解、可控制、不易燃和可回收等优点，逐渐被用作新型的绿色溶剂和催化剂。

基于低共熔溶剂的特性，笔者开发了一种利用氯化锌/乙酰胺低共熔溶剂作催化剂，由 4-羟基香豆素、芳香醛和氰乙酸酯合成 2-氨基-4-芳基-4*H*-吡喃并[3，2-*c*]香豆素类化合物（**4-3 D**）的新方法（图 4-8）。

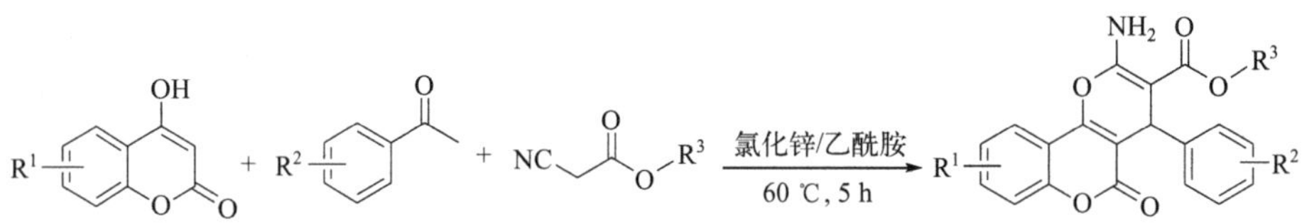

4-3 A **4-3 B** **4-3 C** **4-3 D**

图 4-8 氯化锌/乙酰胺低共熔溶剂催化合成吡喃并[3，2-*c*]香豆素类化合物

4.3.1 DES 制备

在带有磁子的 10mL 具塞试管中加入氯化锌与乙酰胺（摩尔比为 1∶4），混合均匀，在 100℃ 油浴锅中加热至形成均一、透明液体（一般需 30min），即得到 DES 产品。

4.3.2 吡喃并[3,2-c]香豆素类化合物的合成

向带有磁子的 10mL 具塞试管中加入 4-羟基香豆素（0.2mmol）、4-氯苯甲醛（0.2mmol）、氰乙酸乙酯（0.4mmol）、氯化锌/乙酰胺（1.0mL）和二甲基亚砜（DMSO，0.5mL），在 80℃ 油浴中加热 5h。通过 TLC（$V_{石油醚}$∶$V_{乙酸乙酯}$＝2∶1）监测反应进程。反应完成后，用乙酸乙

酯萃取 5 次，合并有机相，经减压蒸馏浓缩后，即得到粗产物，再经柱色谱法纯化（$V_{石油醚}$∶$V_{乙酸乙酯}$＝2∶1），即得到纯产物。

4.3.3 反应条件优化

（1） DES 组成对反应产率的影响

以 4-羟基香豆素、4-氯苯甲醛和氰乙酸乙酯的反应作为模板反应，对低共熔溶剂的种类进行了考察（表 4-6）。由于低共熔溶剂具有一定的黏度，需在较高的温度下才可以进行充分搅拌，因此选择 80℃ 作为反应温度来研究低共熔溶剂组成对该反应产率的影响。当氯化锌/乙酰胺摩尔比为 1∶4 时，产率达到 37%；氯化胆碱/氯化锌摩尔比为 1∶2 时，仅以 15%的产率生成目标产物。在其他低共熔溶剂中未检测到目标产物。当单独使用 $ZnCl_2$ 或乙酰胺时，没有目标产物生成。因此，选择摩尔比为 1∶4 的氯化锌/乙酰胺低共熔溶剂作为最佳反应介质。

表 4-6 模板反应在不同低共熔溶剂中的产率①

序号	DES 组成	产率②/%
1	n(氯化胆碱)∶n(氯化锌)＝1∶2	15
2	n(氯化锌)∶n(乙酰胺)＝1∶4	37
3	n(氯化锌)∶n(乙二醇)＝1∶2	0
4	n(氯化锌)∶n(1,2-丙二醇)＝1∶1	0
5	n(氯化胆碱)∶n(尿素)＝1∶2	0
6	氯化锌	0
7	乙酰胺	0

① 反应条件：0.2mmol 4-羟基香豆素，0.2mmol 4-氯苯甲醛，0.2mmol 氰乙酸乙酯，1mL DES，80℃的油浴中搅拌反应 5.0h。

② 产率为柱色谱产率。

（2）底物摩尔比对反应产率的影响

选用确定的氯化锌/乙酰胺低共熔溶剂后，研究了底物摩尔比对模板反应产率的影响，结果如表 4-7 所示。当氰乙酸乙酯过量时，产率提高。而 4-羟基香豆素或 4-氯苯甲醛过量时，产率降低或基本不变。当 4-羟基香豆素/4-氯苯甲醛/氰乙酸乙酯的摩尔比为 1∶1∶2 时，产率达到 50%。因此，最终选择 1∶1∶2 的摩尔比作为最佳底物比。

表 4-7　底物摩尔比对模板反应产率的影响①

序号	底物摩尔比（$n_{4\text{-}3\ A\text{-}1}$ ∶ $n_{4\text{-}3\ B\text{-}1}$ ∶ $n_{4\text{-}3\ C\text{-}1}$）	产率②/%
1	1∶1∶1	37
2	2∶1∶1	16
3	1∶2∶1	39
4	1∶1∶2	50
5	1∶2∶2	42
6	1∶1∶4	49

① 反应条件：4-羟基香豆素，4-氯苯甲醛，氰乙酸乙酯，1mL DES，80℃的油浴中搅拌反应 5h。
② 产率为柱色谱产率。

（3）温度对反应产率的影响

温度会影响低共熔溶剂的黏度（温度越高，黏度越低）和反应底物的稳定性，因此，研究了温度对反应产率的影响。如图 4-9 所示，当反应温度小于 60℃时，产率随反应温度上升而逐渐增加；当反应温度高于 60℃时，产率逐渐降低。因此，选择 60℃作为最佳反应温度。

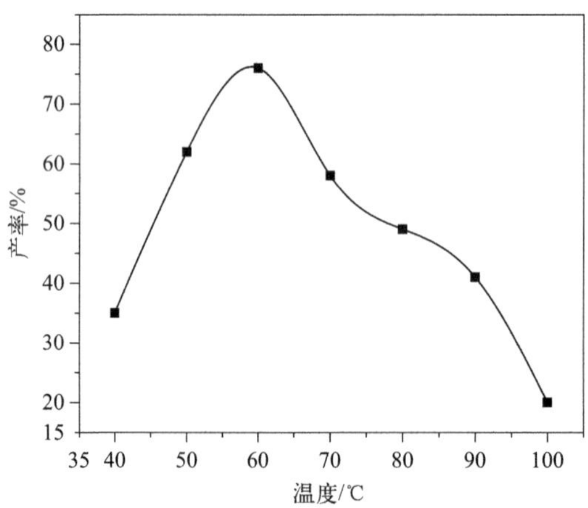

图 4-9　温度对反应产率的影响

反应条件：0.2mmol 4-羟基香豆素，0.2mmol 4-氯苯甲醛，0.4mmol 氰乙酸乙酯，1mL DES，油浴中搅拌反应 5h。产率为柱色谱产率

（4）DES 中添加其他溶剂对反应产率的影响

为降低低共熔溶剂的黏度，向氯化锌/乙酰胺低共熔溶剂中添加不同的溶剂作为稀释剂，以考察添加溶剂对反应产率的影响，结果如表 4-8 所示。从表 4-8 中可以看出，当添加 DMSO 溶剂时，产率达到 90%。因此，选择 DMSO 作为添加的溶剂。同时，还优化了低共熔溶剂和 DMSO 的体积比，发现当体积比为 1∶1 时产率最好（表 4-9）。

表 4-8　添加其他溶剂对反应产率的影响①

序号	溶剂	产率②/%
1	—	76
2	水	<10
3	DMF	70
4	DMSO	90
5	EtOH	43
6	环己烷	45
7	1,2-二氯乙烷(DCE)	40

① 反应条件：0.2mmol 4-羟基香豆素，0.2mmol 4-氯苯甲醛，0.4mmol 氰乙酸乙酯，0.5mL DES，0.5mL 溶剂，60℃的油浴中搅拌反应 5h。

② 柱色谱产率。

表 4-9　DES 和 DMSO 的体积比对反应产率的影响①

序号	体积比($V_{DES}:V_{DMSO}$)	产率②/%
1	1∶10	<10
2	1∶4	49
3	1∶2	76
4	1∶1	90
5	2∶1	80
6	4∶1	74

① 反应条件：0.2mmol 4-羟基香豆素，0.2mmol 4-氯苯甲醛，0.4mmol 氰乙酸乙酯，DES，DMSO，60℃的油浴中搅拌反应 5h。

② 产率为柱色谱产率。

（5）时间对反应产率的影响

接着，考察了反应时间对模板反应产率的影响。如图 4-10 所示，随着反应时间增加，产率逐渐提高；当反应超过 5h 后，产率并无明显变化。因此，选择 5h 作为最佳反应时间。

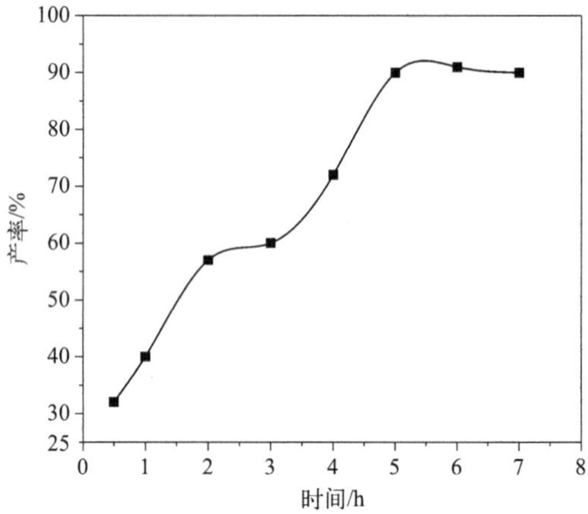

图 4-10　时间对反应产率的影响

反应条件：0.2mmol 4-羟基香豆素，0.2mmol 4-氯苯甲醛，0.4mmol 氰乙酸乙酯，0.5mL DES，0.5mL DMSO，60℃的油浴中反应。产率为柱色谱产率

4.3.4　反应底物拓展

在最佳反应条件下，研究了反应底物的适用范围，结果如图 4-11 所示。在最佳条件下，带有不同取代基的芳香醛与 4-羟基香豆素、氰乙酸乙酯反应，可获得中等至良好产率的相应产物。带有吸电子基取代基的芳香醛比带有给电子基团底物产率基本要高（**4-3 D-2**～**4-3 D-7**）；特别是当吸电子基团是卤素时，产率最优（**4-3 D-2**，**4-3 D-3**）。空间位阻对反应有较大的影响，当取代基在苯甲醛的对位时，反应效果最好（**4-3 D-8**～**4-3 D-10**）。当卤素在邻位时，不同的卤素基团对反应产率有一定的影响（**4-3 D-11**～**4-3 D-13**）；当卤素为氟时，产率最好（**4-3 D-11**）。同时，尝试使用脂肪醛进行该反应，但发现只有异丁醛可以发生反应，且产率很低（**4-3 D-14**）。另外，使用氰乙酸甲酯、4-羟基香豆素与不同的芳香醛反应，可获得良好的相应产物产率（**4-3 D-15**～**4-3 D-18**）。带有不同基团的 4-羟基香豆素亦可进行反应。当 4-羟基香豆素上的取代基是甲基时（**4-3 D-19**～**4-3 D-22**），其产率明显优于取代基为氯时的产率（**4-3 D-23**～**4-3 D-26**）。

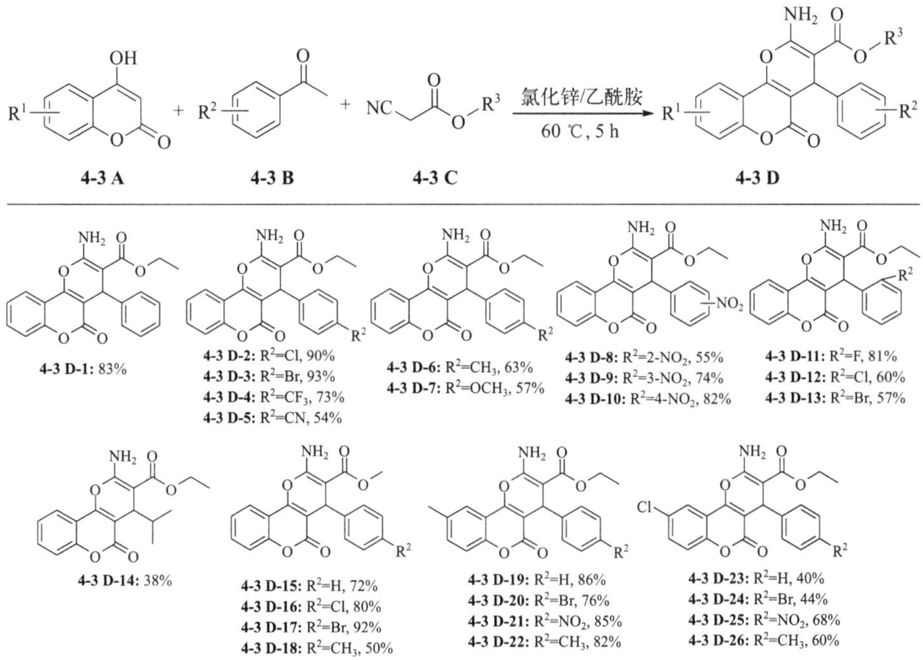

图 4-11　氯化锌/乙酰胺低共熔溶剂催化合成吡喃并[3，2-*c*]香豆素类化合物

4.3.5 反应机理探究

为阐明反应机理，进行了对照实验（图 4-12）。在氯化锌/乙酰胺低共熔溶剂的催化下，**4-3 B-1** 和 **4-3 C-1** 会反应生成中间产物 **4-3 E-1**；但 **4-3 A-1** 和 **4-3 B-1** 不反应，**4-3 A-1** 和 **4-3 C-1** 也不反应。然后，将分离纯化的中间产物 **4-3 E-1** 与 **4-3 A-1** 反应，发现会完全转化为目标产物 **4-3 D-1**，说明 **4-3 E-1** 是反应中间体。

基于对照实验结果及参阅相关文献，推测了可能的反应机理[15-20]（图 4-13）。在 DES 存在下，苯甲醛（**4-3 B-1**）与氰乙酸乙酯（**4-3 C-1**）发生 Knovengel 反应生成中间产物 **4-3 E-1**，然后与被氯化锌/乙酰胺通过氢键活化的 4-羟基香豆素（**4-3 A-1**）反应生成不稳定的中间体 **A**。最后，中间体 **A** 进行互变异构，得到目标产物 **4-3 D-1**。

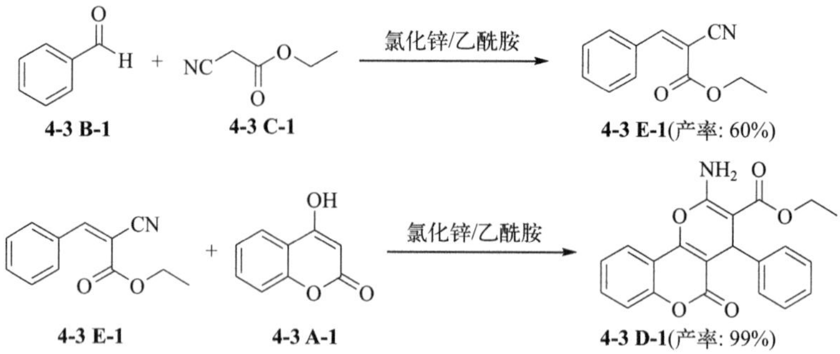

图 4-12　机理研究对照实验

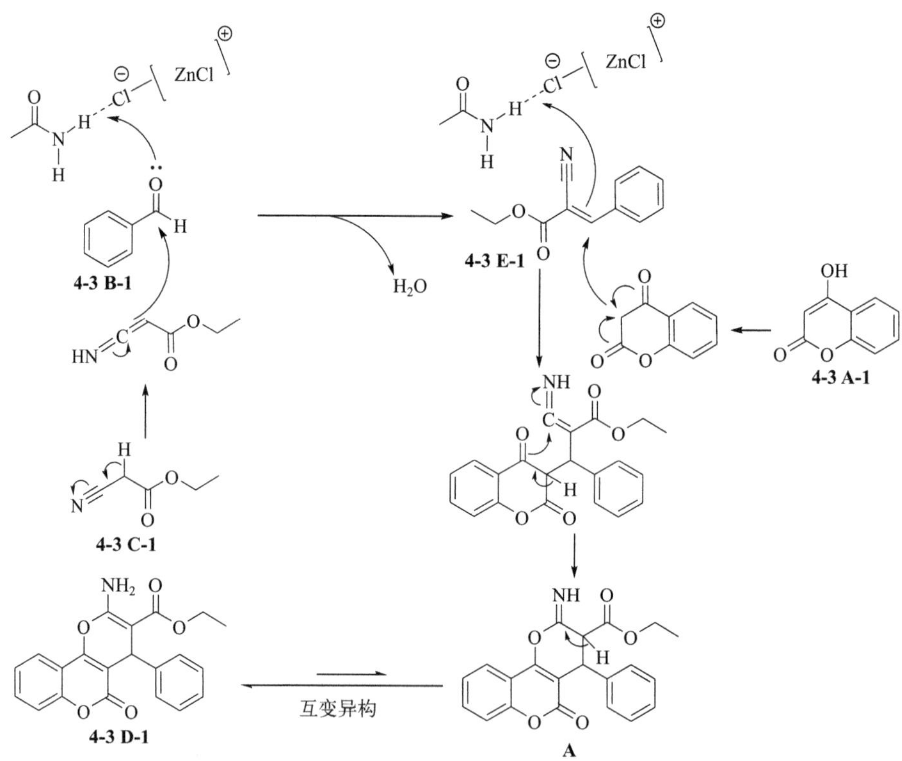

图 4-13　在氯化锌/乙酰胺低共熔溶剂中合成吡喃并[3，2-*c*]香豆素类化合物的反应机理

4.4 氯化锌通过氢键作用激活酰胺合成具有二芳基甲烷骨架的 Mannich 类化合物

曼尼希（Mannich）反应[21]是构建 C—C 键和 C—N 键的重要方法之一，反应得到的 β-氨基羰基化合物[22,23]是合成药物及天然产物重要的中间体[24]。然而，经典的 Mannich 反应由于存在多种缺点，限制了其应用范围。例如，经典的 Mannich 反应首先需要形成亚胺中间体，然后为获得氨基羰基化合物，需要活化惰性羰基上的 β 位 C 原子。因此限制了反应产物的多样性[25-32]。通过调研发现，由于酰胺具有较低的亲核性，醛活性高，因此它们与烷基化的氨基发生 Mannich 反应是可行的[33]。同时，酰胺基不仅是天然产物中重要的官能团之一，而且在有机化学 C—N 键的催化形成中也是非常重要的，常用于生产溶剂和医药中间体以及合成生物活性化合物（如氨基酸）[34,35]。因此，开发一种合成具有酰胺结构的 Mannich 类化合物的高效方法具有重要的研究价值。

4.4.1 Mannich 类化合物合成

在带有磁子的 10mL 试管中分别加入酰胺 **4-4 C**（0.4mmol）、醛 **4-4 A**（0.2mmol）和富电子芳烃 **4-4 B**（0.2mmol），再加入 0.1mmol 的 $ZnCl_2$，放置在油浴中，在 80℃的条件下搅拌 6h 后，停止反应。反应结束后（通过 TLC 监测），冷却至室温，用饱和食盐水溶解反应液，并将溶解后的液体放置在 125mL 的分液漏斗中，用乙酸乙酯重复萃取 3 次，合并 3 次萃取的有机相，干燥，然后在真空条件下除去溶剂，得到粗产品；经柱色谱分离，即得到纯产物 **4-4 D**（图 4-14）。

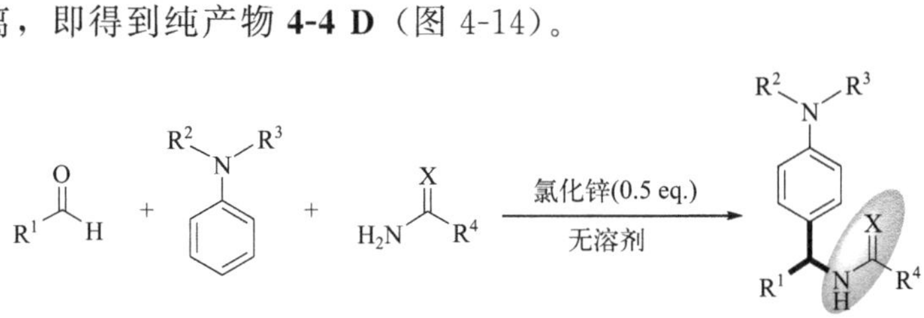

4-4 A **4-4 B** **4-4 C** **4-4 D**

图 4-14 曼尼希类化合物的制备

4.4.2 反应条件优化

以苯甲醛（**4-4 A-1**）、*N*，*N*-二甲基苯胺（**4-4 B-1**）和乙酰胺（**4-4 C-1**）的三组分反应作为模板反应，在 80℃ 的条件下进行反应条件优化。$ZnCl_2$ 作为一种典型的卤化物盐，可以与氢键供体乙酰胺形成络合物，它们的相互作用破坏了盐的晶体结构，从而降低了熔点，在室温下产生液体。本方案的前期工作是在没有溶剂的情况下进行的。由于有机盐/氢键供体的摩尔比对 DES 的熔点也有显著影响，因此 $ZnCl_2$ 的量可能会影响反应。为了证实 $ZnCl_2$ 对这种三组分串联反应的影响，分别研究了在不同含量的（0.5～2 当量）$ZnCl_2$ 条件下（表 4-10，第 1～5 项），模板反应产率的变化。通过实验结果发现，进行 4h 反应后，加入 $ZnCl_2$ 的量控制在 0.5 当量时产率达到 71%；继续增加氯化锌的量，产率并不能得到提升。在经预处理的 DES（$ZnCl_2$/乙酰胺）中进行反应，产率为 69%（表 4-10，第 6 项）。因此，选择不经任何预处理的 0.5 当量 $ZnCl_2$ 作为最佳反应条件。

反应介质也是反应的一个重要参数，在不同有机溶剂中进行了反应产率考察，结果见表 4-10（第 7～12 项）。当反应在甲醇、乙醇、DMSO、DMF 以及 H_2O 中进行时，未得到 Mannich 类产物（**4-4 D**）。在 1,4-二氧六环和乙腈中，检测到极少的产物 **4-4 D**。这可能是由于溶剂破坏了乙酰胺和氯化锌之间形成的氢键，从而对催化剂的活性造成了显著的影响，极大地降低了产物的生成效率。

随后，以 MeCN 为溶剂筛选了酸或碱性催化剂（表 4-10，第 13～17 项）。在氢氧化钠和 L-脯氨酸的存在下，该反应并不能进行。而使用盐酸时，产物产率小于氯化锌催化得到产物产率（10%，表 4-10，第 13 项）。在氯化铁存在下，该反应的产率达 10%（表 4-10，第 15 项），但较多的副产物会给后续的优化结果和实验操作带来诸多问题。因此，确定了 $ZnCl_2$ 是合成 **4-4 D** 的最佳催化剂。

为了进一步优化反应条件，继续考察了温度对模板反应的影响（表 4-10，第 18～20 项）。在无溶剂条件下，当温度控制在 60～80℃时，产率随着温度升高而升高；在 80℃时，产率可以达到 71%（表 4-10，第 2 项，第 18～19 项）。但继续升温，产物的产率略有降低，并在 90℃时降低到 69%（表 4-10，第 20 项）。接着，对反应时间进行了考察（表 4-10，第

21～24 项)。当反应时间延长至 6h，得到产物最佳产率为 82%；继续延长时间，产率无明显提升。

综上所述，可确定最佳的反应条件为：在无溶剂条件下，苯甲醛(**4-4 A-1**，0.02mmol)、*N*,*N*-二甲基苯胺(**4-4 B-1**，0.02mmol)和乙酰胺(**4-4 C-1**，0.04mmol)在 0.5 当量的氯化锌的存在下，控制反应温度恒定在 80℃，6h 后能达到最佳产率。

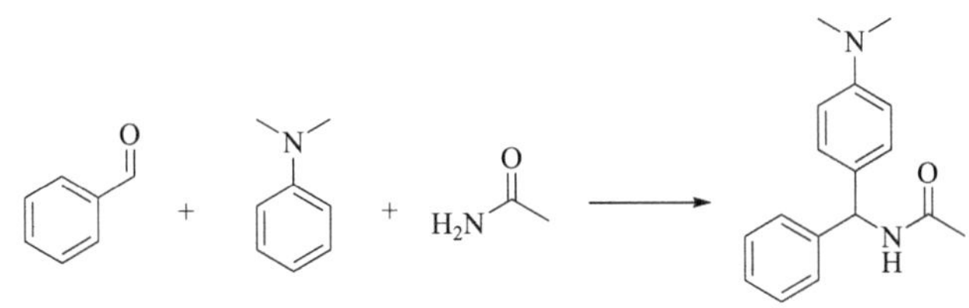

4-4 A-1　**4-4 B-1**　**4-4 C-1**　**4-4 D-1**

表 4-10　反应条件优化[1]

序号	溶剂	添加物	温度/℃	时间/h	产率[2]/%
1	—	$ZnCl_2$(30%)	80	4	58
2	—	$ZnCl_2$(0.5eq.)			71
3	—	$ZnCl_2$(1.0eq.)			71
4	—	$ZnCl_2$(1.5eq.)			36
5	—	$ZnCl_2$(2.0eq.)			17
6	—	$ZnCl_2$(0.5eq.)	80	4	69[3]
7	乙醇(EtOH)	$ZnCl_2$(30%)	80	4	0
8	甲醇(MeOH)				0
9	DMSO				0
10	DMF				0
11	H_2O				0
12	1,4-二氧六环(1,4-dioxane)				5
13	乙腈(MeCN)	$ZnCl_2$(30%)	80	4	10
14		*L*-脯氨酸(30%)			0
15		$FeCl_3$(30%)			10
16		HCl(30%)			痕量
17		NaOH(30%)			0

续表

序号	溶剂	添加物	温度/℃	时间/h	产率[②]/%
18	—	$ZnCl_2$(0.5eq.)	70	4	52
19	—		60		40
20	—		90		69
21	—	$ZnCl_2$(0.5eq.)	80	5	75
22	—			6	82
23	—			7	75
24	—			8	79

① 除非另有说明，否则反应条件为苯甲醛（**4-4 A-1**，0.2mmol），*N*,*N*-二甲基苯胺（**4-4 B-1**，0.2mmol）和乙酰胺（**4-4 C-1**，0.4mmol），在1mL溶剂中进行反应。

② 产率为经过硅胶柱色谱法分离所得产率。

③ 产率对应于以下反应条件：**4-4 C-1**（0.4mmol）和 $ZnCl_2$（0.5eq.）加热至100℃，直到出现无色透明液体。

4.4.3 反应底物拓展

在最佳反应条件下，进行了底物适用性拓展研究，结果如图4-15所示。对于芳香醛而言，对位的R为不同官能团的底物，均能得到对应的产物。其中，苯甲醛以及带有给电子基团（R=OCH_3、CH_3）醛的反应活性高于含有吸电子基团的醛（R=NO_2、CN、Br、Cl，**4-4 D-1**～**4-4 D-7**）。R的吸电子能力越强，反应产率越低。例如，当R=OCH_3时（**4-4 D-6**），产率为87%；当R=NO_2时，产率只有58%（**4-4 D-2**）。随后，研究了苯甲醛C3和C2位取代基的影响。结果表明，3-硝基苯甲醛和2-硝基苯甲醛作为反应底物时，得到相应产物产率分别是71%（**4-4 D-8**）和32%（**4-4 D-9**）。由此可知，苯环上的空间效应对该反应产率具有显著的影响。与杂环醛的反应，例如噻吩-2-甲醛和糠醛，均有很好的效果，分别生成了其衍生物**4-4 D-10**（60%）和**4-4 D-11**（78%）。脂肪醛（**4-4 D-12**和**4-4 D-13**）的产率不如芳香醛高，仅能得到45%左右的产物产率。

除了*N*,*N*-二甲基苯胺外，各种具有富电子性的取代芳胺亦可进行反应（**4-4 D-14**～**4-4 D-17**）。N原子上带有不同取代基团的苯胺均能进行反应得到产物，产率都达到了50%以上。其中*N*,*N*-二乙基苯胺（**4-4 D-15**）的反应产率最高，为70%。有趣的是，不含N的其他芳烃也能进行

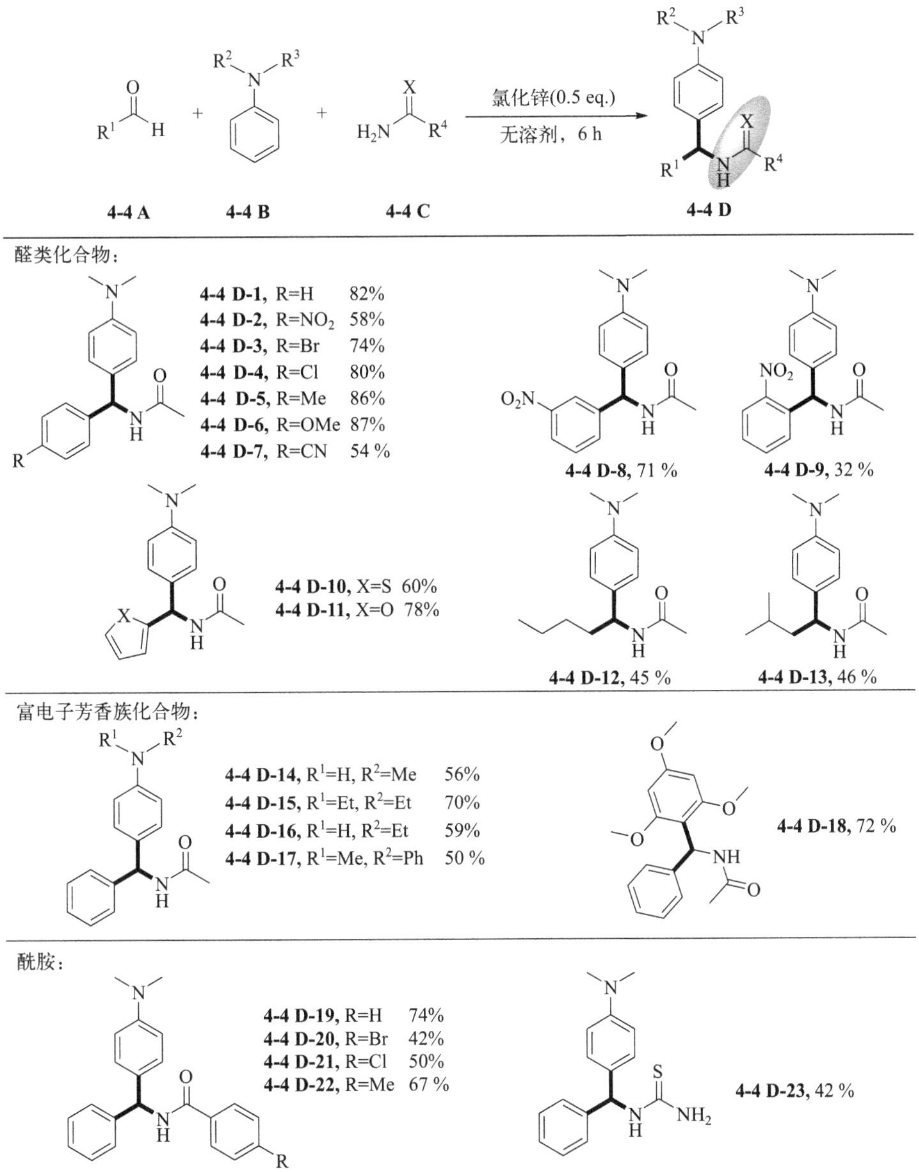

图 4-15 氯化锌通过氢键作用激活酰胺合成具有二芳基甲烷骨架的 Mannich 类化合物

该反应。富电子的芳烃 1,3,5-三甲氧基苯（**4-4 D-18**）亦可参与反应，得到了 72%的产物产率。

此外，具有不同取代基的苯甲酰胺亦可进行反应。当苯甲酰胺（**4-4**

E）取代乙酰胺与苯甲醛（**4-4 A-1**）和 *N*,*N*-二甲基苯胺（**4-4 B-1**）进行反应时，产物产率较高。用苯环的对位上带有吸电子基团或供电子基团的苯甲酰胺（**4-4 D-19**～**4-4 D-22**）进行了实验，发现带有吸电子基团—Br和—Cl的苯甲酰胺产率没有其他带有给电子基团的苯甲酰胺高。令人意外的是，硫脲也可以进行反应，且得到了42%的中等产率产物（**4-4 D-23**）。

4.4.4 反应机理探究

为了探究反应机理，进行了对照实验（图4-16）。首先，在无溶剂的条件下，用乙酰胺（0.4mmol，**4-4 C-1**）和苯甲醛（0.2mmol，**4-4 A-1**）在 $ZnCl_2$（0.5eq.）的存在下进行反应，没有获得Mannich反应前体——亚胺中间体Schiff碱，可能是该结构的Schiff碱稳定性不好，难以检测。将乙酰胺（0.4mmol，**4-4 C-1**）换成更稳定的苯甲酰胺（0.4mmol，**4-4 E**）继续该反应，同样没有得到产物[4-16(a)]。这充分说明了该反应并没有遵循Mannich反应的机理进行。在没有乙酰胺的情况下，苯甲醛（0.2mmol，**4-4 A-1**）和 *N*,*N*-二甲基苯胺（0.2mmol，**4-4 B-1**）可以反

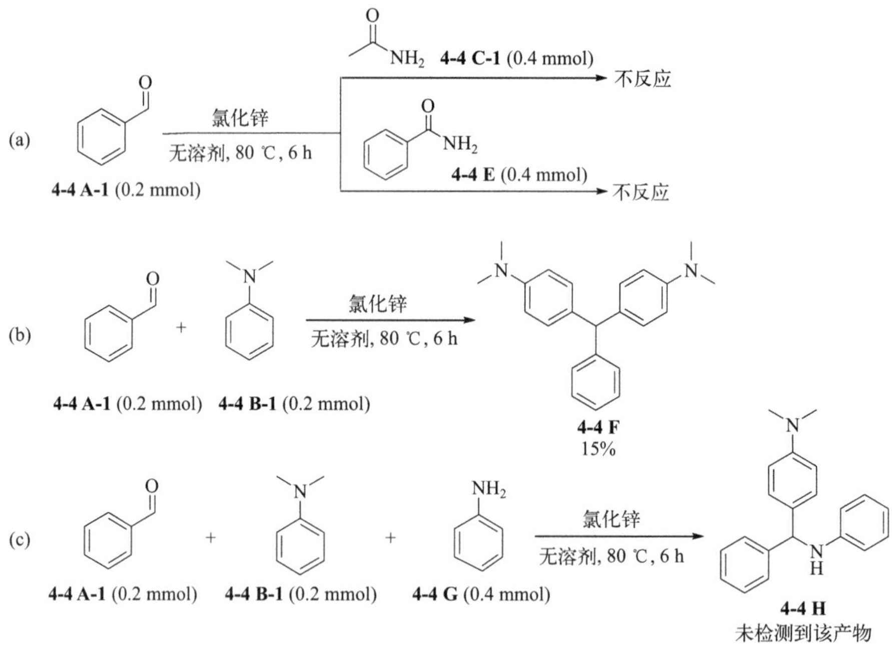

图 4-16 对照实验

应生成三芳基甲烷化合物（**4-4 F**），说明反应最初是苯甲醛和 *N*,*N*-二甲基苯胺的反应［4-16(b)］。当使用苯胺取代酰胺类化合物与苯甲醛和 *N*,*N*-二甲基苯胺反应时，没有得到预想的二芳基甲烷产物［4-16(c)］，可能是因为苯胺不是氢键供体，氯化锌无法通过构成氢键激活苯胺进行反应。此外，之前该反应在溶剂中的反应情况，同样佐证了氯化锌和乙酰胺的氢键作用在该反应中起到了举足轻重的作用。

根据之前的研究：两种到三种廉价和安全的成分能够通过氢键相互作用形成 DES[36]。在大多数情况下，DES 是通过季铵盐与金属盐或氢键供体混合得到的，后者可以与季铵盐的卤化物阴离子形成络合物[37,38]。而乙酰胺类化合物和氯化锌恰好是一种 DES 的构成成分。基于相关文献[39]和对照实验结果，可得出以下结论：$ZnCl_2$ 作为卤化物盐，可以通过氢键相互作用与乙酰胺形成络合物（图 4-17）[40]；同时，$ZnCl_2$ 可以通过与酰胺类化合物形成氢键促进该反应。

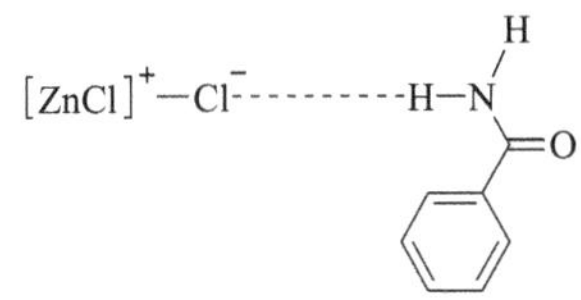

图 4-17　离子间氢键作用

基于以上研究，得出了如图 4-18 所示的反应机理。$ZnCl_2$ 先是作为一种 Lewis 酸催化反应，并通过和苯甲醛的羰基进行配位增加羰基碳的亲电

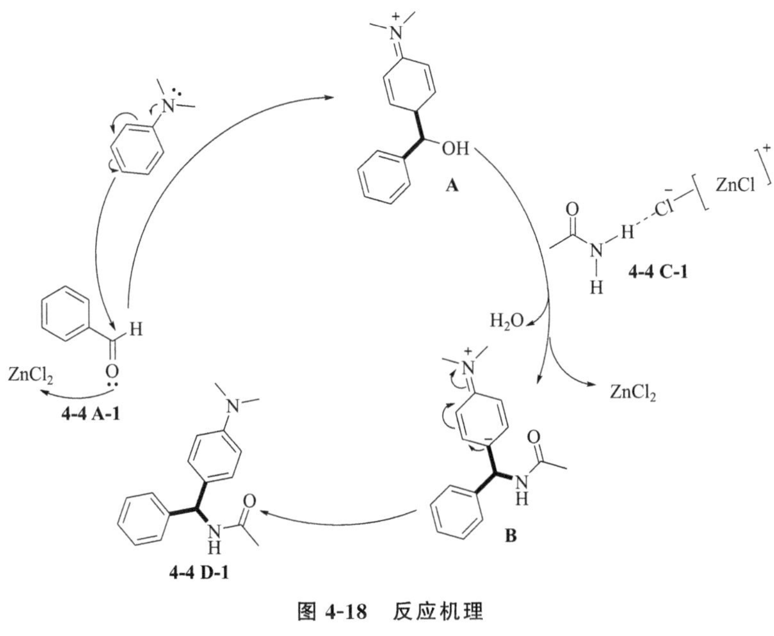

图 4-18　反应机理

性，以利于与 N,N-二甲基苯胺进行反应，得到中间体 **A**；氯化锌通过和乙酰胺上的氨基形成氢键，进而激活了亲核性较弱的酰胺基，使乙酰胺的反应活性大于 N,N-二甲基苯胺，优先和中间产物 **A** 进行反应；在脱去一分子水和氯化锌后，生成了中间产物 **B**；**B** 通过氢迁移过程，得到产物 **4-4 D-1**。

参考文献

[1] Nian B B, Li X. Can deep eutectic solvents be the best alternatives to ionic liquids and organic solvents: A perspective in enzyme catalytic reactions[J]. Int J Biol Macromol, 2022, 217: 255-269.

[2] Wang Z K, Hong S, Wen J L, et al. Lewis acid-facilitated deep eutectic solvent(DES) pretreatment for producing high-purity and antioxidative lignin[J]. ACS Sustain Chem Eng, 2020, 8(2): 1050-1057.

[3] Li M, Wang X P, Hu J S, et al. Comprehensive H_2O molecules regulation via deep eutectic solvents for ultra-stable zinc metal anode[J]. Angew Chem Int Ed, 2023, 62(8): e202215552.

[4] Shahiri H M, Azizi N, Seyyed S S, et al. Pvp-based deep eutectic solvent polymer: Sustainable Brønsted-Lewis acidic catalyst in the synthesis of α-aminophosphonate and bisindole[J]. J M Liq, 2023, 387: 122677.

[5] Tamaddon F, Rashidi H. $ZnCl_2$: 2HOAc: A deep eutectic solvent for the Friedel-Crafts acetylation of poly-phenols and chemo-selective protection of alcohols[J]. Res Chem Intermed, 2023, 49(8): 3589-3603.

[6] Xu L X, Yin J, Zhu D G, et al. Tuning the electronic structure of phosphonic acid-based deep eutectic solvents for synergistic catalytic oxidative desulfurization[J]. Green Chem, 2025, 27(18): 5051-5062.

[7] Teodori E, Baldi E, Dei S, et al. Design, synthesis, and preliminary pharmacological evaluation of 4-aminopiperidine derivatives as N-type calcium channel blockers active on pain and neuropathic pain[J]. J Med Chem, 2004, 47(24): 6070-6081.

[8] Bao Y J, Jiang S T, Zhao L S, et al. Photoinduced synthesis and antitumor activity of a phakellistatin 18 analog with an isoindolinone fragment[J]. New J Chem, 2020, 44(44): 19174-19178.

[9] Cui W J, Wu Z J, Gu Q, et al. Divergent synthesis of tunable cyclopentadienyl ligands and their application in Rh-catalyzed enantioselective synthesis of isoindolinone[J]. J Am Chem Soc, 2020, 142(16): 7379-7385.

[10] Jassem A M, Dhumad A M. Microwave-assisted green synthesis, antimicrobial activity, and drug-likeness of novel isoindolinone derivatives[J]. Monatsh Chem, 2020, 151(9): 1433-1442.

[11] Krishna Y, Tanaka F J. Intramolecular formal [4+2] cycloadditions: Synthesis of spiro isoindolinone derivatives and related molecules[J]. Org Lett, 2021, 23(5): 1874-1879.

[12] Liu X Y, Luo X M, Tang L F. Synthesis of benzazepinoisoindolinone and bridged tricyclic isoindolinone derivatives[J]. Tetrahedron, 2020, 76(30): 1-10.

[13] Wang L, Zhong J L, Lin X F. Enantioselective synthesis of difluoroalkylated isoindolinones via chiral spirocyclic phosphoric acid catalyzed mannich-type reaction[J]. Synlett, 2021, 32: 417-422.

[14] Yoshimoto R, Morisaka H, Usuki Y, et al. Synthesis of CF_3-containing isoindolinone derivatives through rhodium-catalyzed oxidative coupling of benzamides with 2-trifluoromethylacrylate[J]. Chem Lett, 2020, 49(12): 1481-1483.

[15] Abbaspour G E, Aghaei H M, Yahyazadeh A, et al. $(CTA)_3[SiW_{12}]$-Li^+-MMT: A novel, efficient and simple nanocatalyst for facile and one-pot access to diverse and densely functionalized 2-amino-4*H*-chromene derivatives via an eco-friendly multicomponent reaction in water[J]. RSC Adv, 2016, 6(60): 55444-55462.

[16] Dekamin M G, Eslami M, Maleki A. Potassium phthalimide-*N*-oxyl: A novel, efficient, and simple organocatalyst for the one-pot three-component synthesis of various 2-amino-4*H*-chromene derivatives in water[J]. Tetrahedron, 2013, 69(3): 1074-1085.

[17] Gupta R, Layek S, Pathak D D. Synthesis and characterization of guanine-functionalized mesoporous silica [SBA-16-G]: A metal-free and recyclable heterogeneous solid base catalyst for synthesis of pyran-annulated heterocyclic compounds [J]. Res Chem Intermed, 2018, 45(3): 1619-1637.

[18] Khan A T, Lal M, Ali S, et al. One-pot three-component reaction for the synthesis of pyran annulated heterocyclic compounds using DMAP as a catalyst[J]. Tetrahedron Lett, 2011, 52(41): 5327-5332.

[19] Kiyani H, Ghorbani F. Potassium phthalimide: An efficient and simple organocatalyst for the one-pot synthesis of dihydropyrano[3,2-*c*]chromenes in aqueous media[J]. Res Chem Intermed, 2013, 41(6): 4031-4046.

[20] Kiyani H, Tazari M. Aqua one-pot, three-component synthesis of dihydropyrano[3,2-*c*] chromenes and amino-benzochromenes catalyzed by sodium malonate[J]. Res Chem Intermed, 2017, 43(11): 6639-6650.

[21] Mannich C, Krösche W. Ueber ein kondensationsprodukt aus formaldehyd, ammoniak und antipyrin[J]. Arch Pharm, 1912, 250(1): 647-667.

[22] Arend M, Westermann B, Risch N. Modern variants of the mannich reaction [J]. Angew Chem Int Ed, 1998, 37(8): 1044-1070.

[23] Kobayashi S, Ishitani H. Catalytic enantioselective addition to imines[J]. Chem Rev, 1999, 99(5): 1069-1094.

[24] Müller R, Goesmann H, Waldmann H. *N*,*N*-phthaloylamino acids as chiral auxiliaries in asymmetric mannich-type reactions[J]. Angew Chem Int Ed, 1999, 38(1-2): 184-187.

[25] Trost B M, Terrell L R. A direct catalytic asymmetric Mannich-type reaction to syn-amino alcohols[J]. J Am Chem Soc, 2003, 125(2): 338-339.

[26] Matsunaga S, Kumagai N, Harada S, et al. Anti-selective direct catalytic asymmetric Mannich-type reaction of hydroxyketone providing β-amino alcohols[J]. J Am Chem Soc, 2003, 125(16): 4712-4713.

[27] List B. The direct catalytic asymmetric three-component Mannich reaction[J]. J Am Chem Soc, 2000, 122(38): 9336-9337.

[28] List B, Pojarliev P, Biller W T, et al. The proline-catalyzed direct asymmetric three-component mannich reaction: Scope, optimization, and application to the highly enantioselective synthesis of 1,2-amino alcohols[J]. J Am Chem Soc, 2002, 124(5): 827-833.

[29] Córdova A, Notz W, Zhong G F, et al. A highly enantioselective amino acid-catalyzed route to functionalized α-amino acids[J]. J Am Chem Soc, 2002, 124(9): 1842-1843.

[30] Kobayashi S, Hamada T, Manabe K. The catalytic asymmetric Mannich-type reactions in aqueous media[J]. J Am Chem Soc, 2002, 124(20): 5640-5641.

[31] Hayashi Y, Tsuboi W, Ashimine I, et al. The direct and enantioselective, one-pot, three-component, cross-Mannich reaction of aldehydes[J]. Angew Chem Int Ed, 2003, 42(31): 3677-3680.

[32] Wenzel A G, Jacobsen E N. Asymmetric catalytic Mannich reactions catalyzed by urea derivatives: Enantioselective synthesis of β-aryl-β-amino acids[J]. J Am Chem Soc, 2002, 124(44): 12964-12965.

[33] Smolobochkin A V, Rizbayeva T S, Gazizov A S, et al. Acid-catalyzed intramolecular imination/nucleophilic trapping of 4-aminobutanal derivatives: One-pot access to 2-(pyrazolyl)pyrrolidines[J]. Eur J of Org Chem, 2019, 2019(33): 5709-5719.

[34] Ahmed M, Buch C, Routaboul L, et al. Hydroaminomethylation with novel rhodium-carbene complexes: An efficient catalytic approach to pharmaceuticals[J]. Chem Eur J, 2007, 13(5): 1594-1601.

[35] Briggs J R, Klosin J, Whiteker G T. Synthesis of biologically active amines via rhodium-bisphosphite-catalyzed hydroaminomethylation[J]. Org Lett, 2005, 7(22): 4795-4798.

[36] Zhang Q H, De O V K, Royer S, et al. Deep eutectic solvents: Syntheses, properties and applications[J]. Chem Soc Rev, 2012, 41(21): 7108-7146.

[37] Krishnakumar V, Vindhya N G, Mandal B K, et al. Green chemical approach: Low-melting mixture as a green solvent for efficient michael addition of homophthalimides with chalcones[J]. IEC Res, 2014, 53(26): 10814-10819.

[38] Nguyen H T, Tran P H. An extremely efficient and green method for the acylation of secondary alcohols, phenols and naphthols with a deep eutectic solvent as the catalyst [J]. RSC Adv, 2016, 6(100): 98365-98368.

[39] Smith E L, Abbott A P, Ryder K S. Deep eutectic solvents(DESs) and their applications [J]. Chem Rev, 2014, 114(21): 11060-11082.

[40] Calderon M R, Tambyrajah V, Jenkins P R, et al. The regiospecific Fischer indole reaction in choline chloride · $2ZnCl_2$ with product isolation by direct sublimation from the ionic liquid[J]. Chem Comm, 2004(2): 158-159.

附录
本书部分产物的核磁共振数据

2.2节产物的核磁共振数据

(2-2 C-1)黄色固体；熔点 61～62℃；^{1}H NMR(500MHz，DMSO-D_6)：δ 8.30～8.23(m，2H)，8.07(t，J =7.5Hz，2H)，8.02(s，1H)，7.79～7.73(m，1H)，7.60(dd，J =11.5Hz，4.5Hz，1H)，7.55(dd，J =10.0Hz，4.5Hz，2H)，7.52～7.46(m，1H)，2.74(s，3H)；^{13}C NMR(125MHz，DMSO-D_6)：δ 155.67，147.46，145.20，138.76，129.69，129.60，129.50，128.79，127.17，126.92，126.24，124.11，119.18，18.46。

(2-2 C-2)浅黄色液体；^{1}H NMR(500MHz，$CDCl_3$)：δ 8.18～8.10(m，3H)，7.95(d，J =8.5Hz，1H)，7.72(dd，J =11.0Hz，4.0Hz，1H)，7.61(s，1H)，7.52(t，J = 7.5Hz，1H)，7.19(dd，J = 12.0，5.0Hz，2H)，2.70(s，3H)；^{13}C NMR(125MHz，$CDCl_3$)：δ 163.73(d，J = 248.5Hz)，155.89，148.02，145.04，135.91(d，J = 3.0Hz)，130.16，129.49，129.38(d，J = 8.5Hz)，127.15，126.11，123.68，119.38，115.71(d，J =21.5Hz)。

(2-2 C-3)黄色固体；熔点 73～74℃；^{1}H NMR(500MHz，$CDCl_3$)：δ 8.16(d，J =8.5Hz，1H)，8.12～8.07(m，2H)，7.99(d，J =8.5Hz，1H)，7.73(t，J =7.5Hz，1H)，7.67(s，1H)，7.56(t，J =7.5Hz，1H)，7.48(t，J =5.5Hz，1H)，2.76(s，3H)；^{13}C NMR(125MHz，$CDCl_3$)：δ 155.81，148.10，145.27，138.24，135.49，130.29，129.66，129.07，128.90，127.39，126.37，123.78，119.47，19.21。

(2-2 C-4)黄色固体；熔点 69～70℃；^{1}H NMR(500MHz，$CDCl_3$)：δ 8.16(d，J =8.5Hz，1H)，8.05～8.00(m，2H)，7.98(d，J =8.5Hz，1H)，7.72(dd，J =8.5Hz，7.0Hz，1H)，7.65～7.61(m，2H)，7.55(dd，J =8.0Hz，7.0Hz，1H)，2.74(s，3H)；^{13}C NMR(125MHz，$CDCl_3$)：δ 155.76，148.07，145.22，138.63，131.97，130.27，129.62，129.13，127.37，126.35，123.86，123.75，119.34，19.16。

(2-2 C-5)浅黄色固体；熔点 77～78℃；^{1}H NMR(500MHz，DMSO-D_6)：δ 8.23(d，J =8.5Hz，1H)，8.03(s，1H)，7.95(dd，J =13.0Hz，8.0Hz，2H)，7.73(dd，J =8.5Hz，7.0Hz，1H)，7.69(s，1H)，7.53(t，J =7.5Hz，1H)，7.43(t，J =7.5Hz，1H)，7.29(d，J =7.5Hz，1H)，2.72(s，3H)，2.50(s，3H)；^{13}C NMR(125MHz，$CDCl_3$)：δ 157.22，148.05，144.75，139.73，138.42，130.19，130.02，129.31，128.68，128.22，127.22，125.96，124.68，123.63，119.88，

21.63,19.01。

(2-2 C-6)黄色固体;熔点110～112℃;^{1}H NMR(500MHz,$CDCl_3$):δ 8.14(t,J=9.5Hz,3H),7.96(d,J=8.0Hz,1H),7.70(t,J=7.5Hz,1H),7.66(s,1H),7.51(t,J=7.5Hz,1H),7.04(d,J=9.0Hz,2H),3.88(s,3H),2.73(s,3H);^{13}C NMR(125MHz,$CDCl_3$):δ 160.75,156.68,148.19,144.68,132.42,130.11,129.34,128.91,127.07,125.74,123.69,119.38,114.22,55.46,19.13。

(2-2 C-7)黄色液体;^{1}H NMR(500MHz,$CDCl_3$):δ 8.20(d,J=9.0Hz,1H),7.97(d,J=8.5Hz,1H),7.80～7.76(m,1H),7.74～7.66(m,3H),7.53(t,J=7.5Hz,1H),7.43(t,J=8.0Hz,1H),7.02(dd,J=8.5Hz,3.0Hz,1H),3.93(s,3H),2.73(s,3H);^{13}C NMR(125MHz,$CDCl_3$):δ 160.12,156.90,148.08,144.90,141.35,130.32,129.82,129.41,127.39,126.14,123.70,120.04,119.93,115.34,112.66,55.47,19.10。

(2-2 C-8)无色液体;^{1}H NMR(500MHz,$CDCl_3$):δ 8.20(d,J=8.5Hz,1H),8.07(t,J=8.0Hz,1H),8.00(d,J=8.5Hz,1H),7.76～7.70(m,2H),7.56(t,J=8.0Hz,1H),7.42(dd,J=14.0Hz,9.0Hz,1H),7.31(t,J=7.5Hz,1H),7.20(dd,J=11.0Hz,8.0Hz,1H),2.74(s,3H);^{13}C NMR(125MHz,$CDCl_3$):δ 160.72(d,J=249.5Hz),153.84(d,J=2.0Hz),148.12,144.38,131.55(d,J=3.0Hz),130.73(d,J=8.5Hz),130.27,129.37,128.15(d,J=12.0Hz),127.30,126.42,124.72(d,J=3.5Hz),123.71,123.15(d,J=7.5Hz),116.23(d,J=23.0Hz),18.99。$[C_{16}H_{12}FN+H]^+$高分辨质谱(HRMS) m/z 计算值:238.0954;实际值:238.1025。

(2-2 C-9)黄色液体;^{1}H NMR(500MHz,$CDCl_3$):δ 8.18(d,J=8.5Hz,1H),7.98(d,J=8.5Hz,1H),7.91(dd,J=9.5Hz,1.5Hz,2H),7.73(t,J=8.5Hz,1H),7.66(s,1H),7.55(t,J=7.5Hz,1H),7.47(td,J=7.5,6.0Hz,1H),7.18～7.12(m,1H),2.74(s,3H);^{13}C NMR(125MHz,$CDCl_3$):δ 163.38(d,J=245.5Hz),155.61(d,J=2.5Hz),148.03,145.25,142.14(d,J=7.5Hz),130.35,130.29,129.62,127.48,126.44,123.74,123.12(d,J=3.0Hz),119.57,116.13(d,J=21.5Hz),114.51(d,J=23.0Hz),19.13。

(2-2 C-10)无色液体;^{1}H NMR(600MHz,$CDCl_3$):δ 8.19～8.14(m,2H),7.99(d,J=1.8Hz,1H),7.86(d,J=8.4Hz,1H),7.64(s,1H),7.55～7.50(m,2H),7.46(ddd,J=6.6Hz,4.2Hz,1.2Hz,1H),7.37(d,J=8.4Hz,1H),

2.71(d, J =1.2Hz, 3H), 2.58(s, 3H); ^{13}C NMR(125MHz, $CDCl_3$): δ 157.13, 148.41, 144.68, 140.04, 139.64, 129.37, 129.18, 128.83, 128.31, 127.60, 125.35, 123.42, 119.16, 21.82, 19.06。$[C_{17}H_{15}N+H]^+$ HRMS m/z 计算值: 234.1238; 实际值: 234.1280。

(2-2 C-11) 浅黄色固体; 熔点 69～70℃; ^{1}H NMR(500MHz, $CDCl_3$): δ 8.13(dd, J = 8.0Hz, 1.5Hz, 3H), 8.03(d, J = 9.0Hz, 1H), 7.77(dd, J = 9.0Hz, 2.0Hz, 1H), 7.71(s, 1H), 7.53(dd, J = 11.5Hz, 4.5Hz, 2H), 7.47(dd, J = 11.5Hz, 4.5Hz, 1H), 2.71(s, 3H); ^{13}C NMR(125MHz, $CDCl_3$): δ 157.47, 146.75, 144.15, 139.36, 132.86, 132.02, 129.61, 128.97, 128.58, 127.60, 126.24, 120.55, 120.13, 19.12。

(2-2 C-12) 浅黄色液体; ^{1}H NMR(500MHz, $CDCl_3$): δ 8.34～8.30(m, 2H), 8.16(d, J =8.5Hz, 1H), 8.01(s, 1H), 7.84(d, J =8.0Hz, 1H), 7.81～7.76(m, 1H), 7.65～7.47(m, 9H); ^{13}C NMR(125MHz, $CDCl_3$): δ 156.95, 149.21, 148.86, 139.70, 138.43, 130.18, 129.63, 129.61, 129.42, 128.92, 128.67, 128.48, 127.66, 126.41, 125.81, 125.71, 119.45。

2.3节产物的核磁共振数据

(2-3 C-1) 黄色油状液体; ^{1}H NMR(500MHz, DMSO): δ 7.86(d, 2H), 7.79～7.62(m, 3H), 7.56(t, J = 7.5Hz, 2H), 7.45～7.34(m, J = 7.5Hz, 1H), 7.14(t, J =7.5Hz, 1H), 7.00(s, 1H), 4.60(t, J = 5.0Hz, 2H), 4.46(t, J =5.0Hz, 1H), 3.38(dd, J = 11.6Hz, 2H), 1.77(dt, 2H), 1.53～1.33(m, 2H); ^{13}C NMR(126MHz, DMSO): δ 187.85, 139.44, 138.98, 134.01, 132.45, 129.42, 128.48, 125.91, 125.50, 123.09, 120.71, 114.88, 111.16, 60.51, 44.08, 29.82, 27.18。

(2-3 C-2) 黄色油状液体; ^{1}H NMR(500MHz, DMSO): δ 7.86(d, 2H), 7.72～7.58(m, 3H), 7.52(t, J = 7.4Hz, 2H), 7.43～7.31(m, J = 7.5Hz, 1H), 7.13(m, J =7.4Hz, 1H), 7.00(s, 1H), 4.58(t, J =5.0Hz, 2H), 4.46(t, J =5.0Hz, 1H), 3.38(dd, J = 11.8Hz, 2H), 2.03(m, 2H), 1.77(dt, 2H), 1.47～1.26(m, 2H); ^{13}C NMR(126MHz, DMSO): δ 185.47, 138.44, 138.31, 133.01, 130.37, 128.26, 128.11, 125.91, 125.50, 123.09, 120.71, 114.88, 111.16, 60.48, 44.01, 35, 86, 29.74, 27.05。

(2-3 C-3) 黄色油状液体; ^{1}H NMR(500MHz, DMSO): δ 7.88(d, 2H),

7.61(m,2H),7.56(t,J=7.6Hz,2H),7.46～7.29(m,J=7.5Hz,1H),7.14(t,J=7.5Hz,1H),7.00(s,1H),4.45(t,J=5.0Hz,2H),4.46(t,J=5.0Hz,1H),3.38(dd,J=11.6Hz,2H),1.77(dt,2H),1.53～1.33(m,2H);^{13}C NMR(126MHz,DMSO):δ 189.05,139.44,138.98,134.01,131.35,130.72,129.98,125.91,125.50,123.09,120.71,114.88,111.07,60.51,44.08,29.12,26.95。

(2-3 C-4)黄色油状液体;^{1}H NMR(500MHz,DMSO):δ 7.89(d,2H),7.62(m,2H),7.53(t,J=7.7Hz,2H),7.45～7.34(m,J=7.5Hz,1H),7.14(t,J=7.5Hz,1H),7.00(s,1H),4.54(t,J=5.0Hz,2H),4.40(t,J=5.0Hz,1H),3.38(dd,J=11.6Hz,2H),1.77(dt,2H),1.53～1.33(m,2H);^{13}C NMR(126MHz,DMSO):δ 187.85,139.44,138.98,135.01,135.25,131.36,128.48,125.91,125.50,123.09,120.71,114.88,111.16,60.51,44.08,29.82,27.18。

(2-3 C-5)黄色油状液体;^{1}H NMR(500MHz,DMSO):δ 7.90(d,2H),7.57(m,2H),7.60(t,J=7.7Hz,2H),7.48～7.34(m,J=7.5Hz,1H),7.14(t,J=7.5Hz,1H),7.00(s,1H),4.60(t,2H),4.46(t,J=5.0Hz,1H),3.38(dd,J=11.6Hz,2H),1.77(dt,2H),1.53～1.33(m,2H);^{13}C NMR(126MHz,DMSO):δ 187.85,139.44,138.98,134.01,132.45,129.42,129.34,126.21,126.19,124.35,120.21,114.88,111.16,60.51,45.18,30.62,28.22。

(2-3 C-6)黄色油状液体;^{1}H NMR(500MHz,DMSO):δ 7.86(d,2H),7.79～7.62(m,2H),7.56(t,J=7.7Hz,2H),7.45～7.34(m,J=7.8Hz,1H),7.14(t,J=7.5Hz,1H),7.00(s,1H),4.60(t,2H),4.46(t,J=5.0Hz,1H),3.38(dd,J=11.6Hz,2H),1.77(dt,2H),1.53～1.33(m,2H);^{13}C NMR(126MHz,DMSO):δ 187.85,139.44,138.98,133.83,132.45,130.12,127.48,126.75,126.50,123.09,121.41,116.16,115.68,64.51,46.34,32.11,29.31。

(2-3 C-7)黄色油状液体;^{1}H NMR(500MHz,DMSO):δ 7.89(d,2H),7.76(m,2H),7.61(t,J=7.8Hz,2H),7.45～7.39(m,J=7.8Hz,1H),7.28(t,J=7.8Hz,1H),7.08(s,1H),4.64(t,2H),4.51(t,J=5.0Hz,1H),3.42(m,J=11.6Hz,2H),1.81(m,2H),1.55～1.36(m,2H);^{13}C NMR(126MHz,DMSO):δ 188.75,140.34,139.72,137.51,135.45,132.42,

129.36，127.73，126.86，124.21，121.34，115.63，112.34，61.32，47.82，30.45，28.18。

(**2-3 C-8**)黄色油状液体；^{1}H NMR(500MHz，DMSO)：δ 7.89(d，2H)，7.73(m，2H)，7.59(t，J = 7.8Hz，2H)，7.45～7.34(m，J = 7.5Hz，1H)，7.14(t，J = 7.5Hz，1H)，7.02(s，1H)，4.61(t，2H)，4.46(t，J = 5.2Hz，1H)，3.39(dd，J = 11.6Hz，2H)，1.79(dt，2H)，1.52～1.35(m，2H)；^{13}C NMR(126MHz，DMSO)：δ 188.71，139.64，138.99，134.61，132.75，130.56，129.48，126.76，125.67，123.39，120.84，115.36，111.35，63.72，60.67，44.25，29.87，27.32。

(**2-3 C-9**)黄色油状液体；^{1}H NMR(500MHz，DMSO)：δ 7.88(d，2H)，7.71(m，2H)，7.61(t，J = 7.6Hz，2H)，7.45～7.34(m，J = 7.5Hz，1H)，7.14(t，J = 7.5Hz，1H)，7.00(s，1H)，4.60(t，2H)，4.46(t，J = 5.0Hz，1H)，3.38(dd，J = 11.6Hz，2H)，1.77(dt，2H)，1.53～1.33(m，2H)；^{13}C NMR(126MHz，DMSO)：δ 188.79，139.44，138.99，134.21，132.56，131.46，130.35，125.91，125.84，123.65，121.61，115.16，111.76，60.82，54.66，44.38，29.85，27.43。

(**2-3 C-10**)棕色固体；^{1}H NMR(500MHz，DMSO)：δ 7.86(d，2H)，7.79～7.62(m，2H)，7.56(t，J = 7.4Hz，2H)，7.45～7.34(m，J = 7.7Hz，1H)，7.14(t，J = 7.5Hz，1H)，7.00(s，1H)，4.60(t，J = 5.2Hz，2H)，4.46(t，J = 5.0Hz，1H)，3.38(dd，J = 11.6Hz，2H)，2.3(s，3H)，77(dt，2H)，1.53～1.33(m，2H)；^{13}C NMR(126MHz，DMSO)：δ 187.85，139.44，138.98，134.01，132.45，129.42，128.48，125.91，125.50，123.09，120.71，114.88，111.16，60.51，44.08，29.82，27.18 22.12。

(**2-3 C-11**)黄色油状液体；^{1}H NMR(500MHz，DMSO)：δ 7.87(d，2H)，7.77～7.58(m，2H)，7.58(t，J = 7.5Hz，2H)，7.45～7.34(m，J = 7.7Hz，1H)，7.14(t，J = 7.7Hz，1H)，7.02(s，1H)，4.64(t，J = 5.6Hz，2H)，4.47(t，J = 5.4Hz，1H)，3.87(s，3H)，3.38(dd，J = 11.6Hz，2H)，1.77(m，2H)，1.53～1.33(m，2H)；^{13}C NMR(126MHz，DMSO)：δ 188.47，139.74，138.98，134.41，132.17，130.42，129.81，125.91，125.50，123.09，120.71，114.88，111.16，60.51，54，32，44.08，29.82，27.18。

(**2-3 C-12**)黄色油状液体；^{1}H NMR(500MHz，DMSO)：δ 7.87(d，J = 8.0Hz，1H)，7.81～7.68(m，3H)，7.57(t，J = 7.5Hz，2H)，7.45～7.34(m，

J=7.5Hz,1H),7.21(t,J=7.5Hz,1H),7.08(s,1H),4.62(t,J=5.3Hz,2H),4.49(t,J=5.6Hz,1H),3.93(s,3H),3.48(m,J=11.6Hz,2H),1.78(dt,2H),1.59~1.36(m,2H);^{13}C NMR(126MHz,DMSO):δ 188.69,139.44,138.98,134.01,131.65,128.32,127.43,125.91,125.67,123.21,120.89,114.94,111.19,60.57,55.38,44.12,29.89,27.25。

(**2-3 C-13**)黄色油状液体;^{1}H NMR(500MHz,DMSO):δ 7.86(d,2H),7.75(t,J=8.0Hz,1H),7.58(m,J=7.8Hz,1H),7.56(t,J=7.2Hz,2H),7.48~7.36(m,J=7.5Hz,1H),7.18(t,J=7.5Hz,1H),7.00(s,1H),4.66(t,2H),4.49(t,J=5.0Hz,1H),3.84(s,3H),3.41(dd,J=11.6Hz,2H),1.79(m,2H),1.53~1.36(m,2H);^{13}C NMR(126MHz,DMSO):δ 187.81,139.57,138.98,134.11,132.48,129.87,128.79,125.96,125.55,123.21,120.86,114.93,111.22,60.67,54.46,44.08,29.89,27.26。

(**2-3 C-14**)黄色油状液体;^{1}H NMR(500MHz,DMSO):δ 7.88(d,2H),7.68(d,J=8.0Hz ,1H),7.59(t,J=7.5Hz,2H),7.48~7.38(m,J=7.5Hz,1H),7.19(t,J=7.5Hz,1H),7.07(s,1H),4.66(t,2H),4.52(t,J=5.0Hz,1H),3.41(d,J=11.6Hz,2H),3.95(s,3H),3.86(s,3H),1.79(t,2H),1.54~1.36(m,2H);^{13}C NMR(126MHz,DMSO):δ 188.73,139.85,139.89,134.63,132.86,128.36,127.39,124.78,124.13,123.09,120.78,115.68,111.89,60.58,56.42,55.47,53.86,44.68,30.54,27.64。

(**2-3 C-15**)棕色固体;^{1}H NMR(500MHz,DMSO):δ 10.61(s,1H),7.86(d,2H),7.78(m,2H),7.58(t,J=7.2Hz,2H),7.45~7.37(m,J=7.5Hz,1H),7.15(t,J=7.5Hz,1H),7.04(s,1H),4.63(t,2H),4.48(t,J=5.0Hz,1H),3.43(dd,J=11.6Hz,2H),1.83(dt,2H),1.57~1.36(m,2H);^{13}C NMR(126MHz,DMSO):δ 187.85,139.75,138.98,134.81,133.23,129.86,128.74,125.91,125.71,123.89,121.32,114.88,111.75,60.86,44.65,30.22,27.84。

(**2-3 C-16**)黄色油状液体;^{1}H NMR(500MHz,DMSO):δ 7.86(d,2H),7.81(d,J=8.2Hz,1H),7.66(d,J=7.8Hz,1H),7.74(d,2H),7.56(t,J=7.5Hz,2H),7.45~7.38(d,2H),7.14(t,J=7.5Hz,1H),7.04(s,1H),4.64(t,2H),4.51(t,J=5.0Hz,1H),3.42(dd,J=11.6Hz,2H),1.79(m,2H),1.57~1.36(m,2H);^{13}C NMR(126MHz,DMSO):δ 185.6,138.6,137.8,133.8,132.3,130.1,129.1,128.8,127.7,127.1,126.0,124.7,123.4,121.4,

113.3,112.3,60.51,44.08,29.82,27.18。

2.4节产物的核磁共振数据

(2-4 C-1)白色固体;熔点95.1～95.9℃;^{1}H NMR(500MHz,$CDCl_3$)δ 7.26～7.23(m,2H),7.15(dd,J=18.3Hz,6.6Hz,3H),6.98(d,J=8.4Hz,4H),6.67～6.64(m,4H),5.37(s,1H),2.90(s,12H);^{13}C NMR(126MHz,$CDCl_3$):δ 148.94,145.43,132.87,129.94,129.35,128.06,125.77,112.53,54.99,40.74。

(2-4 C-2)黄色固体;熔点175.6～177.3℃;^{1}H NMR(500MHz,$CDCl_3$):δ 7.31～7.27(m,4H),6.95(d,J=8.6Hz,4H),6.68(d,J=8.6Hz,4H),5.46(s,1H),2.93(s,12H);^{13}C NMR(126MHz,$CDCl_3$):δ 146.08,139.97,130.51,130.07,129.83,124.32,123.39,112.51,54.82,40.63。

(2-4 C-3)黄色液体;^{1}H NMR(500MHz,$CDCl_3$):δ 7.70(d,J=8.2Hz,2H),7.22(d,J=8.2Hz,2H),6.96(d,J=8.6Hz,4H),6.68(d,J=7.4Hz,4H),5.42(s,1H),2.92(s,12H);^{13}C NMR(126MHz,$CDCl_3$):δ 144.46,138.47,130.73,129.89,129.58,128.04,127.23,112.48,111.92,54.80,40.74。

(2-4 C-4)白色固体;熔点98.3～98.9℃;^{1}H NMR(500MHz,$CDCl_3$):δ 7.21(d,J=8.4Hz,2H),7.05(d,J=8.4Hz,2H),6.95(d,J=8.7Hz,4H),6.67(d,J=8.7Hz,4H),5.34(s,1H),2.91(s,12H);^{13}C NMR(126MHz,$CDCl_3$):δ 149.00,144.06,131.55,130.72,129.91,129.48,128.22,112.62,54.37,40.80。

(2-4 C-5)白色固体;熔点118.2～119.6℃;^{1}H NMR(500MHz,$CDCl_3$):δ 7.36(d,J=8.3Hz,2H),7.23(d,J=11.7Hz,2H),6.95(d,J=8.6Hz,4H),6.67(d,J=8.5Hz,4H),5.32(s,1H),2.91(s,12H);^{13}C NMR(126MHz,$CDCl_3$):δ 148.98,144.58,132.33,131.16,130.91,129.93,119.72,112.66,54.46,40.83。

(2-4 C-6)白色固体;熔点103.3～104.8℃;^{1}H NMR(500MHz,$CDCl_3$):δ 7.06(d,J=7.9Hz,2H),7.01(d,J=8.1Hz,2H),6.98(d,J=8.7Hz,4H),6.66(d,J=8.7Hz,4H),5.34(s,1H),2.89(s,12H),2.30(s,3H);^{13}C NMR(126MHz,$CDCl_3$):δ 148.92,142.50,135.27,133.22,129.98,129.28,128.86,112.65,54.65,40.87,21.09。

(**2-4 C-7**)白色固体;熔点 100.0～102.5℃;^{1}H NMR(500MHz,$CDCl_3$):δ 7.03(d,J=8.7Hz,2H),6.97(d,J=8.7Hz,4H),6.80(d,J=8.7Hz,2H),6.68(d,J=8.6Hz,4H),5.33(s,1H),3.77(s,3H),2.91(s,12H);^{13}C NMR(126MHz,$CDCl_3$):δ 157.70,148.78,137.61,133.50,130.26,129.93,113.48,112.72,55.25,54.16,40.92。

(**2-4 C-8**)白色固体;熔点 115.9～117.2℃;^{1}H NMR(500MHz,$CDCl_3$):δ 7.54(d,J=9.0Hz,1H),7.19(t,J=7.0Hz,1H),7.05(d,J=7.7Hz,1H),6.99(d,J=7.8Hz,1H),6.94(d,J=8.6Hz,4H),6.68(d,J=8.1Hz,4H),5.76(s,1H),2.92(s,12H);^{13}C NMR(126MHz,$CDCl_3$):δ 148.77,144.46,132.84,131.25,130.13,129.46,127.52,127.03,125.45,112.57,54.10,40.80。

(**2-4 C-9**)白色固体;熔点 145.2～146.9℃;^{1}H NMR(500MHz,$CDCl_3$):δ 7.29～7.27(m,1H),7.11(t,J=7.7Hz,1H),7.05(d,J=7.6Hz,1H),6.95(d,J=8.6Hz,4H),6.68(d,J=8.7Hz,4H),5.33(s,1H),2.92(s,12H);^{13}C NMR(126MHz,$CDCl_3$):δ 148.99,147.94,132.29,129.93,129.68,129.50,129.02,128.08,122.41,112.68,54.75,40.81。

(**2-4 C-10**)白色固体;熔点 88.8～89.4℃;^{1}H NMR(500MHz,$CDCl_3$):δ 7.15(dd,J=5.1Hz,1.2Hz,1H),7.08(d,J=8.7Hz,4H),6.90(dd,J=5.1Hz,3.5Hz,1H),6.68(dd,J=11.0Hz,3.9Hz,5H),5.50(s,1H),2.91(s,12H);^{13}C NMR(126MHz,$CDCl_3$):δ 150.08,149.09,132.82,129.33,126.37,125.68,123.95,112.50,50.29,40.73。

(**2-4 C-11**)白色固体;熔点 89.6～91.0℃;^{1}H NMR(500MHz,$CDCl_3$):δ 7.37～7.32(m,1H),7.04(d,J=8.7Hz,4H),6.70(d,J=8.4Hz,4H),6.28(dd,J=3.1Hz,1.9Hz,1H),5.88(d,J=3.2Hz,1H),5.28(s,1H),2.91(s,12H);^{13}C NMR(126MHz,$CDCl_3$):δ 158.22,149.08,141.51,130.85,129.46,129.25,112.82,109.90,107.57,49.02,40.87。

(**2-4 C-12**)白色固体;熔点 66.3～68.4℃;^{1}H NMR(500MHz,$CDCl_3$):δ 7.11(d,J=8.5Hz,4H),6.78～6.64(m,4H),3.85(t,J=8.0Hz,1H),2.90(s,12H),1.86～1.79(m,2H),1.44(dt,J=13.3Hz,6.6Hz,1H),0.90(d,J=6.6Hz,6H);^{13}C NMR(126MHz,$CDCl_3$):δ 129.47,128.41,113.12,46.81,45.40,41.18,25.53,22.72。

(**2-4 C-13**)白色固体;熔点 105.3～107.9℃;^{1}H NMR(500MHz,$CDCl_3$):

δ 7.27(s,1H),7.24(s,1H),7.18(d,J=7.3Hz,1H),7.12(d,J=7.2Hz,2H),7.01(d,J=8.4Hz,1H),6.93(d,J=8.4Hz,4H),6.62～6.52(m,5H),5.36(s,1H),2.81(s,6H);^{13}C NMR(126MHz,$CDCl_3$):δ 147.18,145.30,133.74,130.09,129.32,128.07,125.81,112.45,55.12,31.03。

(2-4 C-14)白色固体;熔点 84.1～86.4℃;^{1}H NMR(500MHz,$CDCl_3$):δ 7.24(d,J=4.9Hz,2H),7.16(t,J=7.4Hz,3H),6.95(d,J=8.5Hz,4H),6.59(d,J=8.5Hz,4H),5.33(s,1H),3.31(q,J=7.0Hz,8H),1.13(t,J=7.0Hz,12H);^{1}H NMR(500MHz,$CDCl_3$):δ 7.25,7.24,7.18,7.16,7.15,6.96,6.94,6.60,6.58,5.33,3.33,3.31,3.30,3.29,1.14,1.13,1.1。

2.5节产物的核磁共振数据

(2-5 D-1)黄色液体;^{1}H NMR(500MHz,$CDCl_3$):δ 7.32～7.22(m,5H),7.08(d,J=8.7Hz,2H),6.66(d,J=8.8Hz,2H),4.97～4.89(m,2H),4.80(t,J=8.2Hz,1H),2.91(s,6H);^{13}C NMR(126MHz,$CDCl_3$):δ 149.85,140.00,128.91,128.36,127.59,127.31,126.67,112.77,79.66,48.25,40.47。

(2-5 D-2)黄色液体;^{1}H NMR(500MHz,$CDCl_3$):δ 8.17(d,J=8.8Hz,2H),7.42(d,J=8.7Hz,2H),7.04(d,J=8.7Hz,2H),6.66(d,J=12.0Hz,2H),5.02～4.89(m,3H),2.93(s,6H);^{13}C NMR(126MHz,$CDCl_3$):δ 150.15,147.48,147.12,128.52,128.30,124.76,124.16,112.81,78.85,47.96,40.34。$C_{14}H_{16}N_2O_3$[M+H]$^+$ HRMS m/z 计算值:316.1292;实际值:316.1268。

(2-5 D-3)黄色液体;^{1}H NMR(500MHz,$CDCl_3$):δ 7.59(d,J=8.4Hz,2H),7.36(d,J=8.3Hz,2H),7.03(d,J=8.8Hz,2H),6.66(d,J=8.8Hz,2H),4.99～4.82(m,3H),2.92(s,6H);^{13}C NMR(126MHz,$CDCl_3$):δ 150.11,145.51,132.72,128.43,128.31,124.93,118.54,112.80,111.31,78.85,48.16,40.36。$C_{17}H_{17}N_3O_2$[M+H]$^+$ HRMS m/z 计算值:296.13935;实际值:296.13910。

(2-5 D-4)白色固体;熔点 62～65℃;^{1}H NMR (500MHz,$CDCl_3$):δ 7.27(d,J=8.5Hz,2H),7.16 (d,J=8.4Hz,2H),7.04 (d,J=8.8Hz,2H),6.65(d,J=8.8Hz,2H),4.92～4.85 (m,2H),4.77(t,J=8.5Hz,1H),2.91(s,6H);^{13}C NMR(126MHz,$CDCl_3$):δ 149.95,138.57,133.19,129.08,128.98,128.27,126.03,112.78,79.41,47.63,40.43。

（**2-5 D-5**）黄色液体；^{1}H NMR（500MHz，$CDCl_3$）：δ 7.43（d，J＝8.5Hz，2H），7.11（d，J＝8.4Hz，2H），7.04（d，J＝8.7Hz，2H），6.66（d，J＝8.8Hz，2H），4.93～4.85（m，2H），4.76（t，J＝8.5Hz，1H），2.91（s，6H）；^{13}C NMR（126MHz，$CDCl_3$）：δ 149.95，139.08，132.02，129.32，128.26，125.93，121.29，112.77，79.32，47.68，40.11。$C_{16}H_{17}BrN_2O_2$［M＋Na］$^+$ HRMS m/z 计算值：371.03656；实际值：371.03619。

（**2-5 D-6**）黄色液体；^{1}H NMR（500MHz，$CDCl_3$）：δ 7.14（d，J＝8.6Hz，2H），7.06（d，J＝8.7Hz，2H），6.83（d，J＝8.8Hz，2H），6.66（d，J＝8.8Hz，2H），4.93～4.84（m，2H），4.75（t，J＝8.2Hz，1H），3.76（s，3H），2.91（s，6H）；^{13}C NMR（126MHz，$CDCl_3$）：δ 158.74，149.81，132.05，128.65，128.26，127.04，114.28，112.78，79.83，55.27，47.53，40.49。

（**2-5 D-7**）黄色液体；^{1}H NMR（500MHz，$CDCl_3$）：δ 7.17～7.01（m，6H），6.65（d，J＝8.8Hz，2H），4.94～4.84（m，2H），4.75（t，J＝8.2Hz，1H），2.89（s，6H），2.29（s，3H）；^{13}C NMR（126MHz，$CDCl_3$）：δ 149.84，137.03，136.96，129.60，128.33，127.48，126.98，112.81，79.77，47.93，40.51，21.05。$C_{17}H_{20}N_2O_2$［M＋Na］$^+$ HRMS m/z 计算值：307.14170；实际值：307.14130。

（**2-5 D-8**）黄色液体；^{1}H NMR（500MHz，$CDCl_3$）：δ 8.19～7.98（m，2H），7.60（d，J＝7.7Hz，1H），7.50（t，J＝7.9Hz，1H），7.07（d，J＝8.7Hz，2H），6.67（d，J＝8.9Hz，2H），5.06～4.87（m，3H），2.93（s，6H）；^{13}C NMR（126MHz，$CDCl_3$）：δ 150.14，148.59，142.31，133.78，129.93，128.27，124.88，122.52，122.47，112.85，78.98，47.87，40.35。

（**2-5 D-9**）黄色液体；^{1}H NMR（500MHz，DMSO）：δ 7.91～7.78（m，2H），7.69（t，J＝7.7Hz，1H），7.50（t，J＝7.7Hz，1H），7.15（d，J＝8.8Hz，2H），6.65（d，J＝8.8Hz，2H），5.47～5.14（m，3H），2.84（s，6H）；^{13}C NMR（126MHz，DMSO）：δ 150.12，149.86，134.60，133.60，129.40，128.92，128.78，125.65，124.96，112.93，78.49，41.82。$C_{16}H_{17}N_3O_4$［M＋Na］$^+$ HRMS m/z 计算值：338.11113；实际值：338.11093。

（**2-5 D-10**）黄色液体；^{1}H NMR（500MHz，$CDCl_3$）：δ 7.23～7.01（m，3H），7.00～6.78（m，2H），6.67（d，J＝8.8Hz，2H），5.04～4.82（m，3H），2.92（s，6H）；^{13}C NMR（126MHz，$CDCl_3$）：δ 150.16，143.72，128.30，126.95，126.18，124.92，124.72，112.68，80.34，44.03，40.44。

(2-5 D-11)黄色液体；^{1}H NMR(500MHz，$CDCl_3$)：δ 7.35(dd，J = 1.7，0.7Hz，1H)，7.12(d，J = 8.8Hz，2H)，6.68(d，J = 8.8Hz，2H)，6.29(dd，J = 3.2Hz，1.9Hz，1H)，6.08(d，J = 2.6Hz，1H)，4.99～4.71(m，3H)，2.92(s，6H)；^{13}C NMR(126MHz，$CDCl_3$)：δ 152.97，150.44，142.31，128.57，124.19，112.73，110.38，107.03，78.48，42.84，40.45。$C_{14}H_{16}N_2O_3[M+H]^+$ HRMS m/z 计算值：261.12337；实际值：261.12302。

(2-5 D-13)黄色液体；^{1}H NMR(500MHz，$CDCl_3$)：δ 7.32～7.21(m，5H)，7.04(d，J = 8.8Hz，2H)，6.59(d，J = 8.8Hz，2H)，4.97～4.87(m，2H)，4.78(t，J = 8.2Hz，1H)，3.30(q，J = 7.1Hz，4H)，1.12(t，J = 7.1Hz，6H)；^{13}C NMR(126MHz，$CDCl_3$)：δ 147.07，140.07，128.85，128.52，127.59，127.24，125.38，111.85，79.69，48.23，44.25，12.55。

(2-5 D-14)浅绿色固体；熔点 94～96℃；^{1}H NMR(500MHz，$CDCl_3$)：δ 7.26～7.15(m，7H)，7.03～6.90(m，5H)，6.82(d，J = 11.5Hz，2H)，4.92～4.84(m，2H)，4.76(t，J = 8.2Hz，1H)，3.20(s，3H)；^{13}C NMR(126MHz，$CDCl_3$)：δ 148.60，148.34，139.62，130.74，129.34，129.00，128.37，127.63，127.49，122.37，121.94，119.19，79.48，48.41，40.19。

(2-5 D-15)浅绿色固体；熔点 94～96℃；^{1}H NMR(500MHz，$CDCl_3$)：δ 7.32～7.21(m，5H)，7.03(d，J = 8.5Hz，2H)，6.54(d，J = 8.6Hz，2H)，4.97～4.88(m，2H)，4.79(t，J = 8.2Hz，1H)，3.71(s，1H)，2.79(s，3H)；^{13}C NMR(126MHz，$CDCl_3$)：δ 148.65，139.99，128.91，128.52，127.58，127.51，127.32，112.70，79.67，48.34，30.66。

(2-5 D-16)黄色液体；^{1}H NMR(500MHz，$CDCl_3$)：δ 7.34～7.22(m，7H)，7.11～6.91(m，7H)，5.68(s，1H)，4.98～4.91(m，2H)，4.83(t，J = 8.2Hz，1H)；^{13}C NMR(126MHz，$CDCl_3$)：δ 142.72，142.62，139.59，131.24，129.40，129.03，128.64，127.62，127.53，121.43，118.24，117.74，79.48，48.42。

(2-5 D-17)黄色液体；^{1}H NMR(500MHz，$CDCl_3$)：δ 7.32～7.21(m，5H)，7.01(d，J = 8.5Hz，2H)，6.53(d，J = 8.6Hz，2H)，4.96～4.86(m，2H)，4.78(t，J = 8.2Hz，1H)，3.53(s，1H)，3.10(q，J = 7.1Hz，2H)，1.22(t，J = 7.1Hz，3H)；^{13}C NMR(126MHz，$CDCl_3$)：δ 147.77，140.01，128.90，128.55，127.60，127.45，127.31，112.99，79.67，48.34，38.42，14.85。

(2-5 D-18)灰色液体；^{1}H NMR(500MHz，DMSO)：δ 7.41～7.34(m，

2H),7.29(t,J =7.6Hz,2H),7.20(t,J =7.3Hz,1H),7.04(s,1H),6.91(d,J =8.0Hz,1H),6.40(d,J =8.0Hz,1H),5.43(s,1H),5.29～5.18(m,2H),4.64(t,J =8.3Hz,1H),3.36(d,J =8.5Hz,2H),2.83(t,J =8.4Hz,2H);^{13}C NMR(126MHz,DMSO):δ 152.13,141.71,129.79,129.02,128.91,127.95,127.21,126.80,124.04,108.58,79.28,48.71,47.02,29.65。

(2-5 D-19)黄色液体;^{1}H NMR(500MHz,DMSO):δ 7.36～7.17(m,5H),6.89～6.79(m,2H),6.33(d,J =8.2Hz,1H),5.59(s,1H),5.27～5.13(m,2H),4.57(t,J =8.3Hz,1H),3.14～3.07(m,2H),2.59(t,J =6.3Hz,2H),1.78～1.68(m,2H);^{13}C NMR(126MHz,DMSO):δ 144.87,141.74,128.99,128.67,127.94,127.18,126.82,126.09,120.42,113.86,79.26,48.51,41.20,27.21,21.91。

(2-5 D-20)白色固体;熔点 122～124℃;^{1}H NMR(500MHz,DMSO):δ 7.30～7.21(m,5H),6.24(s,2H),5.42～5.37(m,1H),5.34～5.30(m,1H),5.23～5.18(m,1H),3.75(s,3H),3.33(s,6H);^{13}C NMR(126MHz,DMSO):δ 160.71,159.02,140.90,128.70,127.80,126.92,108.40,91.90,78.31,56.35,55.68,38.41。

(I)黄色固体;熔点 56～60℃;^{1}H NMR(500MHz,$CDCl_3$):δ 8.01(d,J =13.7Hz,1H),7.62～7.42(m,6H);^{13}C NMR(126MHz,$CDCl_3$):δ 139.08,137.15,132.15,129.41,129.15。

(II)白色固体;熔点 91～93℃;^{1}H NMR(500MHz,DMSO):δ 7.30～7.24(m,2H),7.17(d,J =7.4Hz,1H),7.08(t,J =8.0Hz,2H),6.91(dd,J =16.9Hz,10.1Hz,4H),6.66(dd,J =12.0Hz,8.8Hz,4H),5.31(s,1H),2.84(s,12H);^{13}C NMR (126MHz,DMSO):δ 149.20,145.85,132.68,129.86,129.34,128.53,126.19,112.84,54.66,40.74。

3.2节产物的核磁共振数据

(3-2 C-1)黄色油状液体;^{1}H NMR(500MHz,$CDCl_3$):δ 7.99(d,J =8.4Hz,1H),7.95(d,J =8.3Hz,1H),7.68(t,J =7.6Hz,1H),7.50(t,J =7.6Hz,1H),4.46(q,J =7.0Hz,2H),2.69(s,3H),2.62(s,3H),1.41(t,J =7.1Hz,3H);^{13}C NMR(101MHz,$CDCl_3$):δ 169.18,154.32,147.07,141.45,130.05,129.24,127.99,126.31,125.77,123.98,61.66,23.77,15.68,14.24。

(3-2 C-2)黄色油状液体;^{1}H NMR(500MHz,$CDCl_3$):δ 7.99(d,J =

8.3Hz,1H),7.94(d,J=7.9Hz,1H),7.68(t,J=7.0Hz,1H),7.50(t,1H),3.97(s,3H),2.67(s,3H),2.60(s,3H);^{13}C NMR(101MHz,$CDCl_3$):δ 169.68,154.36,147.12,141.69,130.14,129.26,127.71,126.35,125.71,124.02,52.51,23.83,15.82。

(3-2 C-3)黄色油状液体;^{1}H NMR(500MHz,$CDCl_3$):δ 7.99(d,J=8.4Hz,1H),7.93(d,J=8.3Hz,1H),7.67(t,J=7.5Hz,1H),7.51(t,J=7.5Hz,1H),2.60(s,3H),2.55(d,J=7.2Hz,6H);^{13}C NMR(101MHz,$CDCl_3$):δ 206.66,152.61,146.89,138.68,135.73,129.87,129.23,126.43,125.98,123.68,32.68,23.54,15.27。

(3-2 C-4)白色固体;熔点 56～60℃;^{1}H NMR(500MHz,$CDCl_3$):δ 8.00(d,J=8.3Hz,1H),7.91(d,J=8.3Hz,1H),7.60(t,J=7.5Hz,1H),7.48(t,1H),3.15(t,J=7.5Hz,2H),3.03(t,J=7.2Hz,2H),2.56(s,3H),2.23～2.13(m,2H);^{13}C NMR(101MHz,$CDCl_3$):δ 166.94,147.38,138.13,134.02,129.11,128.00,127.05,125.25,123.34,35.10,29.64,22.98,14.89。

(3-2 C-5)白色固体;熔点 73～77℃;^{1}H NMR(500MHz,$CDCl_3$):δ 8.00(d,J=8.4Hz,1H),7.97(d,J=8.5Hz,1H),7.61(t,J=7.5Hz,1H),7.47(t,J=7.5Hz,1H),3.14(s,2H),2.90(s,2H),2.56(s,3H),1.94(s,4H);^{13}C NMR(101MHz,$CDCl_3$):δ 158.50,145.67,141.58,130.93,128.78,128.24,126.94,125.34,123.32,34.36,27.09,23.19,22.73,13.58。

(3-2 C-6)白色固体;熔点 98～100℃;^{1}H NMR(500MHz,$CDCl_3$):δ 8.09(d,J=8.4Hz,1H),7.72(t,J=7.5Hz,1H),7.57(t,J=12.3Hz,1H),7.52～7.33(m,6H),4.06(q,J=7.0Hz,2H),2.79(s,3H),0.95(t,J=7.0Hz,3H);^{13}C NMR(101MHz,$CDCl_3$):δ 168.45,154.73,147.67,146.32,135.75,130.29,129.39,128.84,128.47,128.24,127.44,126.52,126.44,125.17,61.35,23.81,13.65。

(3-2 C-7)白色固体;熔点 98～100℃;^{1}H NMR(500MHz,$CDCl_3$):δ 8.09(d,J=8.4Hz,1H),7.73(t,J=7.6Hz,1H),7.59(d,J=8.3Hz,1H),7.55～7.32(m,6H),3.58(s,3H),2.78(s,3H);^{13}C NMR(101MHz,$CDCl_3$):δ 169.01,154.55,147.75,146.43,135.68,130.35,129.25,128.87,128.52,128.29,127.29,126.55,126.48,125.09,52.18,23.83。

(3-2 C-8)白色固体;熔点 114～116℃;^{1}H NMR(500MHz,$CDCl_3$):δ 8.09(d,J=8.3Hz,1H),7.73(t,J=7.5Hz,1H),7.62(d,J=8.3Hz,1H),7.57～

7.32(m,6H),2.70(s,3H),2.00(s,3H);^{13}C NMR(101MHz,$CDCl_3$):δ 205.72,153.56,147.52,143.97,135.21,134.84,130.14,130.05,128.93,128.87,128.73,126.55,126.18,125.05,31.96,23.90。

(3-2 C-9)白色固体;熔点 139～141℃;^{1}H NMR(500MHz,$CDCl_3$):δ 8.09(d,J=8.0Hz,1H),7.63(d,J=7.5Hz,2H),7.57～7.34(m,6H),3.25(t,J=7.4Hz,2H),2.91(t,J=7.1Hz,2H),2.22～2.13(m,2H);^{13}C NMR(101MHz,$CDCl_3$):δ 167.42,147.93,142.74,136.76,133.67,129.30,128.81,128.52,128.25,128.00,126.23,125.66,125.51,35.22,30.35,23.54。

(3-2 C-10)白色固体;熔点 140～142℃;^{1}H NMR(500MHz,$CDCl_3$):δ 8.03(d,J=8.4Hz,1H),7.60(d,J=2.9Hz,1H),7.52(t,J=7.1Hz,2H),7.49～7.42(m,1H),7.32(s,2H),7.23(d,J=7.0Hz,2H),3.21(t,J=6.3Hz,2H),2.60(t,J=6.2Hz,2H),2.01～1.91(m,2H),1.77(t,J=16.6Hz,2H);^{13}C NMR(101MHz,$CDCl_3$):δ 159.09,146.55,146.29,137.16,129.13,128.62,128.40,128.38,128.37,127.75,126.69,125.81,125.40,34.27,28.07,23.04,22.93。

(3-2 C-11)白色固体;熔点 136～138℃;^{1}H NMR(500MHz,$CDCl_3$):δ 8.15(d,J=8.4Hz,1H),7.80～7.70(m,1H),7.60(d,J=7.6Hz,3H),7.46(t,J=7.5Hz,2H),7.36～7.13(m,7H),2.64(s,3H);^{13}C NMR(101MHz,$CDCl_3$):δ 197.24,154.17,147.26,145.20,136.70,134.33,133.07,132.01,129.68,129.54,128.77,128.36,127.99,127.83,127.56,126.08,125.78,124.82,76.97,76.66,76.34,23.52。

3.3节产物的核磁共振数据

(3-3 C-1)黄色固体;熔点 247.5～249.2℃;^{1}H NMR(500MHz,DMSO):δ 12.57(s,1H),8.30(d,J=8.1Hz,2H),7.84(d,J=8.7Hz,1H),7.52(dt,J=12.4Hz,7.1Hz,4H),7.37～7.30(m,2H);^{13}C NMR(125MHz,DMSO):δ 155.06,154.62,136.10,132.54,132.49,130.79,130.67,129.68,129.24,128.33,123.86,115.57。

(3-3 C-2)黄色固体;熔点 276.7～277.3℃;^{1}H NMR(500MHz,DMSO):δ 12.60(s,1H),8.41(dd,J=9.0Hz,5.8Hz,2H),7.83(d,J=7.5Hz,1H),7.54(t,J=7.7Hz,1H),7.36～7.29(m,4H);^{13}C NMR(125MHz,DMSO):δ 164.81,162.83,155.05,153.32,132.58,132.55,132.52,132.41,132.18,

132.12,130.82,129.20,123.92,115.59,115.40,115.23。

(3-3 C-3)黄色固体;熔点 287.7～288.4℃;^{1}H NMR(500MHz,DMSO):δ 12.63(s,1H),8.38(d,*J*=8.6Hz,2H),7.84(d,*J*=7.7Hz,1H),7.55(t,*J*=7.8Hz,3H),7.33(t,*J*=7.4Hz,2H);^{13}C NMR(125MHz,DMSO):δ 155.02,153.20,135.55,134.85,132.61,132.41,131.46,131.04,129.29,128.46,123.97,115.63。

(3-3 C-4)黄色固体;熔点 273.4～275.8℃;^{1}H NMR(500MHz,DMSO):δ 12.63(s,1H),8.34～8.26(m,2H),7.84(d,*J*=7.3Hz,1H),7.70(d,*J*=8.6Hz,2H),7.56(t,*J*=7.7Hz,1H),7.33(t,*J*=7.3Hz,2H);^{13}C NMR(125MHz,DMSO):δ 154.99,153.31,135.20,132.61,132.41,131.68,131.40,131.07,129.29,124.51,123.98,115.64。

(3-3 C-5)黄色固体;熔点 249.2～250.7℃;^{1}H NMR(500MHz,DMSO):δ 12.53(s,1H),8.26(d,*J*=8.2Hz,2H),7.82(d,*J*=7.9Hz,1H),7.52(t,*J*=7.7Hz,1H),7.35～7.27(m,4H),2.38(s,3H);^{13}C NMR(125MHz,DMSO):δ 155.11,154.26,140.54,133.38,132.49,132.42,130.54,129.66,129.11,128.96,123.82,115.51,21.53。

(3-3 C-6)黄色固体;熔点 238.5～239.9℃;^{1}H NMR(500MHz,DMSO):δ 12.29(s,1H),7.69(d,*J*=7.8Hz,1H),7.46(t,*J*=7.7Hz,1H),7.26(t,*J*=8.2Hz,2H),2.40(s,3H);^{13}C NMR(125MHz,DMSO):δ 159.68,155.39,132.40,132.12,129.77,128.33,123.49,115.68,20.99。

(3-3 C-7)黄色固体;熔点 261.4～262.3℃;^{1}H NMR(500MHz,DMSO):δ 12.63(s,1H),7.99(d,*J*=1.0Hz,1H),7.80(t,*J*=5.4Hz,2H),7.51(t,*J*=7.7Hz,1H),7.32(t,*J*=8.2Hz,2H),6.72(dd,*J*=3.4Hz,1.7Hz,1H);^{13}C NMR(125MHz,DMSO):δ 153.31,149.46,146.54,145.25,132.41,131.72,130.33,128.88,124.08,118.81,115.76,112.99。$[C_{12}H_9N_2O_2+H]^+$ HRMS *m/z* 计算值:213.0659;实际值:213.0664。

(3-3 C-8+3-3 C-8′)黄色固体;^{1}H NMR(500MHz,DMSO):δ 12.51(s,1H),8.36～8.22(m,2H),7.71(d,*J*=8.2Hz,1H),7.64(s,1H),7.49(dd,*J*=6.0Hz,4.2Hz,3H),7.36(d,*J*=10.0Hz,1H),7.23(d,*J*=8.3Hz,1H),7.17～7.07(m,1H),2.40(d,*J*=11.4Hz,3H);^{13}C NMR(125MHz,DMSO):δ 155.21,154.99,154.41,153.34,141.12,136.20,133.14,132.47,132.02,130.79,130.58,130.45,130.30,129.70,129.65,129.56,129.00,128.93,

128.80,128.30,125.31,115.31,115.15,21.81,20.89。

(3-3 C-9+3-3 C-9′)黄色固体；^{1}H NMR(500MHz,DMSO)：δ 12.46(s,1H),8.25(d,J=8.1Hz,2H),7.70(d,J=8.2Hz,1H),7.29(d,J=8.1Hz,2H),7.14(d,J=8.3Hz,1H),7.10(s,1H),2.40(d,J=11.1Hz,3H),2.37(s,3H)；^{13}C NMR(125MHz,DMSO)：δ 155.25,155.03,154.09,153.03,140.84,140.43,140.27,133.49,133.47,133.08,132.46,132.34,131.78,130.78,130.18,129.62,129.53,128.93,128.88,128.69,125.27,115.25,115.09,21.79,21.52,20.89。

(3-3 C-10+3-3 C-10′)黄色固体；^{1}H NMR(500MHz,DMSO)：δ 12.56(s,1H),8.37(d,J=8.6Hz,2H),7.71(d,J=8.2Hz,1H),7.54(d,J=8.6Hz,2H),7.15(d,J=8.2Hz,1H),7.11(s,1H),2.40(d,J=12.4Hz,3H)；^{13}C NMR(125MHz,DMSO)：δ 155.15,154.93,152.99,151.89,141.44,135.46,135.31,134.94,133.27,132.54,132.37,132.30,131.41,131.31,130.71,130.37,129.05,128.82,128.43,125.45,115.37,115.18,21.84,20.89。

(3-3 C-11)黄色固体；熔点 273.6～273.9℃；^{1}H NMR(500MHz,DMSO)：δ 12.57(s,1H),8.24(d,J=8.2Hz,2H),7.80(d,J=8.4Hz,1H),7.36～7.24(m,4H),2.37(s,3H)；^{13}C NMR(125MHz,DMSO)：δ 154.88,154.49,140.82,134.51,133.42,133.06,131.25,130.73,129.70,128.99,123.90,114.73,21.54。

(3-3 C-11′)黄色固体；熔点 240.1～242.8℃；^{1}H NMR(500MHz,DMSO)：δ 12.63(s,1H),8.25(d,J=8.2Hz,2H),7.85(d,J=2.3Hz,1H),7.56(dd,J=8.7Hz,2.3Hz,1H),7.31(t,J=9.1Hz,3H),2.38(s,3H)；^{13}C NMR(125MHz,DMSO)：δ 155.52,154.89,141.01,133.07,133.02,131.39,130.35,129.82,129.01,128.00,127.41,117.15,21.56。

(3-3 C-12)黄色固体；熔点 102.1～103.5℃；^{1}H NMR(500MHz,DMSO)：δ 12.65(s,1H),8.27(d,J=7.2Hz,2H),8.02(s,1H),7.54～7.47(m,3H),7.43(s,1H)；^{13}C NMR(125MHz,DMSO)：δ 156.08,154.63,135.47,132.63,132.34,131.89,131.19,130.03,129.85,128.38,125.55,116.53。

3.4 节产物的核磁共振数据

(3-4 C-1)白色固体；熔点 124～125℃；^{1}H NMR(600MHz,$CDCl_3$)：δ 8.08(d,J=8.4Hz,1H),7.87(d,J=8.4Hz,1H),7.77(d,J=7.7Hz,1H),7.63

(t, J = 7.0Hz, 1H), 7.51～7.45(m, 3H), 7.40～7.27(m, 4H), 3.72(dd, J = 17.2Hz, 6.8Hz, 1H), 3.55～3.49(m, 2H), 3.06(dd, J = 18.2Hz, 9.3Hz, 1H), 2.97(dd, J = 18.3Hz, 5.0Hz, 1H); ^{13}C NMR(150MHz, $CDCl_3$): δ 179.28, 176.53, 157.61, 147.39, 136.50, 132.68, 129.69, 129.14, 128.87, 128.37, 127.61, 126.82, 126.60, 126.18, 121.63, 38.28, 37.13, 34.07。

(**3-4 C-2**)白色固体;熔点 142～143℃; ^{1}H NMR(600MHz, $CDCl_3$): δ 8.30 (d, J = 5.7Hz, 1H), 8.03(d, J = 8.4Hz, 1H), 7.74(d, J = 8.1Hz, 1H), 7.60 (t, J = 7.3Hz, 1H), 7.53(t, J = 7.5Hz, 1H), 7.45(t, J = 7.6Hz, 3H), 7.39～7.32(m, 3H), 3.91～3.80(m, 2H), 3.51(td, J = 9.8Hz, 5.1Hz, 1H), 3.00 (dd, J = 18.2Hz, 9.5Hz, 1H), 2.79(dd, J = 18.2Hz, 5.2Hz, 1H); ^{13}C NMR (150MHz, $CDCl_3$): δ 178.55, 175.48, 155.26, 140.06, 134.90, 131.76, 129.02, 128.01, 127.26, 126.39, 126.06, 125.60, 123.19, 118.78, 36.61, 33.39, 32.68。

(**3-4 C-3**)白色固体;熔点 104～106℃; ^{1}H NMR(600MHz, $CDCl_3$): δ 7.93 (d, J = 8.4Hz, 1H), 7.74(d, J = 8.5Hz, 1H), 7.49(s, 1H), 7.44(dd, J = 13.4Hz, 6.3Hz, 3H), 7.35(dd, J = 13.0Hz, 7.6Hz, 3H), 7.19(d, J = 8.4Hz, 1H), 3.65(dd, J = 17.3Hz, 6.9Hz, 1H), 3.46(d, J = 13.4Hz, 2H), 3.00(dd, J = 18.2Hz, 9.0Hz, 1H), 2.92(dd, J = 18.2Hz, 4.8Hz, 1H), 2.47(s, 3H); ^{13}C NMR(150MHz, $CDCl_3$): δ 178.13, 175.36, 155.32, 144.95, 134.99, 134.85, 131.53, 130.79, 128.01, 127.62, 127.25, 125.76, 125.47, 125.34, 120.46, 37.33, 36.07, 32.98, 20.43。

(**3-4 C-4**)白色固体;熔点 148～150℃; ^{1}H NMR(600MHz, $CDCl_3$): δ 8.15 (d, J = 8.5Hz, 1H), 7.96(d, J = 7.6Hz, 2H), 7.53(t, J = 7.8Hz, 1H), 7.44 (dd, J = 15.3Hz, 7.9Hz, 3H), 7.34(dd, J = 12.6Hz, 7.8Hz, 3H), 3.73～3.64 (m, 2H), 3.49(dd, J = 17.5Hz, 9.2Hz, 1H), 3.21(dd, J = 18.3Hz, 9.0Hz, 1H), 3.01(dd, J = 18.4Hz, 5.6Hz, 1H); ^{13}C NMR(150MHz, $CDCl_3$): δ 178.75, 175.77, 160.68, 147.77, 138.72, 136.48, 132.27, 131.73, 129.03, 128.40, 127.62, 126.55, 125.01, 123.91, 123.53, 38.49, 37.60, 34.75。

(**3-4 C-5**)白色固体;熔点 149～150℃; ^{1}H NMR(600MHz, $CDCl_3$): δ 8.14 (d, J = 8.3Hz, 1H), 7.85(d, J = 8.4Hz, 1H), 7.66(t, J = 7.6Hz, 1H), 7.58～7.54(m, 1H), 7.46(t, J = 7.7Hz, 2H), 7.36(dd, J = 15.0Hz, 9.4Hz, 4H), 3.66(dd, J = 17.6Hz, 6.7Hz, 1H), 3.45(d, J = 13.7Hz, 2H), 2.97(ddd, J =

23.1Hz,18.0Hz,6.9Hz,2H);^{13}C NMR(150MHz,$CDCl_3$):δ 179.00,176.34,157.45,148.19,142.89,132.50,130.68,129.26,129.17,128.45,127.32,126.50,125.07,123.99,121.55,38.08,36.90,34.17。

(**3-4 C-6**)白色固体;熔点128~130℃;^{1}H NMR(600MHz,$CDCl_3$):δ 7.96(d,J=8.4Hz,1H),7.82(s,1H),7.62(d,J=8.7Hz,1H),7.48~7.44(m,2H),7.38~7.34(m,4H),3.63(dd,J=17.7Hz,7.2Hz,1H),3.50~3.41(m,2H),3.01(dd,J=18.3Hz,9.2Hz,1H),2.86(dd,J=18.3Hz,5.0Hz,1H);^{13}C NMR(150MHz,$CDCl_3$):δ 179.09,176.36,158.78,147.69,136.41,135.42,132.55,129.17,128.91,128.46,127.92,127.25,126.49,125.19,121.90,38.34,37.22,34.10。

(**3-4 C-7**)白色固体;熔点107~109℃;^{1}H NMR(600MHz,DMSO):δ 7.61(d,J=7.0Hz,1H),7.56(t,J=7.6Hz,2H),7.48(t,J=7.3Hz,1H),7.44(d,J=7.6Hz,2H),7.36(d,J=6.5Hz,1H),7.25~7.20(m,2H),6.13~6.07(m,1H),3.56(dd,J=18.0Hz,9.6Hz,1H),3.33(dd,J=18.0Hz,6.6Hz,1H),2.61(s,3H);^{13}C NMR(150MHz,DMSO):δ 173.54,173.25,142.84,132.45,129.63,129.32,127.51,122.85,122.44,119.31,110.38,60.23,53.47,34.85,14.56,14.36。HRMS m/z 计算值:[$C_{18}H_{15}N_3O_2$+H]$^+$ 306.1243;实际值:306.1301。

(**3-4 C-8**)白色固体;熔点84~86℃;^{1}H NMR(600MHz,DMSO):δ 8.50(d,J=4.6Hz,1H),7.65(t,J=7.6Hz,1H),7.47(t,J=7.6Hz,2H),7.39(t,J=7.4Hz,1H),7.28(d,J=7.7Hz,2H),7.22(d,J=7.8Hz,1H),7.19~7.15(m,1H),3.49~3.43(m,2H),3.37(d,J=10.7Hz,1H),2.77(dd,J=18.3Hz,4.4Hz,2H);^{13}C NMR(150MHz,$CDCl_3$):δ 179.07,175.98,157.02,149.08,136.75,132.39,129.08,128.45,126.56,123.80,121.93,42.65,38.88,37.22,33.74。

(**3-4 C-9**)白色固体;熔点87~89℃;^{1}H NMR(600MHz,$CDCl^3$):δ 7.49(dt,J=30.5Hz,7.8Hz,3H),7.40~7.36(m,1H),7.30(d,J=9.6Hz,2H),7.01(d,J=7.6Hz,2H),3.47~3.41(m,2H),3.32(dd,J=17.5Hz,6.7Hz,1H),2.99~2.93(m,2H),2.44(s,3H);^{13}C NMR(150MHz,$CDCl_3$):δ 178.81,176.02,157.83,156.22,136.81,132.34,128.91,128.29,126.36,121.23,120.45,42.60,40.91,38.82,36.84,33.76,24.41。

(**3-4 C-10**)白色固体;熔点85~88℃;^{1}H NMR(600MHz,$CDCl_3$):δ 7.95

(d, J = 8.3Hz, 1H), 7.79 (d, J = 8.3Hz, 1H), 7.62 (t, J = 8.2Hz, 1H), 7.52 (t, J = 7.6Hz, 1H), 7.47～7.42 (m, 2H), 7.39～7.34 (m, 3H), 3.57 (dd, J = 17.2Hz, 5.5Hz, 1H), 3.47 (td, J = 9.4Hz, 5.2Hz, 1H), 3.37 (dd, J = 17.2Hz, 3.9Hz, 1H), 3.05 (dd, J = 18.1Hz, 9.5Hz, 1H), 2.94 (dd, J = 18.1Hz, 5.3Hz, 1H), 2.60 (s, 3H), 2.56 (s, 3H); ^{13}C NMR (150MHz, $CDCl_3$): δ 206.29, 179.14, 176.52, 151.35, 146.33, 139.14, 135.37, 132.61, 130.03, 129.63, 129.01, 128.27, 126.98, 126.42, 126.11, 123.61, 37.67, 34.52, 34.31, 32.89, 15.39。$[C_{23}H_{20}N_2O_3+H]^+$ HRMS m/z 计算值：373.1552；实际值：373.1609。

(**3-4 C-11**) 白色固体；熔点 107～109℃；^{1}H NMR (600MHz, $CDCl_3$): δ 8.00 (d, J = 8.4Hz, 1H), 7.82 (d, J = 8.4Hz, 1H), 7.65 (t, J = 7.6Hz, 1H), 7.55 (t, J = 7.6Hz, 1H), 7.49～7.46 (m, 2H), 7.40～7.37 (m, 3H), 4.02 (s, 3H), 3.69 (dd, J = 17.8Hz, 6.5Hz, 1H), 3.53 (dd, J = 17.9Hz, 3.1Hz, 2H), 3.08 (dd, J = 18.2Hz, 9.5Hz, 1H), 2.95 (dd, J = 18.2Hz, 5.0Hz, 1H), 2.66 (s, 3H); ^{13}C NMR (150MHz, $CDCl_3$): δ 179.20, 176.57, 169.08, 152.86, 146.54, 142.52, 132.60, 130.36, 129.63, 129.06, 128.26, 127.26, 126.88, 126.46, 125.91, 124.05, 52.56, 37.68, 35.11, 34.24, 16.00。$[C_{23}H_{20}N_2O_4+H]^+$ HRMS m/z 计算值：389.1501；实际值：389.1556。

(**3-4 C-12**) 白色固体；熔点 93～95℃；^{1}H NMR (600MHz, $CDCl_3$): δ 8.00 (d, J = 8.3Hz, 1H), 7.82 (d, J = 8.3Hz, 1H), 7.65 (t, J = 8.1Hz, 1H), 7.55 (t, J = 7.6Hz, 1H), 7.49～7.46 (m, 2H), 7.39 (d, J = 7.0Hz, 3H), 4.50 (q, J = 7.2Hz, 2H), 3.70 (dd, J = 17.1Hz, 6.0Hz, 1H), 3.57～3.49 (m, 2H), 3.07 (dd, J = 18.2Hz, 9.4Hz, 1H), 2.96 (dd, J = 18.2Hz, 5.2Hz, 1H), 2.67 (s, 3H), 1.46 (t, J = 7.2Hz, 3H); ^{13}C NMR (150MHz, $CDCl_3$): δ 179.11, 176.54, 168.62, 152.83, 132.63, 130.30, 129.63, 129.08, 128.28, 127.57, 126.87, 126.49, 125.99, 124.04, 61.86, 37.80, 34.96, 34.20, 29.70, 15.80, 14.23。$[C_{24}H_{22}N_2O_4+H]^+$ HRMS m/z 计算值：403.1658；实际值：403.1718。

(**3-4 C-13**) 白色固体；熔点 114～116℃；^{1}H NMR (600MHz, $CDCl_3$): δ 7.87 (d, J = 8.4Hz, 1H), 7.65 (t, J = 7.6Hz, 1H), 7.58 (d, J = 8.2Hz, 1H), 7.49～7.47 (m, 4H), 7.44～7.35 (m, 5H), 4.05 (q, J = 7.1Hz, 2H), 3.81 (dd, J = 17.6Hz, 5.9Hz, 1H), 3.66 (dd, J = 17.6Hz, 3.9Hz, 1H), 3.56 (td, J =

9.5Hz,5.4Hz,1H),3.13(dd,J=18.2Hz,9.5Hz,1H),3.04(dd,J=18.2Hz,5.3Hz,1H),0.92(t,J=7.1Hz,3H);^{13}C NMR(150MHz,$CDCl_3$):δ 179.19,176.61,167.90,153.11,135.61,132.66,130.51,129.41,129.20,129.08,128.55,128.29,128.27,128.25,126.96,126.56,126.50,125.38,61.56,37.77,34.89,34.27,13.48。$[C_{28}H_{22}N_2O_3+H]^+$ HRMS m/z 计算值:435.1709;实际值:435.1785。

(3-4 C-14)白色固体;熔点 121～122℃;^{1}H NMR(600MHz,$CDCl_3$):δ 7.87(d,J=8.3Hz,1H),7.66(t,J=7.6Hz,1H),7.59(d,J=8.4Hz,1H),7.51～7.47(m,5H),7.45～7.38(m,4H),7.35(dd,J=10.1Hz,1.9Hz,2H),3.79(dd,J=17.6Hz,5.9Hz,1H),3.63(dd,J=17.6Hz,3.9Hz,1H),3.57(s,3H),3.56～3.53(m,1H),3.13(dd,J=18.2Hz,9.5Hz,1H),3.03(dd,J=18.2Hz,5.3Hz,1H);^{13}C NMR(150MHz,$CDCl_3$):δ 179.29,176.59,168.43,153.03,147.15,135.51,132.62,130.57,129.24,129.18,129.08,128.63,128.32,128.28,126.97,126.82,126.60,126.49,125.30,52.26,37.68,34.91,34.27,29.68。$[C_{28}H_{22}N_2O_4+H]^+$ HRMS m/z 计算值:451.1658;实际值:451.1707。

(3-4 C-15)白色固体;熔点 106～108℃;^{1}H NMR(600MHz,$CDCl_3$):δ 7.87(d,J=8.1Hz,1H),7.65(t,J=8.7Hz,2H),7.54～7.46(m,5H),7.42～7.37(m,4H),7.33(dd,J=5.6Hz,2.9Hz,1H),3.66(dd,J=18.1Hz,5.9Hz,1H),3.58～3.50(m,2H),3.11(qd,J=18.2Hz,7.3Hz,2H),2.04(s,1H),1.98(s,3H),1.25(dd,J=9.2Hz,5.0Hz,2H);^{13}C NMR(150MHz,$CDCl_3$):δ 205.36,179.33,176.63,152.20,135.02,134.37,132.64,130.40,130.10,129.92,129.13,129.08,128.97,128.71,128.29,127.08,126.50,126.20,125.16,37.76,34.75,34.39,31.97,31.88,29.62。$[C_{29}H_{24}N_2O_4+H]^+$ HRMS m/z 计算值:465.1814;实际值:465.1870。

(3-4 C-16)白色固体;熔点 104～106℃;^{1}H NMR(600MHz,$CDCl_3$):δ 8.01(d,J=8.4Hz,1H),7.84(d,J=8.4Hz,1H),7.72(d,J=8.1Hz,1H),7.63(t,J=7.6Hz,1H),7.45(t,J=7.4Hz,1H),7.21(d,J=8.4Hz,1H),3.46(d,J=5.6Hz,2H),3.36(dq,J=10.5Hz,5.3Hz,1H),3.04(s,3H),2.86(dd,J=18.2Hz,9.2Hz,1H),2.70(dd,J=18.2Hz,4.8Hz,1H);^{13}C NMR(150MHz,$CDCl_3$):δ 180.09,177.44,157.56,147.53,136.45,129.56,128.85,127.49,126.62,126.18,121.59,38.52,37.61,34.06,24.89。

（**3-4 C-17**）白色固体；熔点 112～114℃；^{1}H NMR（600MHz，$CDCl_3$）：δ 7.93（d，J＝8.4Hz，1H），7.68（d，J＝8.3Hz，1H），7.58～7.51（m，2H），7.42（t，J＝7.1Hz，1H），7.39～7.35（m，2H），7.26～7.21（m，3H），7.14（d，J＝8.4Hz，1H），4.69（q，J＝14.0Hz，2H），3.43（qd，J＝16.0Hz，5.6Hz，2H），3.35～3.28（m，1H），2.79（qd，J＝18.2Hz，7.1Hz，2H）；^{13}C NMR（150MHz，$CDCl_3$）：δ 179.73，176.83，157.45，147.48，136.48，136.04，129.52，128.99，128.57，127.82，127.43，126.76，126.25，121.53，42.52，38.67，37.30，33.90。

（**3-4 C-18**）黑色固体；熔点 82～83℃；^{1}H NMR（600MHz，$CDCl_3$）：δ 8.04（dd，J＝20.1Hz，8.4Hz，2H），7.76（d，J＝8.1Hz，1H），7.70（t，J＝8.2Hz，1H），7.51（t，J＝7.5Hz，1H），7.29～7.22（m，5H），7.13（d，J＝8.4Hz，1H），4.84（dd，J＝12.7Hz，5.6Hz，1H），4.78～4.71（m，1H），4.25～4.15（m，1H），3.36（d，J＝7.6Hz，2H）；^{13}C NMR（150MHz，$CDCl_3$）：δ 158.47，147.77，139.36，136.73，129.80，128.96，128.91，127.76，127.63，127.55，126.85，126.37，121.75，79.68，43.93，42.42。

3.5 节产物的核磁共振数据

（**3-5 C-1**）白色固体；熔点 111.9～112.3℃（Lit[48]，111～113℃）；^{1}H NMR（500MHz，$CDCl_3$）：δ 8.15～8.06（m，3H），7.91（d，J＝8.0Hz，1H），7.50（t，J＝5.2Hz，4H），7.39（t，J＝7.6Hz，1H）；^{13}C NMR（125MHz，$CDCl_3$）：δ 168.18，154.26，135.18，133.74，131.08，129.13，127.67，126.43，125.30，123.35，121.73。

（**3-5 C-2**）白色固体；熔点 98.0～98.3℃（Lit[48]，99～101℃）；^{1}H NMR（500MHz，$CDCl_3$）：δ 8.08（dd，J＝16.2Hz，8.5Hz，3H），7.90（d，J＝8.0Hz，1H），7.50（t，J＝7.7Hz，1H），7.39（t，J＝7.6Hz，1H），7.19（t，J＝8.6Hz，2H）；^{13}C NMR（125MHz，$CDCl_3$）：δ 166.84，165.57，163.57，154.22，135.18，130.09，130.07，129.67，129.60，126.53，125.37，123.32，121.73，116.36，116.18。

（**3-5 C-3**）黄色固体；熔点 113.3～113.5℃（Lit[49]，114～116℃）；^{1}H NMR（500MHz，$CDCl_3$）：δ 8.06（dd，J＝19.2Hz，8.3Hz，3H），7.91（d，J＝7.9Hz，1H），7.49（dd，J＝20.5Hz，7.9Hz，3H），7.41（t，J＝7.6Hz，1H）；^{13}C NMR（125MHz，$CDCl_3$）：δ 166.74，154.19，137.15，135.18，132.25，129.40，128.84，126.61，125.55，123.42，121.78。

(3-5 C-4)白色固体;熔点 128.1～130.0℃(Lit[48],130～132℃);^{1}H NMR (500MHz,$CDCl_3$):δ 8.06(d,J=8.2Hz,1H),7.95(d,J=8.6Hz,2H),7.89 (d,J=8.0Hz,1H),7.62(d,J=8.6Hz,2H),7.49(t,J=7.1Hz,1H),7.39 (t,J=7.6Hz,1H);^{13}C NMR(125MHz,$CDCl_3$):δ 166.84,154.17,135.16,132.66,132.38,129.05,126.66,125.60,125.58,123.45,121.81。

(3-5 C-5)白色固体;熔点 72.8～73.1℃(Lit[49],69～70℃);^{1}H NMR (500MHz,$CDCl_3$):δ 8.15(d,J=8.2Hz,1H),8.01(dd,J=7.8Hz,1.7Hz,1H),7.95(d,J=7.9Hz,1H),7.74(dd,J=8.0Hz,1.1Hz,1H),7.56～7.52 (m,1H),7.47～7.43(m,2H),7.33(td,J=7.8Hz,1.7Hz,1H);^{13}C NMR (125MHz,$CDCl_3$):δ 165.77,152.86,136.27,134.62,134.22,132.32,131.40,127.72,126.44,125.63,123.72,122.23,121.57。

(3-5 C-6)白色固体;熔点 137.0～138.0℃(Lit[49],120～121℃);^{1}H NMR (500MHz,$CDCl_3$):δ 8.28(t,J=1.8Hz,1H),8.09(d,J=8.1Hz,1H),7.99 (d,J=7.2Hz,1H),7.91(d,J=8.0Hz,1H),7.61(d,J=8.9Hz,1H),7.51 (t,J=7.1Hz,1H),7.41(t,J=7.0Hz,1H),7.36(t,J=7.9Hz,1H);^{13}C NMR(125MHz,$CDCl_3$):δ 166.30,154.05,135.59,135.20,133.94,130.64,130.41,126.70,126.30,125.73,123.58,123.33,121.84。

(3-5 C-7)白色固体;熔点 81.5～81.9℃(Lit[48],86～88℃);^{1}H NMR (500MHz,$CDCl_3$):δ 8.07(d,J=8.5Hz,1H),7.99(d,J=8.2Hz,2H),7.89 (d,J=7.4Hz,1H),7.49(t,J=7.7Hz,1H),7.37(t,J=8.2Hz,1H),7.30 (d,J=7.9Hz,2H),2.43(s,3H);^{13}C NMR(125MHz,$CDCl_3$):δ 168.36,154.29,141.54,135.07,131.08,129.84,127.60,126.36,125.12,123.16,121.68,21.64。

(3-5 C-8)黄色固体;熔点 109.3～112.3℃(Lit[48],119～121℃);^{1}H NMR (500MHz,$CDCl_3$):δ 8.04(d,J=8.9Hz,3H),7.88(d,J=7.9Hz,1H),7.47 (t,J=7.7Hz,1H),7.35(t,J=8.1Hz,1H),7.00(d,J=8.8Hz,2H),3.88 (s,3H);^{13}C NMR(125MHz,$CDCl_3$):δ 168.01,162.07,154.37,135.00,129.26,126.59,126.34,124.93,122.97,121.65,114.52,55.61。

(3-5 C-9)白色固体;熔点 136.4～137.2℃(Lit[48],130～132℃);^{1}H NMR (500MHz,$CDCl_3$):δ 8.77(d,J=5.9Hz,2H),8.13(d,J=8.2Hz,1H),7.98～7.90(m,3H),7.54(t,J=7.7Hz,1H),7.46(t,J=7.1Hz,1H);^{13}C NMR(125MHz,$CDCl_3$):δ 165.20,154.11,150.85,140.65,135.35,126.96,

126.35,124.06,122.00,121.34。

(3-5 C-10)黄色固体；熔点 107.9～109.3℃（Lit[48]，103～105℃）；^1H NMR(500MHz,$CDCl_3$)：δ 8.06(d,J=8.2Hz,1H),7.89(d,J=8.0Hz,1H),7.61(s,1H),7.49(t,J=7.7Hz,1H),7.38(t,J=8.1Hz,1H),7.21(d,J=3.4Hz,1H),6.60(dd,J=3.5Hz,1.7Hz,1H)；^{13}C NMR(125MHz,$CDCl_3$)：δ 157.73,153.80,148.86,144.89,134.38,126.66,125.37,123.25,121.72,112.70,111.67。

(3-5 C-11)白色固体；熔点 98.2～98.3℃（Lit[48]，98～100℃）；^1H NMR(500MHz,$CDCl_3$)：δ 8.03(d,J=8.2Hz,1H),7.85(d,J=8.0Hz,1H),7.66(d,J=3.7Hz,1H),7.52～7.44(m,2H),7.37(t,J=7.1Hz,1H),7.14(dd,J=5.0Hz,3.8Hz,1H)；^{13}C NMR(125MHz,$CDCl_3$)：δ 161.52,153.79,137.45,134.80,129.44,128.75,128.17,126.56,125.36,123.09,121.58。

(3-5 C-12)白色固体；熔点 137.9～138.3℃（Lit[48]，137～139℃）；^1H NMR(500MHz,$CDCl_3$)：δ 8.10～8.04(m,3H),7.80(d,J=8.5Hz,1H)；7.50(d,J=7.1Hz,3H),7.36(d,J=8.5Hz,1H)；^{13}C NMR(125MHz,$CDCl_3$)：δ 170.07,155.13,133.45,133.39,132.46,131.48,129.23,127.75,125.79,123.17,122.44。

3.6 节产物的核磁共振数据

(3-6 C-1)淡黄色固体；熔点 130.5～132.8℃；^1H NMR(500MHz,$CDCl_3$)：δ 8.15(d,J=9.3Hz,1H),8.04(d,J=8.3Hz,2H),7.95(d,J=8.6Hz,1H),7.54(dt,J=15.0Hz,7.8Hz,2H),7.37(d,J=8.0Hz,2H),2.43(s,3H)；^{13}C NMR(126MHz,$CDCl_3$)：δ 167.66,152.90,145.97,137.02,135.43,130.24,129.03,127.83,127.49,125.52,122.23,21.80。

(3-6 C-2)淡黄色固体；熔点 138.9～139.8℃；^1H NMR(500MHz,$CDCl_3$)：δ 8.02(t,J=8.1Hz,3H),7.73(s,1H),7.37(d,J=8.1Hz,3H),2.51(s,3H),2.43(s,3H)；^{13}C NMR(126MHz,$CDCl_3$)：δ 166.34,151.08,145.82,138.55,137.31,135.64,130.20,129.31,128.94,124.96,121.65,21.82,21.78。

(3-6 C-3)淡黄色固体；熔点 146.0～149.3℃；^1H NMR(500MHz,$CDCl_3$)：δ 8.01(dd,J=8.7,7.4Hz,3H),7.36(d,J=8.3Hz,2H),7.33(d,J=2.5Hz,1H),7.15(dd,J=9.1Hz,2.5Hz,1H),3.88(s,3H),2.42(s,

3H)；^{13}C NMR(126MHz,$CDCl_3$)：δ 164.32,159.62,147.46,145.72,139.00,135.79,130.19,128.85,126.16,118.01,103.38,55.93,21.78。

(3-6 C-4)淡黄色固体；熔点 165.3～167.1℃；^{1}H NMR(500MHz,$CDCl_3$ δ 8.11(dd,J=9.5Hz,5.0Hz,1H),8.03(d,J=8.5Hz,2H),7.63(dd,J=8.0,3.0Hz,1H),7.39(d,J=8.0Hz,2H),7.31(td,J=9.0Hz,2.5Hz,1H),2.44(s,3H)；^{13}C NMR(126MHz,$CDCl_3$)：δ 167.30,167.27,162.68,160.68,149.45,146.09,135.65,135.10,130.24,128.94,126.85,126.78,116.92,116.72,108.31,108.09,21.73；^{19}F NMR($CDCl_3$,376MHz,298K)：δ=−110.41。

(3-6 C-5)淡黄色固体；熔点 181.9～183.6℃；^{1}H NMR(500MHz,$CDCl_3$)：δ 8.04(dd,J=8.5Hz,7.4Hz,3H),7.93(d,J=2.0Hz,1H),7.52(dd,J=8.8Hz,2.0Hz,1H),7.39(d,J=8.4Hz,2H),2.44(s,3H)；^{13}C NMR(126MHz,$CDCl_3$)：δ 168.22,151.39,146.21,138.07,135.13,134.09,130.32,129.08,128.59,126.28,121.77,21.82。

(3-6 C-6)淡黄色固体；熔点 124.7～126.2℃；^{1}H NMR(500MHz,$CDCl_3$)：δ 8.06(d,J=8.1Hz,2H),7.83(d,J=8.1Hz,1H),7.57(d,J=7.7Hz,1H),7.44(t,J=8.0Hz,1H),7.38(d,J=8.0Hz,2H),2.43(s,3H)；^{13}C NMR(126MHz,$CDCl_3$)：δ 168.34,150.16,146.11,138.21,134.98,130.34,130.18,129.11,128.26,127.64,120.65,21.75。

(3-6 C-7)淡黄色固体；熔点 189.1～189.9℃；^{1}H NMR(500MHz,$CDCl_3$)：δ 8.10(d,J=1.1Hz,1H),8.03(d,J=8.2Hz,2H),7.99(d,J=8.8Hz,1H),7.67(d,J=8.8Hz,1H),7.39(d,J=8.1Hz,2H),2.44(s,3H)；^{13}C NMR(126MHz,$CDCl_3$)：δ 168.13,151.58,146.18,138.35,135.65,134.96,130.26,130.00,128.73,126.44,124.68,121.84,21.75。

(3-6 C-8)淡黄色固体；熔点 161.8～163.3℃；^{1}H NMR(500MHz,$CDCl_3$)：δ 8.04(d,J=8.3Hz,2H),7.45(d,J=7.3Hz,1H),7.40(d,J=8.2Hz,2H),7.07(t,J=8.4Hz,1H),2.45(s,3H)；^{13}C NMR(126MHz,$CDCl_3$)：δ 167.85,162.72,160.65,157.61,155.52,146.31,139.65,139.07,134.73,130.27,129.10,104.10,103.80,21.80；^{19}F NMR($CDCl_3$,376MHz,298K)：δ=−106.53,−113.18。

(3-6 C-9)淡黄色固体；熔点 148.1～150.7℃；^{1}H NMR(500MHz,

$CDCl_3$)：δ 8.61(d,J=1.3Hz,1H),8.15(dd,J=8.7Hz,1.5Hz,1H),8.09(d,J=8.7Hz,1H),7.98(d,J=8.3Hz,2H),7.32(d,J=8.3Hz,2H),4.35(q,J=7.1Hz,2H),2.37(s,3H),1.35(t,J=7.1Hz,3H)；^{13}C NMR(126MHz, $CDCl_3$)：δ 169.89,164.37,154.41,145.28,135.72,133.86,129.29,128.70,128.15,127.28,124.19,123.40,60.70,20.78,13.28。

(**3-6 C-10**)白色固体；熔点 124.0～125.1℃；^{1}H NMR(500MHz, $CDCl_3$)：δ 8.16(d,J=9.1Hz,1H),8.03(d,J=8.2Hz,2H),7.82(s,1H),7.44(d,J=9.0Hz,1H),7.39(d,J=7.9Hz,2H),2.44(s,3H)；^{13}C NMR(126MHz, $CDCl_3$)：δ 168.89,151.13,148.13,146.24,137.82,134.91,130.27,129.01,126.61,121.52,114.30,21.73；^{19}F NMR($CDCl_3$, 376MHz,298K)：δ=−57.94。

(**3-6 C-11**)淡黄色固体；熔点 137.6～138.5℃；^{1}H NMR(500MHz, $CDCl_3$)：δ 8.30～8.23(m,2H),8.05(d,J=8.2Hz,2H),7.80(d,J=8.6Hz,1H),7.40(d,J=8.1Hz,2H),2.45(s,3H)；^{13}C NMR(126MHz, $CDCl_3$)：δ 171.06,154.67,146.44,136.90,134.78,130.37,129.83(q,J_{C-F}=32.76Hz),129.20,126.05,124.33(q,J_{C-F}=3.78Hz),123.60(q,J_{C-F}=273.42Hz),120.14(q,J_{C-F}=3.78Hz),21.82；^{19}F NMR($CDCl_3$, 376MHz,298K)：δ=−61.80。

(**3-6 C-12**)淡黄色固体；熔点 205.2～207.8℃；^{1}H NMR(500MHz, CDCl3)：δ 8.98(d,J=2.0Hz,1H),8.40(dd,J=9.0,2.0Hz,1H),8.14(d,J=9.0Hz,1H),8.05(d,J=8.5Hz,2H),7.42(d,J=8.0Hz,2H),2.46(s,3H)；^{13}C NMR(126MHz, CDCl3)：δ 170.84,151.47,146.43,145.71,141.68,133.33,129.42,128.25,122.16,120.93,119.94,20.83。

(**3-6 F-1**)淡黄色固体；熔点 87.8～88.3℃；^{1}H NMR(500MHz, $CDCl_3$)：δ 7.83(d,J=8.2Hz,2H),7.37(d,J=8.1Hz,2H),3.04(s,3H),2.46(s,3H)；^{13}C NMR(126MHz, $CDCl_3$)：δ 144.69,137.67,129.96,127.36,44.61,21.62。

(**3-6 F-2**)淡黄色固体；熔点 50.2～51.3℃；^{1}H NMR(500MHz, $CDCl_3$)：δ 7.75(d,J=7.7Hz,2H),7.35(d,J=7.7Hz,2H),5.79(td,J=17.1Hz,7.5Hz,1H),5.33(d,J=10.1Hz,1H),5.15(d,J=17.1Hz,1H),

3.80(d，J = 7.2Hz，2H)，2.45(s，3H)；^{13}C NMR(126MHz，$CDCl_3$)：δ 144.78，135.19，129.70，128.45，124.76，124.62，60.88，21.63。

(**3-6 F-3**)淡黄色液体，^{1}H NMR(500MHz，$CDCl_3$)：δ 7.79(d，J = 8.2Hz，2H)，7.36(d，J = 8.1Hz，2H)，3.07(dd，J = 9.7Hz，6.5Hz，2H)，2.46(s，3H)，1.71～1.64(m，2H)，1.42～1.34(m，2H)，0.89(t，J = 7.4Hz，3H)；^{13}C NMR(126MHz，$CDCl_3$)：δ 144.58，136.22，129.88，128.09，56.18，24.72，21.65，21.56，13.54。

(**3-6 F-4**)淡黄色固体；熔点 34.1～35.5℃；^{1}H NMR(500MHz，$CDCl_3$)：δ 7.82～7.68(m，2H)，7.52～7.40(m，2H)，3.05(s，3H)，2.46(s，3H)；^{13}C NMR(126MHz，$CDCl_3$)：δ 140.39，139.71，134.51，129.27，127.67，124.45，44.52，21.36。

(**3-6 F-5**)白色固体；熔点 98.0～99.4℃；^{1}H NMR(500MHz，$CDCl_3$)：δ 7.82(d，J = 8.5Hz，2H)，7.35(d，J = 8.5Hz，2H)，3.04(s，3H)，2.54(s，3H)；^{13}C NMR(126MHz，$CDCl_3$)：δ 147.25，136.16，127.67，125.48，44.71，14.78。

(**3-6 F-6**)淡黄色液体，^{1}H NMR(500MHz，$CDCl_3$)：δ 7.86(d，J = 8.3Hz，2H)，7.42(d，J = 8.3Hz，2H)，3.05(s，3H)，1.28(d，J = 7.0Hz，6H)；^{13}C NMR(126MHz，$CDCl_3$)：δ 155.37，137.91，127.52，127.49，44.60，34.27，23.66。

(**3-6 F-7**)淡黄色固体；熔点 94.2～96.3℃；^{1}H NMR(500MHz，$CDCl_3$)：δ 7.87(d，J = 8.3Hz，2H)，7.58(d，J = 8.3Hz，2H)，3.05(s，3H)，1.36(s，9H)；^{13}C NMR(126MHz，$CDCl_3$)：δ 157.65，137.57，127.24，126.39，44.60，35.29，31.09。

(**3-6 F-8**)淡黄色固体；熔点 143.7～144.5℃；^{1}H NMR(500MHz，$CDCl_3$)：δ 8.01(d，J = 8.1Hz，2H)，7.78(d，J = 8.0Hz，2H)，7.62(d，J = 7.6Hz，2H)，7.50(t，J = 7.3Hz，2H)，7.46～7.42(m，1H)，3.10(s，3H)；^{13}C NMR(126MHz，$CDCl_3$)：δ 146.75，139.14，139.07，129.15，128.73，128.03，127.96，127.43，44.67。

(**3-6 F-9**)淡黄色固体；熔点 218.1～219.5℃；^{1}H NMR(500MHz，$CDCl_3$)：δ 8.72(d，J = 8.6Hz，1H)，8.33(d，J = 7.3Hz，1H)，8.12(d，J = 8.2Hz，1H)，7.97(d，J = 8.2Hz，1H)，7.77～7.68(m，1H)，7.67～7.51

(m,2H),3.21(s,3H);^{13}C NMR(126MHz,$CDCl_3$):δ 135.53,135.25,134.21,129.68,129.39,128.83,128.64,127.09,124.51,123.90,44.29。

(**3-6 F-10**)淡黄色固体;熔点 100.4～102.3℃;^{1}H NMR(500MHz,$CDCl_3$):δ 8.53(s,1H),8.01(t,J =9.3Hz,2H),7.92(dd,J =15.3,8.3Hz,2H),7.66(dt,J = 14.8,7.0Hz,2H),3.13(s,3H);^{13}C NMR(126MHz,$CDCl_3$):δ 137.40,135.31,132.18,129.80,129.45,129.34,129.10,128.04,127.84,122.16,44.60。

(**3-6 F-11**)淡黄色固体;熔点 118.3～119.7℃;^{1}H NMR(500MHz,$CDCl_3$):δ 8.78(s,2H),8.69(s,2H),8.03(d,J =6.8Hz,1H),7.86～7.66(m,4H),3.27(s,3H);^{13}C NMR(126MHz,$CDCl_3$):δ 134.17,132.78,132.65,131.33,130.79,130.24,129.24,128.17,127.82,127.77,126.19,124.92,123.73,122.83,44.17。

(**3-6 I-1**)淡黄色固体;熔点 157.5～158.9℃;^{1}H NMR(500MHz,$CDCl_3$):δ 8.17(t,J =6.8Hz,3H),7.96(d,J =8.1Hz,1H),7.67(t,J =7.4Hz,1H),7.61～7.52(m,4H);^{13}C NMR(126MHz,$CDCl_3$):δ 167.26,152.93,138.47,137.07,134.63,129.58,128.98,127.94,127.57,125.59,122.26。

(**3-6 I-2**)淡黄色固体;熔点 116.4～117.2℃;^{1}H NMR(500MHz,$CDCl_3$):δ 8.29(d,J =8.0Hz,1H),8.14(d,J =8.7Hz,1H),7.96(d,J =7.5Hz,1H),7.61～7.51(m,3H),7.44(t,J =7.6Hz,1H),7.32(d,J =7.6Hz,1H),2.74(s,3H);^{13}C NMR(101MHz,$CDCl_3$):δ 167.70,152.67,139.76,136.89,136.71,134.76,132.96,130.78,127.86,127.48,126.87,125.55,122.19,20.85。

(**3-6 I-3**)淡黄色固体;熔点 140.4～142.1℃;^{1}H NMR(400MHz,$CDCl_3$):δ 8.16(d,J =8.0Hz,1H),7.96(d,J =8.2Hz,3H),7.56(dt,J =20.6,7.4Hz,2H),7.46(d,J = 5.4Hz,2H),2.44(s,3H);^{13}C NMR(126MHz,$CDCl_3$):δ 167.41,152.89,139.93,138.24,137.05,135.44,129.40,129.14,127.85,127.49,126.10,125.53,122.21,21.33。

(**3-6 I-4**)淡黄色固体;熔点 117.4～118.9℃;^{1}H NMR(400MHz,$CDCl_3$):δ 8.14(d,J =8.1Hz,1H),8.09(d,J =8.9Hz,2H),7.95(d,J =8.0Hz,1H),7.54(dt,J =21.4,7.3Hz,2H),7.03(d,J =8.9Hz,2H),3.87

(s，3H)；^{13}C NMR(126MHz，$CDCl_3$)：δ 168.03，164.60，152.96，136.94，131.35，129.61，127.75，127.45，125.45，122.22，114.88，55.82。

(**3-6 I-5**)白色固体；熔点 126.3～127.8℃；^{1}H NMR(500MHz，$CDCl_3$)：δ 8.16(d，*J*＝8.1Hz，1H)，8.08(d，*J*＝8.3Hz，2H)，7.96(d，*J*＝8.0Hz，1H)，7.55(dt，*J*＝21.2，7.3Hz，2H)，7.42(d，*J*＝8.3Hz，2H)，3.02～2.93(m，1H)，1.25(d，*J*＝6.9Hz，6H)；^{13}C NMR(126MHz，$CDCl_3$)：δ 167.66，156.52，152.93，137.07，135.67，129.16，127.83，127.78，127.50，125.54，122.25，34.39，23.57。

(**3-6 I-6**)淡黄色固体；熔点 203.2～205.9℃；^{1}H NMR(500MHz，$CDCl_3$)：δ 8.17(d，*J*＝8.1Hz，1H)，8.08(d，*J*＝8.4Hz，2H)，7.96(d，*J*＝7.9Hz，1H)，7.62～7.50(m，4H)，1.32(s，9H)；^{13}C NMR(126MHz，$CDCl_3$)：δ 167.67，158.77，152.94，137.09，135.35，128.86，127.82，127.49，126.68，125.54，122.24，35.41，31.00。

(**3-6 I-7**)白色固体；熔点 127.5～128.9℃；^{1}H NMR(500MHz，$CDCl_3$)：δ 8.15(d，*J*＝8.2Hz，1H)，8.02(d，*J*＝8.6Hz，2H)，7.96(d，*J*＝8.1Hz，1H)，7.55(dt，*J*＝14.5，6.8Hz，2H)，7.34(d，*J*＝8.6Hz，2H)，2.51(s，3H)；^{13}C NMR(126MHz，$CDCl_3$)：δ 167.55，152.88，148.87，136.96，133.61，129.15，127.82，127.49，125.48，125.45，122.20，14.62。

(**3-6 I-8**)白色固体；熔点 151.5～153.1℃；^{1}H NMR(500MHz，DMSO-d_6)：δ 8.23～8.13(m，3H)，7.97(d，*J*＝7.7Hz，1H)，7.62～7.52(m，2H)，7.26(t，*J*＝8.5Hz，2H)；^{13}C NMR(126MHz，$CDCl_3$)：δ 167.01，165.38(d，*J*＝259.56Hz)，152.86，134.40(d，*J*＝2.52Hz)，132.06(d，*J*＝5.04Hz)，128.00，127.62，125.53，122.25，117.08，116.89；^{19}F NMR($CDCl_3$，376MHz，298K)：δ＝－101.40。

(**3-6 I-9**)淡黄色固体；熔点 160.3～162.1℃；^{1}H NMR(500MHz，$CDCl_3$)：δ 8.15(d，*J*＝7.9Hz，1H)，8.10(d，*J*＝8.7Hz，2H)，7.97(d，*J*＝8.1Hz，1H)，7.61～7.54(m，4H)；^{13}C NMR(126MHz，$CDCl_3$)：δ 166.77，152.90，141.60，137.01，136.86，130.44，129.96，128.11，127.70，125.60，122.30。

(**3-6 I-10**)淡黄色固体；熔点 166.2～168.7℃；^{1}H NMR(500MHz，$CDCl_3$)：δ 8.16(d，*J*＝8.5Hz，1H)，8.02(d，*J*＝8.7Hz，2H)，7.97(d，*J*＝

8.6Hz,1H),7.73(d,J=8.7Hz,2H),7.57(dt,J=15.0,6.7Hz,2H);^{13}C NMR(126MHz, $CDCl_3$):δ 166.69,152.88,137.40,136.99,132.90,130.42,130.26,128.06,127.66,125.57,122.25。

(3-6 I-11)白色固体;熔点 185.2～187.5℃;^{1}H NMR(500MHz, $CDCl_3$):δ 8.22(d,J=8.4Hz,2H),8.17(d,J=8.3Hz,1H),7.97(d,J=8.4Hz,1H),7.77(d,J=8.5Hz,2H),7.61～7.52(m,4H),7.47(t,J=7.3Hz,2H),7.44～7.40(m,1H);^{13}C NMR(126MHz,$CDCl_3$):δ 167.43,152.97,147.62,138.93,137.09,136.84,129.54,129.15,128.89,128.20,127.93,127.57,127.46,125.59,122.27。

(3-6 I-12)白色固体;熔点 142.1～144.9℃;^{1}H NMR(500MHz, $CDCl_3$):δ 8.16(d,J=7.7Hz,1H),8.11(d,J=7.5Hz,2H),7.96(d,J=7.5Hz,1H),7.72(d,J=7.5Hz,2H),7.55(dd,J=13.1,7.9Hz,2H),0.28(s,9H);^{13}C NMR(126MHz,$CDCl_3$):δ 168.83,154.39,151.16,139.96,138.55,135.79,129.33,129.09,128.97,127.02,123.69。

(3-6 I-13)淡黄色固体;熔点 133.1～135.2℃;^{1}H NMR(500MHz, $CDCl_3$):δ 8.24(s,4H),8.16(d,J=8.1Hz,1H),7.98(d,J=7.8Hz,1H),7.62～7.53(m,2H),4.41(q,J=7.1Hz,2H),1.40(t,J=7.1Hz,3H);^{13}C NMR(126MHz,$CDCl_3$):δ 166.49,164.82,152.93,142.11,137.09,135.85,130.59,129.02,128.16,127.72,125.65,122.30,61.92。

(3-6 I-14)白色固体;熔点 191.6～194.0℃;^{1}H NMR(500MHz, $CDCl_3$):δ 11.04(s,1H),8.25(d,J=54.5Hz,2H),7.81(d,J=144.3Hz,4H),7.16～6.93(m,2H);^{13}C NMR(126MHz,DMSO-d_6):δ 168.89,164.14,152.70,136.63,131.83,128.49,128.39,127.20,125.20,123.92,117.12。

(3-6 I-15)白色固体;熔点 160.8～163.2℃;^{1}H NMR(500MHz, $CDCl_3$):δ 8.31(d,J=8.2Hz,2H),8.17(d,J=8.1Hz,1H),7.99(d,J=7.8Hz,1H),7.86(d,J=8.3Hz,2H),7.64～7.55(m,2H);^{13}C NMR(126MHz,$CDCl_3$):δ 166.14,152.94,142.04,137.07,136.05(d,J_{C-F}=34.02Hz),129.59,128.25,127.78,126.66(d,J_{C-F}=3.78Hz),122.97(d,J_{C-F}=273.42Hz),125.68,122.30;^{19}F NMR($CDCl_3$,376MHz,298K):δ=−63.30。

(3-6 I-16) 白色固体；熔点 123.6～124.5℃；^1H NMR(500MHz, $CDCl_3$)：δ 8.23(d, J=8.7Hz, 2H), 8.17(d, J=8.1Hz, 1H), 7.98(d, J=7.9Hz, 1H), 7.58(dt, J=15.0, 7.2Hz, 2H), 7.40(d, J=8.5Hz, 2H)；^{13}C NMR(126MHz, $CDCl_3$)：δ 166.67, 153.65, 152.94, 137.05, 136.58, 131.36, 128.13, 127.71, 125.63, 122.30, 121.13, 120.15 (q, J=260.82Hz)；^{19}F NMR($CDCl_3$, 376MHz, 298K)：δ=−57.61。

(3-6 I-17) 淡黄色固体；熔点 181.1～182.9℃；^1H NMR(500MHz, $CDCl_3$)：δ 9.02(s, 1H), 8.98(dd, J=5.9Hz, 3.7Hz, 1H), 8.68(dd, J=6.1, 3.4Hz, 1H), 8.64(d, J=8.4Hz, 1H), 8.08(dd, J=14.0, 7.8Hz, 2H), 7.90(d, J=8.1Hz, 1H), 7.81(t, J=7.7Hz, 1H), 7.73～7.66(m, 3H), 7.53～7.45(m, 2H)；^{13}C NMR(126MHz, $CDCl_3$)：δ 167.34, 152.51, 137.05, 135.12, 133.23, 132.39, 131.26, 131.18, 130.80, 129.22, 128.03, 127.93, 127.87, 127.84, 127.49, 125.96, 125.82, 125.58, 123.37, 122.87, 122.18。

(3-6 I-18) 淡黄色固体；熔点 201.1～204.3℃；^1H NMR(500MHz, $CDCl_3$)：δ 8.99(d, J=8.5Hz, 1H), 8.65(d, J=7.5Hz, 1H), 8.17(d, J=8.0Hz, 1H), 8.10(d, J=7.5, 1H), 7.92(d, J=8.0Hz, 2H), 7.70～7.65(m, 2H), 7.58(t, J=7.5Hz, 1H), 7.54～7.48(m, 2H)；^{13}C NMR(126MHz, DMSO-d_6)：δ 167.37, 152.49, 136.98, 136.46, 134.15, 133.58, 131.61, 129.03, 128.84, 127.82, 127.39, 127.19, 125.54, 124.79, 124.53, 122.10。

(3-6 I-19) 淡黄色固体；熔点 153.1～155.9℃；^1H NMR(500MHz, $CDCl_3$)：δ 8.77(s, 1H), 8.17～8.07(m, 2H), 8.00(t, J=10.0Hz, 2H), 7.94(d, J=7.9Hz, 1H), 7.89(d, J=8.1Hz, 1H), 7.64(dt, J=14.9, 7.2Hz, 2H), 7.58～7.49(m, 2H)；^{13}C NMR(126MHz, $CDCl_3$)：δ 167.31, 152.88, 137.02, 135.63, 135.20, 132.15, 131.11, 129.87, 129.84, 129.67, 127.99, 127.87, 127.85, 127.50, 125.51, 123.11, 122.19。

(3-6 I-20) 淡黄色固体；熔点 113.5～114.1℃；^1H NMR(500MHz, $CDCl_3$)：δ 8.23(d, J=8.1Hz, 1H), 8.01(d, J=8.0Hz, 1H), 7.61(dt, J=22.7, 7.3Hz, 2H), 7.11(s, 1H), 2.79(t, J=6.6Hz, 2H), 2.69～2.61(m, 2H), 2.16～2.08(m, 2H)；^{13}C NMR(126MHz, $CDCl_3$)：δ 166.37, 152.96,

148.73, 142.24, 137.05, 127.91, 127.56, 125.56, 122.30, 33.49, 31.24,23.69。

(3-6 I-21) 淡黄色固体;熔点 98.1～98.5℃;^{1}H NMR(500MHz, $CDCl_3$):δ 8.21(d,J=8.1Hz,1H),8.00(d,J=8.1Hz,1H),7.60(dt,J=16.3Hz,7.6Hz,2H),6.42(s,1H),2.30(s,3H),2.01(s,3H);^{13}C NMR (126MHz, $CDCl_3$):δ 168.31,160.62,152.87,136.79,127.79,127.51, 125.43,123.64,122.28,27.62,20.15。

(3-6 I-22) 白色固体;熔点 176.9～178.5℃;^{1}H NMR(500MHz, $CDCl_3$):δ 8.65(s,1H),8.17(s,1H),8.12(t,J=8.2Hz,2H),7.95(d,J=8.1Hz,1H),7.58～7.49(m,3H),4.11(s,3H);^{13}C NMR(126MHz, $CDCl_3$):δ 167.87,152.88,141.56,136.93,135.06,130.34,127.82, 127.50,125.53,125.46,125.16,123.58,122.23,110.24,36.00。

(3-6 I-23) 淡黄色固体;熔点 173.2～175.1℃;^{1}H NMR(500MHz, $CDCl_3$):δ 8.37(dd,J=3.0Hz,1.0Hz,1H),8.18(d,J=8.0Hz,1H),7.98 (d,J=8.0Hz,1H),7.61～7.54(m,3H),7.47(dd,J=5.0,3.0Hz, 1H);^{13}C NMR(126MHz, $CDCl_3$):δ 167.20,152.86,138.52,137.04, 134.68,128.74,127.99,127.62,126.61,125.58,122.29。

3.7 节产物的核磁共振数据

(3-7 C-1) 白色固体;熔点 241.5～243.8℃;^{1}H NMR(500MHz,DMSO):δ 12.58(s,1H),8.24～8.15(m,3H),7.88～7.83(m,1H),7.77(d, J=8.1Hz,1H),7.63～7.52(m,4H);^{13}C NMR(125MHz,DMSO):δ 162.74,152.79,149.19,135.09,133.17,131.88,129.09,128.24,127.98, 127.07,126.33,121.43。

(3-7 C-2) 白色固体;熔点> 300℃;^{1}H NMR(500MHz,DMSO):δ 12.74(s,1H),8.17(d,J=7.6Hz,2H),8.09(d,J=2.1Hz,1H),7.87(dd, J=8.7Hz,2.3Hz,1H),7.77(d,J=8.7Hz,1H),7.62～7.59(m,1H), 7.56(t,J=7.4Hz,2H);^{13}C NMR(125MHz,DMSO):δ 161.87,156.62, 147.44,137.19,135.60,135.23,130.18,128.89,128.70,128.46,127.83, 127.70,127.56,126.89,126.73,120.85,48.69。

(3-7 C-3) 白色固体;熔点> 300℃;^{1}H NMR(500MHz,DMSO):δ

12.74(s,1H),8.23(s,1H),8.18(d,J=7.4Hz,2H),7.97(d,J=8.5Hz,1H),7.69(d,J=8.6Hz,1H),7.64～7.59(m,1H),7.56(t,J=7.2Hz,2H);^{13}C NMR(125MHz,DMSO):δ 161.73,153.44,148.15,137.85,132.94,132.08,130.27,129.11,128.46,128.32,123.05,119.38。

(3-7 C-4)白色固体;熔点>300℃;^{1}H NMR(500MHz,DMSO):δ 12.54(s,1H),8.16(d,J=6.9Hz,2H),7.70(d,J=8.9Hz,1H),7.58～7.51(m,4H),7.44(dd,J=8.9Hz,2.9Hz,1H),3.89(s,3H);^{13}C NMR(125MHz,DMSO):δ 162.53,158.20,150.55,143.67,133.24,131.53,129.70,129.06,127.96,124.61,122.24,106.27,56.10。

(3-7 C-5)白色固体;熔点131.8～133.6℃;^{1}H NMR(500MHz,DMSO):δ 8.23(d,J=7.9Hz,1H),7.89(t,J=7.6Hz,1H),7.73(d,J=8.1Hz,1H),7.60(t,J=7.5Hz,1H),7.50(d,J=7.1Hz,1H),7.44(dd,J=14.3Hz,7.0Hz,4H),7.21(t,J=7.7Hz,3H),6.92(d,J=6.9Hz,2H),5.19(s,2H);^{13}C NMR(125MHz,DMSO):δ 161.87,156.62,147.44,137.19,135.60,135.23,130.18,128.89,128.70,128.46,127.83,127.70,127.56,126.89,126.73,120.85,48.69。

(3-7 C-6)白色固体;熔点126.8～131.6℃;^{1}H NMR(500MHz,DMSO):δ 8.17(d,J=7.9Hz,1H),7.84～7.79(m,1H),7.67(dd,J=11.4Hz,4.7Hz,3H),7.57～7.52(m,4H),3.36(s,3H);^{13}C NMR(125MHz,DMSO):δ 162.11,156.57,147.50,135.85,134.79,130.26,128.87,128.74,127.62,127.31,126.54,34.37。

(3-7 C-7)白色固体;熔点131.8～133.6℃;^{1}H NMR(500MHz,DMSO):δ 8.18(d,J=7.9Hz,1H),7.83(t,J=7.6Hz,1H),7.67(d,J=8.1Hz,1H),7.56(dd,J=17.5Hz,7.7Hz,3H),7.36(d,J=7.8Hz,2H),3.38(s,3H),2.41(s,3H);^{13}C NMR(125MHz,DMSO):δ 162.19,156.68,147.56,139.97,134.80,133.07,129.36,128.77,127.62,127.25,126.55,120.52,34.43,21.45。

(3-7 C-8)白色固体;熔点242.6～244.9℃;^{1}H NMR(500MHz,DMSO):δ 12.49(s,1H),8.15(d,J=7.9Hz,1H),8.03(s,1H),7.98(d,J=7.5Hz,1H),7.83(dd,J=11.7Hz,4.8Hz,1H),7.74(d,J=8.0Hz,1H),7.51(t,J=7.4Hz,1H),7.44～7.38(m,2H),2.40(s,3H);^{13}C NMR

(125MHz，DMSO)：δ 163.05，153.15，149.22，138.34，134.96，133.30，132.42，128.95，128.77，127.80，126.89，126.32，125.37，121.42，21.45。

(3-7 C-9)白色固体；熔点 236.8～239.9℃；^{1}H NMR(500MHz，DMSO)：δ 12.49(s，1H)，8.14(dd，J = 7.9Hz，1.3Hz，1H)，8.10(d，J = 8.2Hz，2H)，7.85～7.79(m，1H)，7.72(d，J = 8.1Hz，1H)，7.52～7.47(m，1H)，7.34(d，J = 8.1Hz，2H)，2.38(s，3H)；^{13}C NMR(125MHz，DMSO)：δ 163.01，152.90，149.25，141.85，134.96，130.48，129.63，128.16，127.75，126.77，126.31，121.34，21.46。

(3-7 C-10)白色固体；熔点 235.8～237.6℃；^{1}H NMR(500MHz，DMSO)：δ 12.61(s，1H)，8.18(dd，J = 7.8Hz，0.7Hz，1H)，7.87～7.83(m，1H)，7.79(td，J = 7.5Hz，1.4Hz，1H)，7.73(d，J = 8.1Hz，1H)，7.65～7.60(m，1H)，7.56(t，J = 7.5Hz，1H)，7.42～7.35(m，2H)；^{13}C NMR(125MHz，DMSO)：δ 162.16，161.03，159.04，150.59，149.12，135.03，133.33，133.26，131.54，131.52，127.89，127.45，126.33，125.09，125.07，122.89，122.78，121.55，116.73，116.56。

(3-7 C-11)白色固体；熔点 261.6～263.1℃；^{1}H NMR(500MHz，DMSO)：δ 12.69(s，1H)，8.25(dd，J = 3.7Hz，0.8Hz，1H)，8.13(dd，J = 7.9Hz，1.2Hz，1H)，7.89(dd，J = 5.0Hz，0.7Hz，1H)，7.84～7.80(m，1H)，7.67(d，J = 8.1Hz，1H)，7.52～7.48(m，1H)，7.25(dd，J = 4.9Hz，3.9Hz，1H)；^{13}C NMR(125MHz，DMSO)：δ 162.28，149.09，148.29，137.81，135.19，132.66，129.87，129.00，127.41，126.83，126.46，121.32。

(3-7 C-12)白色固体；熔点 230～231.6℃；^{1}H NMR(500MHz，DMSO)：δ 12.22(s，1H)，8.07(d，J = 7.8Hz，1H)，7.75(t，J = 7.7Hz，1H)，7.58(d，J = 8.1Hz，1H)，7.44(t，J = 7.5Hz，1H)，3.05(p，J = 8.3Hz，1H)，1.97(dd，J = 11.4Hz，7.7Hz，2H)，1.93～1.85(m，2H)，1.73(dd，J = 13.1Hz，7.5Hz，2H)，1.58(dd，J = 13.5Hz，8.5Hz，2H)；^{13}C NMR(125MHz，DMSO)：δ 162.47，160.96，149.24，134.69，127.30，126.32，126.14，121.31，44.19，31.31，30.39，25.93，25.85。

(3-7 C-13)白色固体；熔点 238.8～240.1℃；^{1}H NMR(500MHz，DMSO)：δ 12.11(s，1H)，8.08(d，J = 7.8Hz，1H)，7.77(t，J = 7.5Hz，1H)，7.60(d，J = 8.0Hz，1H)，7.46(t，J = 7.4Hz，1H)，2.58(dt，J = 11.7Hz，

6.0Hz,1H),1.91(d,J=12.3Hz,2H),1.80(d,J=12.1Hz,2H),1.68(d,J=11.5Hz,1H),1.59(q,J=12.2Hz,2H),1.36～1.21(m,3H);^{13}C NMR(125MHz,DMSO):δ 162.38,161.22,149.41,134.71,127.44,126.38,126.12,121.42,43.28,30.66,25.98,25.80。

(**3-7 C-14**)白色固体;熔点 142.8～144.6℃;^{1}H NMR(500MHz,DMSO):δ 12.20(s,1H),8.09(dd,J=7.9Hz,1.2Hz,1H),7.80～7.75(m,1H),7.60(d,J=8.0Hz,1H),7.46(t,J=7.5Hz,1H),2.64～2.57(m,2H),1.74～1.68(m,2H),1.35(dt,J=14.7Hz,7.4Hz,2H),0.91(t,J=7.4Hz,3H);^{13}C NMR(125MHz,DMSO):δ 162.30,157.97,149.42,134.73,127.25,126.36,126.13,121.23,34.65,29.38,22.17,14.15。

(**3-7 C-15**)白色固体;熔点 242.8～245.6℃;^{1}H NMR(500MHz,DMSO):δ 12.45(s,1H),8.20(d,J=7.9Hz,2H),8.14(d,J=7.3Hz,1H),7.82(t,J=6.6Hz,1H),7.71(d,J=7.6Hz,1H),7.49(t,J=6.8Hz,1H),7.10(d,J=7.8Hz,2H),3.86(s,3H);^{13}C NMR(125MHz,DMSO):δ 162.78,162.34,152.32,149.40,135.03,129.93,127.76,126.60,126.30,121.16,114.47,55.93。

3.8节产物的核磁共振数据

(**3-8 D-1**)^{1}H NMR(500MHz,$CDCl_3$):δ 7.98(dd,J=20.4Hz,8.4Hz,2H),7.75(dd,J=8.1Hz,1.5Hz,1H),7.65(ddd,J=8.4Hz,6.8Hz,1.5Hz,1H),7.47(ddd,J=8.1Hz,6.9Hz,1.2Hz,1H),7.14～7.08(m,1H),7.02(d,J=8.3Hz,1H),6.92(td,J=7.4Hz,1.2Hz,1H),6.90～6.83(m,2H),6.32(s,2H),4.39(t,J=6.5Hz,1H),3.44(s,3H),3.26～3.11(m,2H);^{13}C NMR(126MHz,DMSO):δ 168.98,162.56,160.09,150.30,149.48,147.69,135.65,135.02,129.58,128.98,128.88,128.09,127.91,126.80,126.13,124.41,122.92,116.60,115.80,75.32,50.68,48.40,35.06。$[C_{21}H_{18}N_2O_3+H]^+$ HRMS m/z 计算值:347.1390;实际值:347.1387。

(**3-8 D-2**)^{1}H NMR(500MHz,$CDCl_3$):δ 8.00(dd,J=17.3Hz,8.4Hz,2H),7.76(d,J=8.0Hz,1H),7.66(t,J=7.6Hz,1H),7.48(t,J=7.4Hz,1H),7.04(d,J=8.4Hz,1H),6.92(dd,J=8.1Hz,1.3Hz,1H),6.81～

6.65(m,2H),6.32(s,2H),4.31(t,J=6.5Hz,1H),3.35(s,3H),3.18(d,J=6.5Hz,2H),2.15(s,3H);^{13}C NMR(126MHz,$CDCl_3$):δ 169.75,161.94,160.12,149.41,148.04,135.75,135.39,133.63,129.23,128.94,128.84,127.89,127.41,126.67,125.99,125.78,122.74,116.55,115.33,77.30,50.68,48.80,35.52,20.73。$[C_{22}H_{20}N_2O_3+H]^+$ HRMS m/z 测量值:361.1547;计算值:361.1547。

(**3-8 D-3**)^{1}H NMR(500MHz,$CDCl_3$):δ 8.01(dd,J=21.8Hz,8.4Hz,2H),7.76(d,J=7.9Hz,1H),7.71～7.62(m,1H),7.52～7.45(m,1H),7.07(d,J=8.4Hz,1H),6.81(d,J=8.8Hz,1H),6.66(dd,J=8.8Hz,3.0Hz,1H),6.33(d,J=2.3Hz,1H),4.36(t,J=6.7Hz,1H),3.43(d,J=15.3Hz,6H),3.20(ddd,J=19.8Hz,12.6Hz,6.7Hz,2H);^{13}C NMR(126MHz,$CDCl_3$):δ 169.67,162.03,160.08,155.72,144.08,135.54,129.29,128.76,127.38,126.98,126.63,125.81,122.72,116.44,113.75,112.11,77.26,55.31,50.70,48.57,35.81。$[C_{22}H_{20}N_2O_4+H]^+$ HRMS m/z 计算值:377.1496;实际值:377.1500。

(**3-8 D-4**)^{1}H NMR(500MHz,$CDCl_3$):δ 8.00(dd,J=21.0Hz,8.4Hz,2H),7.83～7.59(m,2H),7.52～7.45(m,1H),7.05(d,J=8.4Hz,1H),6.79～6.65(m,3H),6.26(s,2H),4.35(t,J=6.6Hz,1H),3.41(s,3H),3.24～3.06(m,2H);^{13}C NMR(126MHz,DMSO):δ 169.02,162.60,160.24,150.13,149.61,147.70,137.47,135.69,129.60,128.99,128.56,128.11,126.13,125.13,122.94,116.65,116.12,75.51,50.67,48.56,34.73,21.00。$[C_{22}H_{20}N_2O_3+H]^+$ HRMS m/z 计算值:361.1547;实际值:361.1544。

(**3-8 D-5**)^{1}H NMR(500MHz,DMSO-d_6):δ 8.14(d,J=8.4Hz,1H),7.95～7.86(m,2H),7.69(ddd,J=8.3Hz,6.8Hz,1.5Hz,1H),7.55～7.51(m,1H),7.05(d,J=8.4Hz,1H),6.83(d,J=8.5Hz,1H),6.55(dd,J=8.4Hz,2.5Hz,1H),6.46(d,J=2.5Hz,1H),4.27(t,J=6.2Hz,1H),3.70(s,3H),3.41(s,3H),3.17～2.93(m,2H);^{13}C NMR(126MHz,DMSO):δ 169.04,162.40,160.27,159.01,150.86,147.71,135.67,129.59,129.44,128.99,128.11,126.81,126.13,122.95,118.66,110.62,101.21,75.70,55.74,50.71,48.57,34.37。$[C_{22}H_{20}N_2O_4+H]^+$ HRMS m/z 计算

值:377.1496;实际值:377.1497。

(3-8 D-6) ^{1}H NMR(500MHz,$CDCl_3$):δ 8.00(d,J=8.3Hz,2H),7.77(dd,J=8.1Hz,0.8Hz,1H),7.70～7.63(m,1H),7.51～7.46(m,1H),7.05(d,J=8.4Hz,1H),6.92～6.83(m,2H),6.74(d,J=7.8Hz,1H),6.37(s,2H),4.35(t,J=6.5Hz,1H),3.49(s,3H),3.17(ddd,J=19.9Hz,12.7Hz,6.5Hz,2H);^{13}C NMR(126MHz,$CDCl_3$):δ 169.47,161.31,159.62,150.44,135.73,132.44,129.48,129.39,128.85,127.49,126.69,125.94,124.86,124.33,122.56,116.14,77.20,50.93,48.43,34.98。$[C_{21}H_{17}ClN_2O_3+H]^+$ HRMS m/z 计算值:381.1000;实际值:381.1003。

(3-8 D-7) ^{1}H NMR(500MHz,$CDCl_3$):δ 7.99(d,J=8.3Hz,2H),7.76(dd,J=8.1Hz,1.1Hz,1H),7.70～7.58(m,1H),7.49(dd,J=11.0Hz,3.9Hz,1H),7.09～6.96(m,3H),6.67(d,J=8.4Hz,1H),4.34(t,J=6.5Hz,1H),3.48(s,3H),3.16(ddd,J=20.0Hz,12.7Hz,6.6Hz,2H);^{13}C NMR(126MHz,$CDCl_3$):δ 169.45,161.32,159.60,150.58,135.74,129.81,129.40,128.85,127.49,127.20,126.69,125.95,125.40,122.56,120.02,119.01,77.33,50.92,48.38,35.04。$[C_{21}H_{17}BrN_2O_3+H]^+$ HRMS m/z 计算值:425.0495;实际值:425.0502。

(3-8 D-8) ^{1}H NMR(500MHz,$CDCl_3$):δ 8.00(d,J=8.3Hz,2H),7.80～7.74(m,1H),7.70～7.64(m,1H),7.56～7.44(m,1H),7.05(d,J=8.4Hz,1H),6.82～6.72(m,1H),6.68～6.55(m,2H),4.36(t,J=6.5Hz,1H),3.49(s,3H),3.17(ddd,J=19.8Hz,12.6Hz,6.5Hz,2H);^{13}C NMR(126MHz,$CDCl_3$):δ 169.54,161.30,159.72,150.46,135.71,129.51,129.44,129.39,128.81,127.48,126.68,125.93,122.58,122.00,111.31,103.54,77.30,50.92,48.52,34.86。$[C_{21}H_{17}FN_2O_3+H]^+$ HRMS m/z 计算值:365.1296;实际值:365.1301。

(3-8 D-9) ^{1}H NMR(500MHz,$CDCl_3$):δ 8.52(s,1H),7.98(d,J=8.3Hz,1H),7.68～7.56(m,3H),7.39～7.25(m,3H),7.08(d,J=8.4Hz,1H),6.87～6.84(m,1H),6.34(s,2H),4.41(q,J=7.1Hz,3H),4.04(dd,J=10.7Hz,7.1Hz,1H),3.27～3.10(m,1H),1.41(t,J=7.1Hz,3H);^{13}C NMR(126MHz,$CDCl_3$):δ 169.26,163.03,156.73,155.13,148.60,135.45,134.35,129.52,129.14,128.93,128.50,124.85,

122.52，118.27，117.86，116.74，115.67，77.44，61.97，59.31，35.40，14.24。[$C_{22}H_{20}N_2O_3$+H]$^+$ HRMS m/z 计算值：361.1547；实际值：361.1521。

(3-8 D-10) ^{1}H NMR(500MHz,$CDCl_3$)：δ 8.47(s,1H)，7.99(d,J=8.6Hz,1H)，7.82～7.58(m,1H)，7.56～7.32(m,3H)，7.25(s,1H)，7.09(d,J=8.4Hz,1H)，6.97～6.87(m,1H)，6.23(s,2H)，4.42(q,J=7.1Hz,2H)，4.32(t,J=7.2Hz,1H)，2.43(s,3H)，2.16(s,1H)，1.70(s,1H)，1.41(t,J=7.2Hz,3H)；^{13}C NMR(126MHz,$CDCl_3$)：δ 169.38，163.26，156.99，153.39，148.63，135.49，134.64，129.10，128.93，127.82，127.38，126.69，122.60，118.20，117.67，116.53，115.30，77.23，61.95，59.25，35.51，20.71，14.25。[$C_{23}H_{22}N_2O_3$+H]$^+$ HRMS m/z 计算值：375.1703；实际值：375.1694。

(3-8 D-11) ^{1}H NMR(500MHz,$CDCl_3$)：δ 8.48(s,1H)，8.00(d,J=8.4Hz,1H)，7.81～7.73(m,1H)，7.72～7.44(m,1H)，7.31～7.25(m,2H)，7.22(dd,J=9.1Hz,2.9Hz,1H)，7.00(d,J=2.9Hz,1H)，6.90～6.59(m,1H)，6.23(s,2H)，4.42(q,J=7.1Hz,2H)，4.36(t,J=6.7Hz,1H)，3.86(s,3H)，3.46(s,1H)，3.20(ddd,J=55.6Hz,12.4Hz,6.6Hz,1H)，1.41(t,J=7.1Hz,3H)；^{13}C NMR(126MHz,$CDCl_3$)：δ 169.34，163.18，156.95，156.28，149.76，148.39，144.17，135.48，127.40，122.61，118.57，118.16，117.89，116.46，113.85，112.17，110.66，77.25，61.98，59.29，55.91，35.86，14.25。[$C_{23}H_{22}N_2O_4$+H]$^+$ HRMS m/z 计算值：391.1652；实际值：391.1648。

(3-8 D-12) ^{1}H NMR(500MHz,$CDCl_3$)：δ 7.98(dd,J=8.6Hz,7.2Hz,2H)，7.75(dd,J=8.2Hz,1.5Hz,1H)，7.64(ddd,J=8.5Hz,6.8Hz,1.4Hz,1H)，7.48～7.44(m,1H)，7.08(d,J=8.4Hz,1H)，6.90～6.69(m,2H)，6.48(dd,J=8.4Hz,2.6Hz,1H)，6.35(s,2H)，4.39(q,J=7.1Hz,1H)，4.32(t,J=6.4Hz,1H)，3.84(dd,J=10.6Hz,7.1Hz,1H)，3.71(s,3H)，3.27～3.06(m,2H)，1.11(t,J=7.1Hz,3H)；^{13}C NMR(126MHz,$CDCl_3$)：δ 169.37，163.44，160.22，158.90，150.70，148.98，147.82，135.44，129.00，128.98，127.41，122.55，118.42，113.65，110.32，101.21，100.34，77.83，61.70，59.35，55.40，34.78，14.33。[$C_{23}H_{22}N_2O_4$+

H]$^+$ HRMS m/z 计算值:391.1652;实际值:391.1674。

(3-8 D-13) ^{1}H NMR(500MHz,$CDCl_3$):δ 8.49(s,1H),7.99(dd,J =8.4Hz,4.4Hz,2H),7.75(dd,J =8.1Hz,1.4Hz,1H),7.68~7.60(m,1H),7.12~7.09(m,1H),6.71(d,J =20.4Hz,3H),6.32(s,2H),4.43~4.38(m,2H),4.34(t,J =6.5Hz,1H),3.24~3.09(m,2H),2.26(s,3H),1.40(d,J =7.1Hz,3H);^{13}C NMR(126MHz,$CDCl_3$):δ 169.37,163.25,157.03,155.35,148.71,137.31,135.42,129.10,128.98,128.18,127.40,126.69,124.93,122.54,116.87,116.11,115.55,77.65,61.84,59.28,35.09,21.00,14.26。[$C_{23}H_{22}N_2O_3$+H]$^+$ HRMS m/z 计算值:375.1703;实际值:375.1707。

(3-8 D-14) ^{1}H NMR(500MHz,$CDCl_3$):δ 8.01(dd,J =8.4Hz,2.3Hz,2H),7.77(dd,J =8.1Hz,1.5Hz,1H),7.67(ddd,J =8.5Hz,6.9Hz,1.5Hz,1H),7.49(ddd,J =8.1Hz,6.8Hz,1.2Hz,1H),7.15(ddd,J =8.4Hz,7.2Hz,1.7Hz,1H),7.11(d,J =8.3Hz,1H),6.97(td,J =7.5Hz,1.2Hz,1H),6.92(dd,J =7.8Hz,1.7Hz,1H),6.87(dd,J =8.2Hz,1.2Hz,1H),4.61(s,2H),4.26(t,J =6.4Hz,1H),3.37(dd,J =13.4Hz,6.1Hz,1H),3.28(dd,J =13.4Hz,6.7Hz,1H);^{13}C NMR(126MHz,$CDCl_3$):δ 160.92,158.45,149.43,147.83,136.11,129.47,128.93,128.55,127.98,127.57,126.88,126.05,124.70,123.27,122.49,119.92,116.16,58.74,48.04,35.71。[$C_{20}H_{15}N_3O$+H]$^+$ HRMS m/z 计算值:314.1288;实际值:314.1286。

(3-8 D-15) ^{1}H NMR(500MHz,$CDCl_3$):δ 8.03(d,J =8.5Hz,1H),7.95(d,J =8.3Hz,1H),7.76(dd,J =8.2Hz,1.5Hz,1H),7.68(ddd,J =8.4Hz,6.8Hz,1.4Hz,1H),7.49(td,J =7.4Hz,6.8Hz,1.2Hz,1H),7.14(td,J =7.7Hz,1.6Hz,1H),6.95~6.80(m,4H),4.41(dd,J =7.5Hz,6.0Hz,1H),3.25~3.05(m,2H),2.08(s,3H);^{13}C NMR(126MHz,$CDCl_3$):δ 195.62,162.54,159.25,149.96,147.94,135.85,129.44,128.91,128.38,127.60,127.51,127.08,126.77,126.01,124.28,122.87,115.80,89.19,49.21,37.32,26.41。[$C_{21}H_{18}N_2O_2$+H]$^+$ HRMS m/z 计算值:331.1441;实际值:331.1448。

3.9 节产物的核磁共振数据

(3-9 C-1)白色固体；^{1}H NMR(500MHz,DMSO)：δ 8.51(s,1H),8.1(s,1H),7.52(d,J=7.3Hz,2H),7.51～7.40(m,2H),7.29(t,2H),7.20(t,2H),6.91(d,J=8.1Hz,1H),6.57(t,J=7.8Hz,1H),4.50(s,1H),3.66(d,J=5.9Hz,2H)；^{13}C NMR(126MHz,DMSO)：δ 163.71,147.10,144.87,133.40,127.88,127.41,126.47,116.83,114.78,73.73,68.05。

(3-9 C-2)白色固体；^{1}H NMR(500MHz,DMSO)：δ 8.47(s,1H),7.50(s,1H),7.48(d,J=7.3Hz,1H),7.44～7.38(m,2H),7.21(t,J=7.7Hz,2H),7.22(t,J=7.5Hz,2H),6.84(d,J=8.1Hz,1H),4.48(t,J=5.5Hz,1H),3.62(d,J=5.9Hz,2H)；^{13}C NMR(126MHz,DMSO)：δ 163.41,147.14, 143.64, 134.12, 127.54, 127.21, 118.83, 126.31, 114.81,74.24,68.64。

(3-9 C-3)白色固体；^{1}H NMR(500MHz,DMSO)：δ 8.51(s,1H),7.54(s,1H),7.52(d,J=7.3Hz,1H),7.46～7.38(m,2H),7.28(t,J=7.7Hz,2H),7.21(t,J=7.4Hz,2H),6.96(d,J=8.1Hz,1H),4.51(t,J=5.5Hz,1H),3.66(d,J=5.9Hz,2H)；^{13}C NMR(126MHz,DMSO)：δ 163.82,147.64, 144.87, 134.63, 128.32, 127.46, 126.47, 118.83, 115.85,74.64,68.15。

(3-9 C-4)白色固体；^{1}H NMR(500MHz,DMSO)：δ 7.64(s,1H),7.53(d,J=7.1Hz,2H),7.49～7.46(m,2H),7.32(t,J=7.4Hz,1H),7.26(t,J=7.2Hz,2H),6.98(d,J=8.0Hz,1H),6.61(t,J=7.8Hz,1H),4.54(t,J=5.5Hz,1H),3.71(d,J=5.9Hz,2H),3.24(s,3H)；^{13}C NMR(126MHz,DMSO)：δ 164.74,147.24,144.76,133.48,127.94,127.52,126.44,116.88,114.82,73.78,71.94,68.25。

(3-9 C-5)白色固体；^{1}H NMR(500MHz,DMSO)：δ 8.56(d,J=7.0Hz,2H),7.53～7.40(m,2H),7.27(t,J=7.5Hz,2H),7.18(t,J=7.3Hz,2H),6.88(d,J=8.1Hz,1H),6.55(t,J=7.8Hz,1H),5.34(s,2H),4.50(t,J=5.5Hz,1H),3.66(d,J=5.9Hz,2H)；^{13}C NMR(126MHz,DMSO)：δ 164.21,146.42,144.87,133.86,127.81,127.76,126.85,116.83,114.77,71.86,65.41。

（3-9 C-6）白色固体；^1H NMR(500MHz,DMSO)：δ 8.94(s,1H),7.91(s,1H),7.65～7.63(m,2H),7.53(d,J = 7.6Hz,1H),7.46～7.44(m,2H),7.37(s,1H),7.31(t,J =7.8Hz,1H),6.91(d,J =8.4Hz,1H),6.78(t,J =7.6Hz,1H),4.50(t,J =5.5Hz,1H),3.66(d,J =5.9Hz,2H)；^{13}C NMR(126MHz, DMSO)：δ 144.34, 137.65, 133.31, 129.62, 128.91, 127.84,124.14,121.82,117.34,71.43,68.48。

（3-9 C-7）白色固体；^1H NMR(500MHz,$CDCl_3$)：δ 8.60(s,1H),8.14(d,J = 4.9Hz,1H,),8.01(s,1H),7.90(d,J = 7.5,1H),7.29(t,J = 8.0Hz,2H),7.20(t,2H),6.91(d,J = 8.1Hz,1H),6.57(t,J = 7.8Hz,1H),4.50(s,1H),3.66(d,J = 5.9Hz,2H)；^{13}C NMR(126MHz,$CDCl_3$)：δ = 163.81, 157.65, 152.84, 142.35, 135.67, 128.54, 128.23, 126.34, 113.76,109.45,71.86,65.41。

（3-9 C-8）白色固体；^1H NMR(500MHz,$CDCl_3$)：δ 7.89(s,1H),7.55(s,1H),7.20(t,J =8.0Hz,1H),6.72～6.58(m,3H),5.12(s,1H)3.46～3.33(m,2H),1.36(s,3H)；^{13}C NMR(126MHz,$CDCl_3$)：δ 163.5,147.56,133.64,127.64,116.86,114.71,113.64,69.33,66.42,24.47。

（3-9 C-9）白色固体；^1H NMR(500MHz,$CDCl_3$)：δ 8.78(s,1H),7.64(s,1H),7.48～7.46(m,3H),7.28～7.23(m,2H),7.26～7.18(m,2H),6.79(d,J = 8.0Hz,1H),6.62～6.56(m,J = 7.6Hz,1H),3.72(d,J = 5.9Hz,2H)；^{13}C NMR(126MHz,$CDCl_3$)：δ 164.46, 147.87, 144.87, 133.85,128.42,127.64,126.49,117.66,114.91,74.86,68.71。

（3-9 C-10）白色固体；^1H NMR(500MHz,$CDCl_3$)：δ 8.77(s,1H),7.68(s,1H),7.47～7.46(m,3H),7.28～7.24(m,2H),7.27～7.18(m,2H),6.78(d,J = 8.0Hz,1H),6.62～6.57(m,J = 7.6Hz,1H),3.32(d,J = 5.9Hz,2H)；^{13}C NMR(126MHz,$CDCl_3$)：δ 164.46, 147.87, 144.87, 133.85,128.42,127.64,126.49,120.34,117.61,74.86,71.74。

（3-9 C-11）白色固体；^1H NMR(500MHz,$CDCl_3$)：δ 7.86(s,1H),7.52(s,1H),7.18(t,J =8.0,1H),6.76(d,J =8.0Hz,1H),6.61～6.58(m,2H),1.78～1.68(m,2H),1.64～1.51(m,6H),1.46～1.38(m,1H),1.27～1.22(m,1H)；^{13}C NMR(126MHz,$CDCl_3$)：δ 163.64, 146.81, 133.57,127.64,116.68,114.62,114.45,67.79,37.42,24.67,20.91。

(**3-9 C-12**)白色固体；^{1}H NMR(500MHz,$CDCl_3$)：δ 8.77(s,1H),7.62(s,1H),7.48～7.46(m,3H),7.26～7.23(m,2H),7.26～7.18(m,2H),6.77(d,J=8.0Hz,1H),6.61～6.54(m,J=7.6Hz,1H),1.62(s,3H)；^{13}C NMR(126MHz, $CDCl_3$)：δ 164.24, 148.16, 147.64, 133.78, 128.46, 127.72,127.54,125.62,117.34,115.57,114.71,70.62,31.26。

4.2节产物的核磁共振数据

(**4-2 C-1**)黄色固体；^{1}H NMR(500MHz, DMSO)：δ 8.17(d,J=8.3Hz,1H),8.08(d,J=8.5Hz,2H),7.84(d,J=8.4Hz,1H),7.61(t,J=7.6Hz,1H),7.50(t,2H),7.43(t,J=7.3Hz,1H),7.38(t,J=7.5Hz,1H),7.13(s,1H),6.89(s,2H)；^{13}C NMR(126MHz,DMSO)：δ 156.12,152.48,148.82,140.02,129.34,129.21,128.87,128.59,126.83,123.56,122.31,117.88,99.12。

(**4-2 C-2**)黄色固体；^{1}H NMR(500MHz, DMSO)：δ 8.18(d,J=8.2Hz,1H),8.05(d,J=8.4Hz,2H),7.85(d,J=8.0Hz,1H),7.68(d,J=8.6Hz,2H),7.58(t,J=7.5Hz,2H),7.14(s,1H),6.88(s,2H)；^{13}C NMR(126MHz, DMSO)：δ 154.91, 152.68, 148.72, 139.81, 131.52, 129.83,129.12,128.59,123.73,122.43,122.31,117.91,99.84。

(**4-2 C-3**)黄色固体；^{1}H NMR(500MHz, DMSO)：δ 8.31(d,J=8.4Hz,1H),8.08(d,2H),7.75(d,J=8.4Hz,1H),7.55(t,J=7.8Hz,2H),7.43(t,J=7.3Hz,1H),7.34(t,J=7.5Hz,1H),7.07(s,1H),6.86(s,2H)；^{13}C NMR(126MHz,DMSO)：δ 155.76,152.52,143.57,135.34,134.01,132.21,129.59,129.45,125.32,124.46,122.94,116.58,99.87。

(**4-2 C-4**)黄色固体；^{1}H NMR(500MHz, DMSO)：δ 8.19(d,J=8.2Hz,1H),8.07(d,2H),7.75(t,J=7.1Hz,1H),7.58(t,2H),7.45(t,J=7.4Hz,1H),7.31(t,J=7.4Hz,1H),7.07(s,1H),6.48(s,2H)；^{13}C NMR(126MHz, DMSO)：δ 162.7, 158.64, 151.62, 148.34, 140.04, 137.83,131.62,129.1,127.9,125.6,122.96,115.12,109.61。

(**4-2 C-5**)褐色固体；^{1}H NMR(500MHz, DMSO)：δ 8.17(d,J=8.3Hz,1H),8.09(d,2H),7.86(d,J=8.4Hz,1H),7.64(t,J=7.6Hz,1H),7.54(t,J=8.2Hz,2H),7.43(t,J=7.3Hz,1H),7.16(s,1H),6.92

(s,2H)；^{13}C NMR(126MHz,DMSO)：δ 152.53,147.74,147.21,146.36,132.79,129.5,128.74,126.7,125.36,123.94,123.58,118.23,99.76。

(4-2 C-6) 黄色固体；^{1}H NMR(500MHz,DMSO)：δ 8.17(d,J=8.2Hz,1H),8.03(d,J=8.4Hz,1H),7.84(d,J=8.4Hz,1H),7.61(t,J=7.6Hz,1H),7.50(t,J=8.2Hz,2H),7.43(t,J=7.3Hz,1H),7.37(t,J=8.0Hz,1H),7.06(s,1H),6.53(s,2H)；^{13}C NMR(126MHz,DMSO)：δ 197.72,157.25,150.24,146.52,143.66,138.51,130.83,128.91,127.64,124.57,119.32,115.7,109.08,99.86。

(4-2 C-7) 黄色固体；^{1}H NMR(500MHz,DMSO)：δ 8.17(d,J=8.3Hz,1H),8.08(d,J=8.3Hz,1H),7.78(d,J=8.4Hz,1H),7.68(t,J=7.6Hz,1H),7.50(t,2H),7.43(t,J=7.3Hz,1H),7.38(t,J=7.7Hz,1H),7.13(s,1H),6.89(s,2H),3.67(s,3H)；^{13}C NMR(126MHz,DMSO)：δ 156.12,152.48,148.82,140.02,129.34,129.21,128.87,128.59,126.83,123.56,122.31,117.88,109.62,54,23。

(4-2 C-8) 黄色固体；^{1}H NMR(500MHz,DMSO)：δ 8.19(d,J=8.3Hz,1H),8.04(d,2H),7.81(d,J=8.4Hz,1H),7.54(t,J=7.6Hz,1H),7.46(t,J=8.0Hz,2H),7.29(t,J=7.5Hz,1H),7.13(s,1H),6.89(s,2H),3.68(s,2H)；^{13}C NMR(126MHz,DMSO)：δ 157.32,152.48,148.82,140.02,129.34,129.21,128.87,128.59,126.87,123.57,122.38,117.88,99.19。

(4-2 C-9) 黄色固体；^{1}H NMR(500MHz,DMSO)：δ 8.17(d,J=8.3Hz,1H),8.09(d,2H),7.86(d,J=8.4Hz,1H),7.73(t,J=7.6Hz,1H),7.48(t,J=8.0Hz, 2H),7.41(t,J=7.3Hz,1H),7.13(s,1H),6.89(s,2H),2.31(s,3H)；^{13}C NMR(126MHz,DMSO)：δ 157.32,152.53,148.87,140.11,129.65,129.85,128.94,128.83,126.86,123.58,122.37,117.94,99.21,23,18。

(4-2 C-10) 黄色固体；^{1}H NMR(500MHz,DMSO)：δ 8.71(s,1H),8.52(d,J=9.0Hz,1H),8.18(d,J=8.3Hz,1H),8.08(d,J=8.0Hz,1H),7.81(d,J=8.6Hz,1H),7.61(t,J=7.6Hz,1H),7.46(t,J=7.3Hz,1H),7.14(s,1H),6.86(s,2H),6.62(d,1H)；^{13}C NMR(126MHz,DM-

SO)：δ 158.62，156.46，152.48，148.82，145.61，140.02，136.85，129.35，128.59，126.83，123.56，122.34，117.91，99.24。

(**4-2 C-11**)黄色固体；^{1}H NMR(500MHz，DMSO)：δ 8.05(d，J = 8.2Hz，1H)，7.73(d，J = 8.4Hz，1H)，7.64(t，J = 7.6Hz，1H)，7.57(t，2H)，7.38～7.42(m，J = 3.6Hz，1H)，7.14(dd，J = 3.4Hz，1H)，7.06(s，1H)，6.79(s，2H)；^{13}C NMR(126MHz，DMSO)：δ 154.01，149.97，149.52，148.94，143.54，129.84，129.77，124.81，120.01，118.08，112.02，109.03，99.57。

(**4-2 C-12**)黄色固体；^{1}H NMR(500MHz，DMSO)：δ 8.43(d，J = 8.4Hz，1H)，7.78(d，J = 8.4Hz，1H)，7.61(t，J = 7.6Hz，1H)，7.53(t，2H)，7.23(t，J = 3.6Hz，1H)，7.13(t，J = 4.8Hz，1H)，6.96(s，1H)，6.36(s，2H)；^{13}C NMR(126MHz，DMSO)：δ 156.42，145.21，144.34，140.54，132.02，129.78，129.12，128.14，126.52，126.47，125.91，123.62，99.72。

(**4-2 C-13**)黄色固体；^{1}H NMR(500MHz，DMSO)：δ 8.19(d，J = 8.3Hz，1H)，8.09(d，J = 8.0Hz，1H)，7.87(d，J = 8.4Hz，1H)，7.67(t，J = 7.6Hz，1H)，7.58(t，2H)，7.47(t，J = 7.3Hz，1H)，7.39(t，J = 7.8Hz，1H)，7.23(s，1H)，6.92(s，2H)；^{13}C NMR(126MHz，DMSO)：δ 158.31，152.84，148.95，140.02，132.31，130.84，129.64，128.87，127.46，123.78，122.67，118.42，99.24。

(**4-2 C-14**)黄色固体；^{1}H NMR(500MHz，DMSO)：δ 8.19(d，J = 8.3Hz，1H)，8.11(d，2H)，7.88(d，J = 8.4Hz，1H)，7.64(t，J = 7.6Hz，1H)，7.50(t，J = 7.8Hz，1H)，7.47(t，J = 7.3Hz，1H)，7.41(t，J = 7.5Hz，1H)，7.15(s，1H)，6.87(s，2H)；^{13}C NMR(126MHz，DMSO)：δ 156.12，154.14，148.87，140.12，132.45，130.87，129.84，129.57，126.87，123.86，122.74，117.97，99.88。

(**4-2 C-15**)黄色固体；^{1}H NMR(500MHz，DMSO)：δ 8.19(d，J = 8.3Hz，1H)，8.11(d，2H)，7.84(d，J = 8.4Hz，1H)，7.67(t，J = 7.6Hz，1H)，7.58(t，2H)，7.48(t，J = 7.3Hz，1H)，7.16(s，1H)，6.94(s，2H)；^{13}C NMR(126MHz，DMSO)：δ 156.86，152.76，148.71，140.02，129.68，129.34，128.88，128.72，126.82，123.72，122.45，117.88，111.46，98.71。

(**4-2 C-16**)黄色固体；^{1}H NMR(500MHz，DMSO)：δ 8.17(d，J =

8.3Hz,1H),8.08(d,2H),7.84(d,J=8.4Hz,1H),7.61(t,J=7.6Hz,1H),7.50(t,2H),7.43(t,J=7.3Hz,1H),7.13(s,1H),6.89(s,2H);^{13}C NMR(126MHz, DMSO):δ 156.12, 152.48, 148.82, 140.02, 129.34, 129.21,128.87,128.59,126.83,123.56,122.31,117.88,99.12。

(**4-2 C-17**)黄色固体;^{1}H NMR(500MHz,DMSO):δ 8.17(d,J=8.3Hz,1H),8.10(d,J=8.3Hz,1H),7.76(d,J=8.4Hz,1H),7.64(t,J=7.6Hz,1H),7.51(t,J=7.8Hz,1H),7.41(t,J=7.3Hz,1H),7.38(t,J=7.7Hz,1H),7.14(s,1H),6.89(s,2H),3.67(s,3H),3.42(s,3H);^{13}C NMR(126MHz, DMSO):δ 156.64, 152.56, 148.86, 140.12, 129.42, 129.38,128.87,128.75,126.83,123.64,122.38,117.88,109.82,54.43,51,23。

(**4-2 C-18**)黄色固体;^{1}H NMR(500MHz,DMSO):δ 7.89(d,J=8.5,1H),7.66(d,J=8.4,1H),7.54(m,J=8.4,1H),7.36(m,J=8.2,1H),4.63(s,2H),3.04(t,J=9.9Hz,2H),2.64(t,J=6.2Hz,2H),1.99～1.83(m,4H);^{13}C NMR(126MHz,DMSO):δ 158.47,150.88,146.94,130.48,127.86,124.96,122.85,118.74,110.84,34.21,24.84,23.78,23.21。

(**4-2 C-19**)黄色固体;^{1}H NMR(500MHz,DMSO):δ 8.18(d,J=9.2Hz,1H),7.86(d,J=8.4Hz,1H),7.62(t,J=8.0Hz,1H),7.46(d,J=8.0Hz,1H),6.49(s,2H),5.87(d,1H),5.62(m,1H),2.48～2.43(m,2H),2.12～1.94(t,2H);^{13}C NMR(126MHz,DMSO):δ 158.63,150.67,146.28,131.64,131.44,129.91,128.34,125.47,121.86,117.1,110.62,27.54,25.46。

(**4-2 C-20**)黄色固体;^{1}H NMR(500MHz,DMSO):δ 8.17(d,J=8.0Hz,1H),7.87(d,J=8.0Hz,1H),7.73(m,4H),7.68(d,J=7.8Hz,1H),7.46(t,J=7.6Hz,1H),7.36(m,3H),7.14(s,1H),6.49(s,2H);^{13}C NMR(126MHz, DMSO):δ 158.54, 146.46, 137.54, 133.84, 132.56, 130.72,129.38,128.28,128.12,127.32,126.48,126.32,126.04,125.31,125.11,125.07,123.63,118.26,99.58。

(**4-2 C-21**)黄色固体;^{1}H NMR(500MHz,DMSO):δ9.53(s,1H),8.41(d,J=9.0Hz,1H),7.94(d,J=9.6Hz,1H),7.59～7.51(m,2H),7.50～7.41(m,3H),7.14(s,1H),6.84(s,2H);^{13}C NMR(126MHz,DMSO):

156.34，149.48，147.36，144.42，138.34，130.98，129.56，128.64，127.58，125.34，121.54，117.58，99.47。

（**4-2 C-22**）黄色固体；^{1}H NMR（500MHz，DMSO）δ 8.62（s，1H），8.13（s，1H），7.56～7.52（m，2H），7.46（t，J =7.6Hz，3H）7.14（s，1H），6.84（s，2H）；^{13}C NMR（126MHz，DMSO）：δ 156.72，145.78，141.37，138.16，134.18，132.04，129.88，129.34，128.56，127.72，127.46，122.52，99.68。

（**4-2 C-23**）黄色固体；^{1}H NMR（500MHz，DMSO）：δ 8.18（d，J =8.2Hz，1H），8.12（s，1H），7.94（d，J =8.0Hz，1H），7.56～7.54（m，2H），7.46（t，3H），7.13（s，1H），6.84（s，2H）；^{13}C NMR（126MHz，DMSO）：δ 156.76，145.78，141.36，138.15，134.18，132.04，129.86，129.34，128.56，127.71，125.46，122.51，99.64。

（**4-2 C-24**）黄色固体；^{1}H NMR（500MHz，DMSO）：δ 8.36（d，J =9.0Hz，1H），7.64（s，1H），7.54（d，J =6.6Hz，2H），7.47～7.42（m，3H），7.36（d，J =8.4Hz，1H），7.13（s，1H），6.48（s，2H），2.56（s，3H）；^{13}C NMR（126MHz，DMSO）：δ 154.72，146.74，146.68，142.54，139.52，128.66，128.38，128.25，127.69，127.37，126.16，123.63，98.46，23.26。

4.3节产物的核磁共振数据

（**4-3 D-1**）白色固体；熔点 209～211℃；^{1}H NMR（500MHz，DMSO）：δ 7.98（dd，J =7.9，1.3Hz，1H），7.83（s，2H），7.74～7.66（m，1H），7.53～7.42（m，2H），7.24（d，J =4.2Hz，4H），7.15（dd，J =8.5Hz，4.3Hz，1H），4.70（s，1H），4.00（q，J =7.0Hz，2H），1.11（t，J =7.1Hz，3H）；^{13}C NMR（126MHz，DMSO）：δ 168.02，160.37，159.03，153.63，152.57，145.45，133.19，128.53，128.46，126.90，125.12，122.95，117.02，113.63，107.34，77.56，59.51，35.69，14.66。

（**4-3 D-2**）白色固体；熔点 188～190℃；^{1}H NMR（500MHz，$CDCl_3$）：δ 7.83（dd，J =7.9Hz，1.3Hz，1H），7.63～7.54（m，1H），7.37～7.28（m，4H），7.23～7.17（m，2H），6.47（s，2H），4.90（s，1H），4.08（dd，J =8.3Hz，7.2Hz，2H），1.17（t，J = 7.1Hz，3H）；^{13}C NMR（126MHz，$CDCl_3$）：δ 168.54，160.67，157.85，153.18，152.59，142.82，132.39，132.35，129.89，128.15，124.37，122.20，116.93，113.33，107.42，79.79，60.12，35.03，

14.18。

(4-3 D-3) 白色固体；熔点 140～142℃；^{1}H NMR(500MHz, DMSO)：δ 8.12(d, J = 8.7Hz, 2H), 7.99(dd, J = 7.9Hz, 1.4Hz, 1H), 7.96(s, 2H), 7.75～7.70(m, 1H), 7.52(dd, J = 14.0Hz, 8.2Hz, 3H), 7.46(d, J = 8.3Hz, 1H), 4.82(s, 1H), 3.99(dd, J = 14.2Hz, 5.9Hz, 2H), 1.10(t, J = 7.0Hz, 3H)；^{13}C NMR(126MHz, $CDCl_3$)：δ 168.54, 160.69, 157.95, 153.26, 152.62, 143.42, 132.38, 131.12, 130.30, 124.39, 122.25, 120.58, 116.92, 113.36, 107.35, 79.66, 60.13, 35.18, 14.21。

(4-3 D-4) 白色固体；熔点 209～211℃；^{1}H NMR(500MHz, $CDCl_3$)：δ 7.84(dd, J = 7.9Hz, 1.5Hz, 1H), 7.61～7.53(m, 1H), 7.53～7.44(m, 4H), 7.38～7.29(m, 2H), 6.53(s, 2H), 4.98(s, 1H), 4.08(qd, J = 7.1Hz, 3.5Hz, 2H), 1.16(t, J = 7.1Hz, 3H)；^{13}C NMR(126MHz, $CDCl_3$)：δ 168.42, 160.62, 158.01, 153.44, 152.67, 148.27, 132.49, 128.90, 125.06, 125.03, 125.00, 124.97, 124.43, 122.27, 116.96, 113.28, 107.10, 79.45, 60.17, 35.60, 14.16。

(4-3 D-5) 白色固体；熔点 208～210℃；^{1}H NMR(500MHz, $CDCl_3$)：δ 7.85(dd, J = 7.9Hz, 1.5Hz, 1H), 7.61～7.57(m, 1H), 7.56～7.53(m, 2H), 7.50～7.47(m, 2H), 7.38～7.30(m, 2H), 6.57(s, 2H), 4.96(s, 1H), 4.07(dd, J = 7.1Hz, 3.9Hz, 2H), 1.14(t, J = 7.1Hz, 3H)；^{13}C NMR(126MHz, $CDCl_3$)：δ 168.27, 160.55, 158.05, 153.57, 152.71, 149.74, 132.67, 131.94, 129.44, 124.53, 122.33, 118.99, 117.01, 113.17, 110.49, 106.59, 78.97, 60.20, 35.95, 14.18。

(4-3 D-6) 白色固体；熔点 195～197℃；^{1}H NMR(500MHz, DMSO)：δ 7.98(dd, J = 7.9Hz, 1.4Hz, 1H), 7.81(s, 2H), 7.72～7.67(m, 1H), 7.51～7.42(m, 2H), 7.12(d, J = 8.0Hz, 2H), 7.04(d, J = 8.0Hz, 2H), 4.67(s, 1H), 4.04～3.96(m, 2H), 2.22(s, 3H), 1.13(t, J = 7.1Hz, 3H)；^{13}C NMR(126MHz, DMSO)：δ 168.08, 160.36, 158.98, 153.50, 152.52, 142.49, 135.95, 133.13, 129.04, 128.29, 125.10, 122.92, 116.98, 113.62, 107.48, 77.69, 59.53, 35.21, 21.04, 14.67。

(4-3 D-7) 白色固体；熔点 166～168℃；^{1}H NMR(500MHz, $CDCl_3$)：δ 7.82(dd, J = 7.9Hz, 1.5Hz, 1H), 7.58～7.51(m, 1H), 7.31(ddd, J =

18.9Hz,10.3Hz,1.5Hz,4H),6.82～6.74(m,2H),6.40(s,2H),4.88(s,1H),4.08(dd,J=9.2Hz,7.1Hz,2H),3.75(s,3H),1.19(t,J=7.1Hz,3H);^{13}C NMR(126MHz,$CDCl_3$):δ 168.80,160.78,158.34,157.84,152.91,152.57,136.59,132.07,129.45,124.24,122.14,116.87,113.58,113.44,108.20,80.54,60.02,55.21,34.64,14.22。

(**4-3 D-8**)白色固体;熔点 209～211℃;^{1}H NMR(500MHz,$CDCl_3$):δ 7.85(dd,J=8.0Hz,1.6Hz,2H),7.60～7.54(m,1H),7.48～7.43(m,2H),7.38～7.32(m,1H),7.30(ddd,J=8.0Hz,5.1Hz,3.0Hz,2H),6.60(s,2H),5.91(s,1H),4.04(ddd,J=36.4Hz,10.7Hz,7.1Hz,2H),1.04(t,J=7.1Hz,3H);^{13}C NMR(126MHz,$CDCl_3$):δ 168.52,160.23,158.17,153.50,152.69,149.59,139.02,132.55,132.46,131.55,127.46,124.59,124.37,122.38,116.91,113.07,106.27,78.67,60.21,29.70,14.03。

(**4-3 D-9**)白色固体;熔点 239～241℃;^{1}H NMR(500MHz,DMSO):δ 8.08～7.98(m,3H),7.96(s,2H),7.72(t,J=6.9Hz,2H),7.52(ddd,J=30.5Hz,19.4Hz,8.1Hz,3H),4.83(s,1H),3.98(dd,J=7.0Hz,2.4Hz,2H),1.09(t,J=7.1Hz,3H);^{13}C NMR(126MHz,DMSO):δ 166.65,159.33,157.93,153.00,151.67,146.78,134.32,132.36,128.99,124.11,122.23,120.99,116.02,112.47,104.88,75.43,58.58,34.92,13.47。

(**4-3 D-10**)白色固体;熔点 234～236℃;^{1}H NMR(500MHz,DMSO):δ 8.12(d,J=8.7Hz,2H),7.99(dd,J=7.9Hz,1.4Hz,1H),7.96(s,2H),7.75～7.70(m,1H),7.52(dd,J=14.0Hz,8.2Hz,3H),7.46(d,J=8.3Hz,1H),4.82(s,1H),3.99(dd,J=14.2Hz,5.9Hz,2H),1.10(t,J=7.0Hz,3H);^{13}C NMR(126MHz,DMSO):δ 167.71,160.33,158.98,153.05,152.72,146.56,133.48,130.18,130.03,125.20,123.70,123.10,117.10,113.51,105.95,76.35,59.66,36.08,14.64。

(**4-3 D-11**)白色固体;熔点 223～224℃;^{1}H NMR(500MHz,$CDCl_3$):δ 7.85(d,J=7.7Hz,1H),7.55(t,J=7.6Hz,1H),7.41～7.29(m,3H),7.14(d,J=5.7Hz,1H),7.03(t,J=7.3Hz,1H),6.96～6.87(m,1H),6.47(s,2H),5.06(s,1H),4.07(dd,J=13.2Hz,6.4Hz,2H),1.18(t,J=7.0Hz,3H);^{13}C NMR(126MHz,$CDCl_3$):δ 168.73,162.42,160.59,

158.08,153.70,152.68,132.22,131.79,130.51,128.52,124.26,123.53,122.29,116.87,115.63,113.38,105.82,78.54,60.01,31.32,14.08。

(4-3 D-12)白色固体;熔点 209～211℃;^{1}H NMR(500MHz,$CDCl_3$):δ 7.85(dd,J=7.9Hz,1.2Hz,1H),7.60～7.53(m,1H),7.40(dd,J=7.7Hz,1.4Hz,1H),7.33(dd,J=15.7Hz,7.9Hz,2H),7.25(d,J=1.1Hz,1H),7.16(td,J=7.5Hz,1.1Hz,1H),7.10(td,J=7.6Hz,1.6Hz,1H),6.49(s,2H),5.25(s,1H),4.13～4.02(m,2H),1.16(s,3H);^{13}C NMR(126MHz,$CDCl_3$):δ 168.79,160.35,158.03,153.60,152.71,140.30,133.96,132.78,132.25,129.98,127.99,126.24,124.23,122.29,116.89,113.24,105.76,78.74,60.04,34.60,14.17。

(4-3 D-13)白色固体;熔点 223～225℃;^{1}H NMR(500MHz,$CDCl_3$):δ 7.84(dd,J=7.9Hz,1.4Hz,1H),7.60～7.52(m,1H),7.47(dd,J=8.0Hz,1.1Hz,1H),7.39～7.28(m,3H),7.19(td,J=7.6Hz,1.1Hz,1H),7.01(td,J=7.8Hz,1.7Hz,1H),6.51(s,2H),5.26(s,1H),4.08(dd,J=7.1Hz,5.1Hz,2H),1.16(t,J=7.1Hz,3H);^{13}C NMR(126MHz,$CDCl_3$):δ 168.81,160.29,157.97,153.48,152.69,142.06,133.31,132.80,132.28,128.16,126.90,124.22,123.98,122.31,116.88,113.21,105.99,79.07,60.03,36.43,14.31。

(4-3 D-14)黄色液体;^{1}H NMR(500MHz,DMSO):δ 7.91(d,J=7.8Hz,1H),7.72(s,2H),7.71～7.67(m,1H),7.50～7.43(m,2H),4.13(tdd,J=10.8Hz,7.1Hz,3.6Hz,2H),3.77(d,J=3.4Hz,1H),1.91～1.81(m,1H),1.24(t,J=7.0Hz,1H),0.78(d,J=6.9Hz,3H),0.73(d,J=6.8Hz,3H);^{13}C NMR(126MHz,DMSO):δ 168.53,161.20,160.94,155.57,152.54,132.97,125.00,122.63,116.98,113.70,107.05,74.27,59.40,34.75,19.49,18.71,14.87。

(4-3 D-15)白色固体;熔点 164～166℃;^{1}H NMR(500MHz,$CDCl_3$):δ 7.82(dd,J=7.9Hz,1.3Hz,1H),7.57～7.52(m,1H),7.38～7.35(m,2H),7.31(dd,J=14.2Hz,7.7Hz,2H),7.24(d,J=7.8Hz,2H),7.16(t,J=7.3Hz,1H),6.49(s,2H),4.93(s,1H),3.64(s,3H);^{13}C NMR(126MHz,$CDCl_3$):δ 169.15,160.78,158.19,153.21,152.57,144.18,132.21,128.30,128.20,126.82,124.32,122.20,116.88,113.52,108.08,

80.05,51.31,35.33。

(4-3 D-16)白色固体;熔点 226～228℃;^{1}H NMR(500MHz,DMSO):δ 7.98(d,J=7.8Hz,1H),7.89(s,2H),7.51～7.42(m,3H),7.29(q,J=8.5Hz,4H),4.70(s,1H),3.56(s,3H);^{13}C NMR(126MHz,DMSO):δ 168.22,160.35,159.07,153.75,152.59,144.35,133.28,131.48,130.20,128.51,125.13,123.00,117.02,113.55,106.81,76.95,51.22,35.22。

(4-3 D-17)白色固体;熔点 196～198℃;^{1}H NMR(500MHz,DMSO):δ 7.97(d,J=7.9Hz,1H),7.88(s,2H),7.70(dd,J=11.4Hz,4.3Hz,1H),7.52～7.41(m,4H),7.20(d,J=8.4Hz,2H),4.68(s,1H),3.55(s,3H);^{13}C NMR(126MHz,DMSO):δ 168.19,160.34,159.07,153.76,152.62,144.79,133.30,131.44,130.61,125.15,123.00,119.99,117.05,113.57,106.76,76.87,51.22,35.31。

(4-3 D-18)白色固体;熔点 203～205℃;^{1}H NMR(500MHz,DMSO):δ 7.97(d,J=8.0Hz,1H),7.82(s,2H),7.74～7.66(m,1H),7.46(dt,J=15.1Hz,7.3Hz,3H),7.12(d,J=8.0Hz,2H),7.04(d,J=8.0Hz,2H),4.68(s,1H),3.56(s,3H),2.21(s,3H);^{13}C NMR(126MHz,DMSO):δ 168.37,160.35,159.13,155.56,153.51,152.52,142.42,136.01,133.13,131.47,130.45,129.17,128.09,125.10,122.91,116.99,113.62,107.57,77.49,51.18,35.11,21.04。

(4-3 D-19)白色固体;熔点 233～235℃;^{1}H NMR(500MHz,DMSO):δ 7.88(s,2H),7.81(s,1H),7.50(dd,J=8.5Hz,1.8Hz,1H),7.33(d,J=8.4Hz,1H),7.28～7.20(m,4H),7.15(td,J=5.9Hz,2.7Hz,1H),4.68(s,1H),4.00(dt,J=13.2Hz,6.5Hz,2H),2.43(s,3H),1.11(t,J=7.1Hz,3H);^{13}C NMR(126MHz,DMSO):δ 168.02,160.48,159.05,153.57,150.73,145.52,134.47,133.96,128.45,128.42,126.87,122.61,116.77,113.27,107.19,77.47,59.49,35.66,20.98,14.66。

(4-3 D-20)白色固体;熔点 234～236℃;^{1}H NMR(500MHz,DMSO):δ 7.90(s,2H),7.78(s,1H),7.50(dd,J=7.6Hz,6.6Hz,1H),7.43(d,J=8.3Hz,2H),7.37～7.30(m,1H),7.19(d,J=8.3Hz,2H),4.65(s,1H),4.00(q,J=7.0Hz,2H),2.43(s,3H),1.11(t,J=7.1Hz,3H);^{13}C NMR(126MHz,DMSO):δ 167.89,160.44,158.96,153.64,150.78,144.93,

134.48,134.05,131.30,130.78,122.60,119.88,116.79,113.20,106.54,76.93,59.57,35.38,20.97,14.66。

(**4-3 D-21**)白色固体;熔点 247～248℃;^{1}H NMR(500MHz,DMSO):δ 8.12(d,J=8.6Hz,2H),7.97(s,2H),7.80(d,J=1.0Hz,1H),7.53(dd,J=12.7Hz,5.3Hz,3H),7.36(d,J=8.5Hz,1H),4.80(s,1H),4.04～3.92(m,2H),2.44(s,3H),1.10(t,J=7.1Hz,3H);^{13}C NMR(126MHz,DMSO):δ 167.72,160.44,158.97,153.98,153.12,150.90,146.52,134.57,134.27,130.00,123.72,122.70,116.88,113.15,105.82,76.30,59.66,36.05,20.98,14.64。

(**4-3 D-22**)白色固体;熔点 210～212℃;^{1}H NMR(500MHz,DMSO):δ 7.80(d,J=18.5Hz,3H),7.50(d,J=8.1Hz,1H),7.33(d,J=8.4Hz,1H),7.07(dd,J=32.8Hz,7.6Hz,4H),4.64(s,1H),3.99(dd,J=10.4Hz,7.1Hz,2H),2.43(s,3H),2.21(s,3H),1.13(t,J=7.0Hz,3H);^{13}C NMR(126MHz,DMSO):δ 168.06,160.46,158.98,153.43,150.70,142.56,135.91,134.45,133.91,129.03,128.27,122.52,116.77,113.29,107.37,77.62,59.50,35.19,21.06,20.98,14.69。

(**4-3 D-23**)白色固体;熔点 203～205℃;^{1}H NMR(500MHz,DMSO):δ 8.03(d,J=2.5Hz,1H),7.82(s,2H),7.76～7.72(m,1H),7.50(d,J=8.9Hz,1H),7.24(d,J=4.4Hz,5H),4.69(s,1H),3.99(q,J=7.1Hz,2H),1.11(t,J=7.1Hz,3H);^{13}C NMR(126MHz,DMSO):δ 167.89,160.01,158.82,152.68,151.22,145.16,132.76,129.17,128.48,128.21,126.98,122.40,119.13,115.17,108.16,77.38,59.52,35.77,14.66。

(**4-3 D-24**)白色固体;熔点 199～201℃;^{1}H NMR(500MHz,$CDCl_3$):δ 7.80(d,J=2.5Hz,1H),7.51(dd,J=8.8Hz,2.5Hz,1H),7.38～7.34(m,2H),7.27(s,1H),7.25～7.20(m,2H),6.49(s,2H),4.87(s,1H),4.07(dd,J=8.8Hz,7.1Hz,2H),1.17(t,J=7.1Hz,3H);^{13}C NMR(126MHz,$CDCl_3$):δ 168.41,160.12,157.69,152.18,150.95,143.04,132.37,131.20,130.29,130.01,121.90,120.75,118.44,114.49,108.28,79.55,60.23,35.21,14.20。

(**4-3 D-25**)白色固体;熔点 260～262℃;^{1}H NMR(500MHz,DMSO):δ 8.13(d,J=8.7Hz,2H),8.04(d,J=2.5Hz,1H),7.95(s,2H),7.76(dd,

J=8.9Hz,2.6Hz,1H),7.52(dd,J=16.3Hz,8.8Hz,3H),4.80(s,1H),3.99(q,J=7.0Hz,2H),1.10(t,J=7.1Hz,3H);^{13}C NMR(126MHz,DMSO):δ 167.58,159.96,158.75,153.09,152.73,151.36,146.57,133.01,130.10,129.23,123.69,122.52,119.17,115.05,106.73,76.18,59.68,36.12,14.62。

(4-3 D-26)白色固体;熔点 187~189℃;^{1}H NMR(500MHz,DMSO):δ 8.02(d,J=2.5Hz,1H),7.79(s,2H),7.73(dd,J=8.9Hz,2.5Hz,1H),7.49(d,J=8.9Hz,1H),7.11(d,J=8.0Hz,2H),7.04(d,J=7.9Hz,2H),4.65(s,1H),3.99(dd,J=9.0Hz,7.1Hz,2H),2.22(s,3H),1.13(t,J=7.1Hz,3H);^{13}C NMR(126MHz,DMSO):δ 167.92,159.98,158.78,152.54,151.19,142.21,136.03,132.70,129.15,129.05,128.36,122.37,119.10,115.17,108.32,77.48,59.52,35.30,21.06,14.69。

(4-3 E-1)白色固体;熔点 49~50℃;^{1}H NMR(500MHz,$CDCl_3$):δ 8.26(s,1H),8.00(d,J=7.4Hz,2H),7.57(dd,J=10.4Hz,4.3Hz,1H),7.54~7.48(m,2H),4.39(q,J=7.1Hz,2H),1.41(dd,J=7.7Hz,6.5Hz,3H);^{13}C NMR(126MHz,$CDCl_3$):δ 162.49,155.10,133.34,131.43,131.09,129.29,115.53,102.93,62.76,14.17。

4.4节产物的核磁共振数据

(4-4 D-1)白色固体;熔点 156.4~157.4℃;^{1}H NMR(500MHz,$CDCl_3$):δ 7.35~7.27(m,2H),7.26~7.21(m,3H),7.06(d,J=8.7Hz,2H),6.67(d,J=8.7Hz,2H),6.16(d,J=8.0Hz,1H),6.10(d,J=7.5Hz,1H),2.92(s,6H),2.02(s,3H);^{13}C NMR(126MHz,$CDCl_3$):δ 168.97,149.91,142.06,129.46,128.45,128.44,127.15,127.06,112.55,56.44,40.55,23.39。

(4-4 D-2)黄色固体;熔点 154.8~155.3℃;^{1}H NMR(500MHz,$CDCl_3$):δ 8.17(d,J=8.8Hz,2H),7.42(d,J=8.6Hz,2H),7.02(d,J=8.7Hz,2H),6.67(d,J=8.7Hz,2H),6.14(d,J=7.1Hz,1H),6.06(d,J=6.8Hz,1H),2.94(s,6H),2.07(s,3H);^{13}C NMR(126MHz,$CDCl_3$):δ 169.31,150.31,149.64,146.95,128.68,127.67,123.71,112.61,56.73,40.41,23.28。

(**4-4 D-3**)白色固体；熔点 171.2～171.4℃；^{1}H NMR(500MHz, $CDCl_3$)：δ 7.43(d, J=8.4Hz, 2H), 7.11(d, J=8.3Hz, 2H), 7.03(d, J=8.6Hz, 2H), 6.67(d, J=8.4Hz, 2H), 6.08(d, J=7.7Hz, 1H), 5.99(d, J=7.2Hz, 1H), 2.93(s, 6H), 2.03(s, 3H)；^{13}C NMR(126MHz, $CDCl_3$)：δ 169.03, 150.04, 141.15, 131.51, 128.81, 128.51, 120.93, 112.58, 56.14, 40.52, 23.37。

(**4-4 D-4**)白色固体；熔点 162.7～164.6℃；^{1}H NMR(500MHz, $CDCl_3$)：δ 7.29～7.26(m, 2H), 7.17(d, J=8.4Hz, 2H), 7.03(d, J=8.7Hz, 2H), 6.67(d, J=8.6Hz, 2H), 6.06(dd, J=35.5Hz, 7.6Hz, 2H), 2.93(s, 6H), 2.03(s, 3H)；^{13}C NMR(126MHz, $CDCl_3$)：δ 169.04, 150.01, 140.62, 132.80, 128.56, 128.50, 128.45, 112.60, 56.06, 40.54, 23.36。

(**4-4 D-5**)白色固体；熔点 166.9～167.3℃；^{1}H NMR(500MHz, $CDCl_3$)：δ 7.13(d, J=8.7Hz, 4H), 7.07(d, J=8.6Hz, 2H), 6.67(d, J=8.7Hz, 2H), 6.12(d, J=8.0Hz, 1H), 6.03(d, J=7.8Hz, 1H), 2.92(s, 6H), 2.32(s, 3H), 2.02(s, 3H)；^{13}C NMR(126MHz, $CDCl_3$)：δ 168.89, 149.85, 139.13, 136.70, 129.15, 128.36, 127.10, 112.58, 56.17, 40.60, 23.43, 21.04。

(**4-4 D-6**)白色固体；熔点 176.9～178.9℃；^{1}H NMR(500MHz, $CDCl_3$)：δ 7.15(d, J=8.4Hz, 2H), 7.07(d, J=8.4Hz, 2H), 6.84(d, J=8.5Hz, 2H), 6.68(d, J=8.4Hz, 2H), 6.11(d, J=7.9Hz, 1H), 5.99(d, J=7.3Hz, 1H), 3.78(s, 3H), 2.92(s, 6H), 2.03(s, 3H)；^{13}C NMR(126MHz, $CDCl_3$)：δ 168.89, 158.68, 149.88, 134.31, 128.36, 128.33, 113.87, 112.60, 55.88, 55.30, 40.62, 23.47。

(**4-4 D-7**)白色固体；熔点 166.8～170.9℃；^{1}H NMR(500MHz, $CDCl_3$)：δ 7.60(d, J=8.2Hz, 2H), 7.36(d, J=8.2Hz, 2H), 7.01(d, J=8.7Hz, 2H), 6.67(d, J=8.6Hz, 2H), 6.11(d, J=7.2Hz, 1H), 6.03(d, J=6.7Hz, 1H), 2.94(s, 6H), 2.06(s, 3H)；^{13}C NMR(126MHz, $CDCl_3$)：δ 169.25, 150.24, 147.60, 132.28, 128.67, 127.63, 118.87, 112.60, 110.80, 56.77, 40.43, 23.28。

(**4-4 D-8**)黄色固体；熔点 178.7～179.4℃；^{1}H NMR(500MHz, $CDCl_3$)：δ 8.33～7.91(m, 2H), 7.58(d, J=7.5Hz, 1H), 7.47(t, J=

7.9Hz,1H),7.03(d,J=8.5Hz,2H),6.67(d,J=8.3Hz,2H),6.16(t,J=7.6Hz,2H),2.94(s,6H),2.07(s,3H);^{13}C NMR(126MHz,$CDCl_3$):δ 169.40,150.26,148.44,144.52,133.38,129.35,128.65,127.75,122.10,121.42,112.65,56.47,40.43,23.28。

(4-4 D-9)黄色固体;熔点 170.6~172.8℃;^{1}H NMR(500MHz,$CDCl_3$):δ 7.92(d,J=8.2Hz,1H),7.73~7.56(m,2H),7.44(t,J=8.4Hz,1H),6.98(d,J=8.7Hz,2H),6.68(d,J=7.5Hz,1H),6.63(d,J=7.8Hz,2H),6.26(d,J=6.7Hz,1H),2.91(s,6H),2.06(s,3H);^{13}C NMR(126MHz,$CDCl_3$):δ 169.18,148.76,136.82,133.20,129.71,128.27,128.06,125.48,112.45,54.21,40.47,23.30。

(4-4 D-10)黄色固体;熔点 162.0~162.3℃;^{1}H NMR(500MHz,$CDCl_3$):δ 7.24~7.08(m,3H),6.93(dd,J=5.0Hz,3.6Hz,1H),6.83(d,J=3.5Hz,1H),6.71(d,J=8.3Hz,2H),6.37(d,J=8.2Hz,1H),6.11(d,J=7.3Hz,1H),2.95(s,6H),2.03(s,3H);^{13}C NMR(126MHz,$CDCl_3$):δ 168.75,150.12,146.81,128.09,126.80,125.30,124.68,112.56,52.56,40.60,23.39。

(4-4 D-11)褐色固体;熔点 149.9~150.0℃;^{1}H NMR(500MHz,$CDCl_3$):δ 7.36(s,1H),7.14(d,J=5.0Hz,2H),6.69(d,J=2.5Hz,2H),6.31(s,1H),6.25~5.96(m,3H),2.93(s,6H),2.02(s,3H);^{13}C NMR(126MHz,$CDCl_3$):δ 168.84,154.21,150.17,142.15,128.01,112.58,110.23,107.13,50.68,40.58,23.38。

(4-4 D-12)白色固体;熔点 114.0~116.5℃;^{1}H NMR(500MHz,$CDCl_3$):δ 7.17(d,J=8.6Hz,2H),6.73(d,J=7.3Hz,2H),5.56(d,J=7.4Hz,1H),4.86(q,J=7.7Hz,1H),2.94(s,6H),1.95(s,3H),1.84~1.70(m,2H),1.37~1.21(m,4H),0.86(t,J=7.1Hz,3H);^{13}C NMR(126MHz,$CDCl_3$):δ 168.92,149.90,130.08,127.54,112.71,52.96,40.66,35.61,28.49,23.60,22.54,13.99。

(4-4 D-13)白色固体;熔点 122.6~123.9℃;^{1}H NMR(500MHz,$CDCl_3$):δ 7.18(d,J=8.7Hz,2H),6.71(d,J=8.7Hz,2H),5.72(d,J=8.2Hz,1H),4.98(q,J=7.9Hz,1H),2.93(s,6H),1.93(s,3H),1.65(dtd,J=20.8Hz,13.5Hz,7.5Hz,2H),1.49(td,J=13.4Hz,6.7Hz,1H),

0.92(dd, J=8.8Hz, 6.6Hz, 6H); ^{13}C NMR(126MHz, $CDCl_3$): δ 168.92, 149.79, 130.57, 127.55, 112.79, 51.02, 45.10, 40.74, 25.09, 23.57, 22.79, 22.42。

(4-4 D-14) 褐色固体；熔点 134.8～136.8℃；^{1}H NMR(500MHz, $CDCl_3$): δ 7.34～7.28(m, 2H), 7.24(t, J=6.5Hz, 3H), 7.02(d, J=8.5Hz, 2H), 6.55(d, J=8.5Hz, 2H), 6.14(d, J=8.0Hz, 1H), 6.00(d, J=7.3Hz, 1H), 3.66(s, 1H), 2.81(s, 3H), 2.04(s, 3H); ^{13}C NMR(126MHz, $CDCl_3$): δ 168.95, 148.70, 142.04, 130.26, 128.62, 128.48, 127.16, 127.12, 112.44, 56.55, 30.74, 23.46。

(4-4 D-15) 浅黄色固体；熔点 97.5～98.0℃；^{1}H NMR(500MHz, $CDCl_3$): δ 7.35～7.28(m, 2H), 7.26～7.17(m, 3H), 7.02(d, J=8.3Hz, 2H), 6.60(d, J=8.3Hz, 2H), 6.14(d, J=7.9Hz, 1H), 5.98(d, J=6.6Hz, 1H), 3.32(q, J=6.9Hz, 4H), 2.04(s, 3H), 1.14(t, J=7.0Hz, 6H); ^{13}C NMR(126MHz, $CDCl_3$): δ 168.90, 147.15, 142.07, 128.74, 128.43, 128.14, 127.11, 127.02, 111.61, 56.49, 44.32, 23.47, 12.55。

(4-4 D-16) 黄色液体；^{1}H NMR(500MHz, DMSO): δ 8.62(d, J=8.7Hz, 1H), 7.19～7.31(m, 5H), 6.94(d, J=8.4Hz, 2H), 6.48(d, J=8.4Hz, 2H), 5.94(d, J=8.7Hz, 1H), 5.48(t, J=5.2Hz, 1H), 3.12～2.77(m, 2H), 1.90(s, 3H), 1.12(t, J=7.1Hz, 3H); ^{13}C NMR(126MHz, DMSO): δ 168.67, 148.40, 144.09, 129.86, 128.61, 128.58, 127.46, 126.94, 112.14, 55.87, 37.83, 23.11, 14.87。

(4-4 D-17) 无色液体；^{1}H NMR(500MHz, $CDCl_3$): δ 7.33～7.22(m, 7H), 7.08(d, J=8.6Hz, 2H), 7.03(d, J=7.7Hz, 2H), 6.98(t, J=7.3Hz, 1H), 6.92(d, J=8.6Hz, 2H), 6.19(dd, J=16.5Hz, 7.9Hz, 2H), 3.28(s, 3H), 2.02(s, 3H); ^{13}C NMR(126MHz, $CDCl_3$): δ 169.15, 148.71, 148.28, 141.79, 133.71, 129.31, 128.62, 128.37, 127.34, 127.32, 122.04, 121.41, 119.46, 56.60, 40.27, 23.38。

(4-4 D-18) 白色固体；熔点 164.9～165.7℃；^{1}H NMR(500MHz, $CDCl_3$): δ 7.15～7.26(m, 6H), 6.94(d, J=9.5Hz, 1H), 6.34～5.93(m, 2H), 3.82(s, 3H), 3.77(s, 6H), 2.05(s, 3H); ^{13}C NMR(126MHz, $CDCl_3$): δ 169.05, 160.75, 158.74, 142.74, 127.96, 126.30, 126.20, 110.32, 91.36,

56.00,55.41,46.82,23.79。

(4-4 D-19)褐色固体；熔点 181.2～181.5℃；^{1}H NMR(500MHz, $CDCl_3$)：δ 7.81(d, J=7.2Hz, 2H), 7.49(t, J=7.4Hz, 1H), 7.42(t, J=7.5Hz, 2H), 7.38～7.28(m, 4H), 7.28～7.26(m, 1H), 7.15(d, J=8.6Hz, 2H), 6.73(d, J=7.7Hz, 2H), 6.64(d, J=7.3Hz, 1H), 6.36(d, J=7.7Hz, 1H), 2.94(s, 6H)；^{13}C NMR(126MHz, $CDCl_3$)：δ 166.46, 149.94, 142.01, 134.50, 131.56, 129.51, 128.62, 128.59, 128.58, 127.28, 127.22, 127.09, 112.73, 56.99, 40.65。

(4-4 D-20)墨绿色固体；熔点 176.5～178.0℃；^{1}H NMR(500MHz, $CDCl_3$)：δ 7.67(d, J=8.3Hz, 2H), 7.55(d, J=8.3Hz, 2H), 7.35～7.28(m, 5H), 7.13(d, J=8.4Hz, 2H), 6.70(d, J=7.7Hz, 2H), 6.60(d, J=7.0Hz, 1H), 6.33(d, J=7.6Hz, 1H), 2.93(s, 6H)；^{13}C NMR(126MHz, $CDCl_3$)：δ 165.44, 149.97, 141.73, 133.28, 131.81, 128.69, 128.61, 128.58, 127.31, 127.21, 126.24, 112.69, 57.12, 40.61。

(4-4 D-21)墨绿色固体；熔点 163.2～164.2℃；^{1}H NMR(500MHz, $CDCl_3$)：δ 7.74(d, J=8.4Hz, 2H), 7.38(d, J=8.5Hz, 2H), 7.36～7.26(m, 5H), 7.13(d, J=8.6Hz, 2H), 6.69(d, J=8.4Hz, 2H), 6.61(d, J=7.3Hz, 1H), 6.33(d, J=7.6Hz, 1H), 2.93(s, 6H)；^{13}C NMR(126MHz, $CDCl_3$)：δ 165.35, 150.00, 141.77, 137.79, 132.83, 128.83, 128.60, 128.58, 128.51, 127.29, 127.21, 112.65, 57.11, 40.58。

(4-4 D-22)白色固体；熔点 182.7～184.5℃；^{1}H NMR(500MHz, $CDCl_3$)：δ 7.71(d, J=8.1Hz, 2H), 7.37～7.25(m, 5H), 7.22(d, J=8.0Hz, 2H), 7.14(d, J=8.7Hz, 2H), 6.70(d, J=8.3Hz, 2H), 6.59(d, J=7.4Hz, 1H), 6.35(d, J=7.7Hz, 1H), 2.93(s, 6H), 2.39(s, 3H)；^{13}C NMR(126MHz, $CDCl_3$)：δ 166.31, 149.89, 142.06, 141.96, 131.60, 129.21, 128.59, 128.53, 127.24, 127.15, 127.03, 112.70, 56.88, 40.63, 21.45。

(4-4 D-23)墨绿色固体；熔点 151.9～152.6℃；^{1}H NMR(500MHz, $CDCl_3$)：δ 7.31(dd, J=28.2Hz, 7.2Hz, 5H), 7.11(d, J=8.5Hz, 2H), 6.66～6.74(m, 3H), 5.74(s, 2H), 5.52(s, 1H), 2.94(s, 6H)；^{13}C NMR(126MHz, $CDCl_3$)：δ 181.71, 150.36, 139.66, 129.08, 129.01, 128.23,

128.18,127.18,112.63,40.41,29.69。

(**4-4 H**)白色固体;熔点 91～93℃;^{1}H NMR(500MHz,DMSO):δ 7.30～7.24(m,2H),7.17(d,J =7.4Hz,1H),7.08(t,J =8.0Hz,2H),6.91(dd,J =16.9Hz,10.1Hz,4H),6.66(dd,J =12.0Hz,8.8Hz,4H),5.31(s,1H),2.84(s,12H);^{13}C NMR(126MHz,DMSO):δ 149.20,145.85,132.68,129.86,129.34,128.53,126.19,112.84,54.66,40.74。